大数据应用人才培养系列教材

云计算实战

总主编　刘　鹏

主　编　刘　鹏

副主编　苏翔宇　李　腾

清华大学出版社

北　京

内 容 简 介

本书从云计算的概念与原理说起,结合 AWS 成熟的系统平台与云创云计算实训平台,对云计算的应用场景与系统实际操控进行完整的阐述,详细介绍了云计算与 AWS、AWS 基础设施、计算服务、存储服务、数据库服务、网络服务、安全防护、AWS 推荐架构、Web 应用部署、成本管理、开发运维、AWS Gameday、Jam 平台和云计算实训平台等行业前沿的知识与应用。

针对云计算应用,本书由参与世界技能大赛云计算赛项的指导教师完成撰写。通过系统讲解、代码应用及章节习题,将理论与实践相结合,帮助读者简单、快速地获取云计算专业知识,深入了解 AWS 平台与服务。

本书适合技师类院校和高校相关专业的教学应用及对云计算感兴趣的朋友进行进阶学习。

图书在版编目(CIP)数据

云计算实战/刘鹏主编. —北京:清华大学出版社,2021.6
大数据应用人才培养系列教材
ISBN 978-7-302-57287-9

Ⅰ.①云… Ⅱ.①刘… Ⅲ.①云计算—教材 Ⅳ.①TP393.027

中国版本图书馆 CIP 数据核字(2021)第 005914 号

责任编辑: 贾小红
封面设计: 刘 超
版式设计: 文森时代
责任校对: 马军令
责任印制: 朱雨萌

出版发行: 清华大学出版社
　　　　　网　　　址:http://www.tup.com.cn,http://www.wqbook.com
　　　　　地　　　址:北京清华大学学研大厦 A 座　　　邮　　编:100084
　　　　　社 总 机:010-62770175　　　　　　　　　邮　　购:010-62786544
　　　　　投稿与读者服务:010-62776969,c-service@tup.tsinghua.edu.cn
　　　　　质量反馈:010-62772015,zhiliang@tup.tsinghua.edu.cn
印 装 者: 三河市铭诚印务有限公司
经　　销: 全国新华书店
开　　本: 185mm×260mm　　　**印　　张:** 29.25　　　**字　　数:** 570 千字
版　　次: 2021 年 8 月第 1 版　　　　　　　　　**印　　次:** 2021 年 8 月第 1 次印刷
定　　价: 86.00 元

产品编号:091051-01

编写委员会

前　言

时至今日，在金融服务、在线教育、社交媒体、移动支付等领域，云计算已经走入寻常百姓家，成为这个时代的"新常态"。作为一种技术与服务模式，云计算使计算资源成为共享的基础设施，犹如水和电一般流向千家万户，按需使用，即用即付。

当大家在云资源池"摩拳擦掌""调兵遣将"时，对于云计算的研究同样未曾停止。虽然各种云计算的概念层出不穷，但却更加让人们对云计算感到"云里雾里"、更加不识庐山真面目了。现在，随着本书的出版，终于有人将云计算说清楚了！

从单一实例应用，走向大规模分布式应用，一个云计算业务的部署往往需要服务器、网络、存储等基础设施资源的协同配合。本书通过梳理杂乱无章的概念，以凝练的语言详细阐述了包括云计算的界定和发展趋势、AWS（Amazon Web Services）基础设施、计算服务、存储服务、数据库服务、网络服务、安全防护、AWS 推荐架构、Web 应用部署、成本管理、开发运维、AWS Gameday、Jam 平台和云计算实训平台等在内的丰富内容，帮助读者构建清晰的云计算知识体系。

对技师类院校和高校学生而言，本书可作为云计算方向专业教材与参考书，帮助学生全面深入了解云计算的基础理论，熟悉亚马逊平台和云计算实训平台的操作，理解和掌握云计算的技术原理与应用技巧，获得更高、更扎实的云计算起点；对于云计算从业人员而言，本书可作为工具书，帮助云计算从业人员熟悉亚马逊平台，提升云计算技术的应用能力和云平台的运维水平，从而提升行业竞争力。

本书由参与世界技能大赛云计算赛项的指导教师完成撰写，通过系统讲解、代码应用及章节习题，将理论与实践相结合，帮助读者简单、快速地获取云计算专业知识，深入了解 AWS 平台与服务。本书适合技师类院校和高校相关专业的教学应用及对云计算感兴趣的朋友进行进阶学习。

在此，特别感谢我的硕士导师谢希仁教授和博士导师李三立院士。谢希仁教授所著的《计算机网络》一书已经更新到第 7 版，与时俱进且日臻完美，时时提醒学生要以这样的标准来写书。李三立院士是留苏博士，曾任国家攀登计划项目首席科学家，他的严谨治学带出了一大批杰出的学生，为我国计算机事业做出了杰出贡献。

本书是集体智慧的结晶，在此谨向付出辛勤劳动的各位作者致敬！书中难免会有不当之处，请读者不吝赐教。

编者

2021 年 3 月

目　录

第 1 章

云计算与 AWS

云计算是当下很热门的一个名词，也被视为是未来发展的趋势。近年来我国政府高度重视云计算产业发展，其产业规模增长迅速，应用领域也在不断扩展。从政府应用到民生应用，从金融、交通、医疗、教育领域到人员和创新制造等全行业延伸拓展。

那么，到底什么是云计算呢？让我们来一探究竟。

1.1 云计算的概念

1.1.1 什么是云计算

1. 如何定义云计算

云计算，英文全称为 Cloud Computing。目前对于云计算的定义，有多种说法，如下所示。

➢ 在维基百科中，云计算是将 IT 相关能力以服务的方式提供给用户，允许用户在不了解技术、没有相关知识或设备操作能力的情况下，通过 Internet 获取需要的服务。

➢ 在百度百科中，云计算是基于互联网相关服务的增加、使用和交互模式，通常涉及通过互联网提供动态易扩展且常常是虚拟化的资源。

> ➤ 用通俗的话来说，云计算就是将计算任务发布在大量计算机构成的资源池上，使各种应用系统能够根据需要获取计算能力、存储空间和各种软件服务。它是一种按使用量付费的模式，这种模式提供可用的、便捷的、按需的网络访问，进入可配置的计算资源共享池（包括网络、服务器、存储、应用软件和服务）。这些资源能够被快速提供，只需投入很少的管理工作，或与服务供应商进行很少的交互。

打个比方，我们想要获得干净的水源，在古代需要购置很多工具，花费大量的人力物力，最后才能打出一口井。而现在，由市政铺设好自来水管道，由自来水公司进行供水，我们在家里打开水龙头就可以直接获取干净的水了。用多少就付多少钱，不用再去打井水，提高了时间效率，也大大降低了人力成本。再举个例子，很早以前是没有发电厂的，每个工厂必须自己发电，后来有了专门的发电厂提供电力服务。而到了现在，电力已经是不可或缺的公共设施了，每家每户都可以用电，只需要按照自己的使用量付费就行。

云计算的概念在提出之初，就是希望 IT 资源也能像水电一样，随取随用。正如普通人不需要去挖井、发电，也不需要了解水电管道是如何建设的，只要按需使用、按使用量付费就行。云计算也类似，用户不需要斥资购买 IT 硬件设备，不需要雇佣开发人员或运维人员，也不需要了解底层的基础架构和技术细节，可根据需要访问任意数量的资源，而且只需为所用资源付费。

2．按需使用，即用即付是核心

云计算的核心就是：按需使用，即用即付。"按需使用"强调了要符合用户实时需求，能够快速、便捷地改变服务或资源大小；"即用即付"则表明了定价模式是用户按照使用量进行付费。所以，当用户不再需要运算资源的时候，也可以通过网络服务，把云计算资源归还给云计算服务提供者。

1.1.2　云计算的服务形式（IaaS、PaaS 和 SaaS）

云计算的服务形式主要分为三种，从用户体验的角度出发，从最低层到最高层依次是：基础设施服务（IaaS）、平台服务（PaaS）和软件服务（SaaS）。

1．基础设施服务（IaaS）

IaaS（Infrastructure as a Service）：基础设施即服务。IaaS 是把数据中心、基础设施等硬件资源通过 Web 分配给用户的商业模式，用户通过 Internet 可以从完善的计算机基础设施获得服务。同时，IaaS 是完全自助服务，它由高度可扩展和自动化的计算资源组成，所以它允许用户按需求和需要购买资源，而不必购买全部硬件。

IaaS 把厂商的由多台服务器组成的"云端"基础设施，作为计量服务提供给用户。它将内存、I/O 设备、存储和计算能力整合成一个虚拟的资源池，为整个业界提供所需要的存储资源和虚拟化服务器等服务。这是一种托管型硬件方式，用户只需购买低成本的硬件，按需租用相应的计算资源和存储资源，根据租用的资源付费给厂商。

举个例子，以前如果用户想在办公室或者公司的网站上运行一些企业应用，用户需要去买服务器或者其他价格高昂的硬件来控制本地应用，让用户的业务运作起来。现在有了 IaaS，用户可以将硬件外包出去。IaaS 公司会提供场外服务器、存储和网络硬件。用户可以租用，这样就节省了硬件的开销、维护成本和办公场地，公司可以在任何时候利用这些硬件来运行其应用。

IaaS 的优势如下：

➢ IaaS 是最灵活的云计算模型之一。

➢ 轻松实现存储、网络、服务器和处理能力的自动部署。

➢ 使客户能够完全控制其基础架构。

➢ 可以根据需要购买资源。

➢ 服务高度可扩展。

IaaS 的特点如下：

➢ 资源可作为服务提供。

➢ 费用因消费而异。

➢ 通常在单个硬件上包括多个用户。

2．平台服务（PaaS）

PaaS（Platform as a Service）：平台即服务。PaaS 实际上是指将软件研发的平台作为一种服务提供给用户，PaaS 为开发人员提供了一个框架，使他们可以基于它创建自定义的应用程序，这样用户就可以在这个平台上开发自己的东西。而所有的服务器、存储和网络都可以由企业或第三方提供商进行管理，开发人员可以负责应用程序的管理。PaaS 服务使得软件开发人员可以在不购买服务器等设备的情况下开发新的应用程序。

PaaS 的优势如下：

➢ 使应用程序的开发和部署变得简单且经济高效。

➢ 大大减少了编码量。

➢ 高度可用、可扩展。

➢ 使开发人员能够创建自定义应用程序，而无须维护开发平台。

PaaS 的特点如下：

➤ 它基于虚拟化技术，这意味着随着业务的变化，资源可以轻松扩展或缩小。

➤ 提供各种服务以协助开发、测试和部署应用程序。

➤ 许多用户可以访问相同的开发应用程序。

PaaS 的交付模式与 SaaS 类似，除了通过互联网提供软件外，还建立了一个软件创建平台。该平台通过 Web 提供，使开发人员可以自由地专注于创建软件，同时不必担心操作系统、软件更新、存储或基础架构。因此，PaaS 也是 SaaS 模式的一种应用，PaaS 的出现可以加快 SaaS 的发展，尤其是加快 SaaS 应用的开发速度。

3．软件服务（SaaS）

SaaS（Software as a Service）：软件即服务。它是一种通过 Internet 提供软件的模式，用户无须购买软件，而是向提供商租用基于 Web 的软件，来管理企业经营活动。

SaaS 服务提供商将应用软件统一部署在自己的服务器上，用户根据需求通过互联网向厂商订购应用软件服务，服务提供商根据用户所定软件的数量、时间的长短等因素收费，并且通过浏览器向用户提供软件。

在这种模式下，客户不再像传统模式那样在硬件、软件、维护人员上花费大量资金，只需要支出一定租赁服务的费用，通过互联网就可以享受到相应的硬件、软件和维护服务，这是网络应用最具效益的营运模式。

SaaS 的优势如下：

➤ 用户可通过互联网访问。

➤ 用户可随时随地使用软件。

➤ 托管在远程服务器上，减少了管理维护的成本。

➤ 可靠性更高。

SaaS 的特点如下：

➤ 由服务提供商管理和维护软件，并提供软件运行的硬件设施。

➤ 在统一的地方管理。

➤ 用户不需负责硬件或软件更新。

1.2 云计算的发展和优势

众所周知，云计算被视为科技界的下一次革命，它将带来工作方式和商业模式的根本性改变。追根溯源，云计算与并行计算、分布式计算和网格计算不无关系，更是虚拟化、效用计算等技术混合演化的结果。那么，几十年来，云计算是怎样一步步演化发展过来的呢？

1.2.1　云计算的演化发展

在 19 世纪末，如果用户告诉那些自备发电设备的厂家，以后用户可以不用自己发电，通过接入公用电网就可以充分满足用电需求，他们一定会以为用户在痴人说梦。然而到 20 世纪初，绝大多数公司就已经改用公共电网发出的电来驱动机器设备进行生产了，与此同时，电力开始走进寻常百姓家，为家用电器的勃兴提供了舞台。

曾经在电力领域发生过的故事如今又在 IT 领域上演。由单个公司生产和运营的私人计算机系统，被中央数据处理工厂通过互联网提供的云计算服务所代替，云计算应用正在变成一项公共事业。如此一来，越来越多的公司不需要再花大价钱购买电脑和软件，而是选择通过网络来进行信息处理和数据存储，一如当年厂家们放弃自发电设备而改用公共电网。

云计算主要经历了四个阶段才发展到现在这样比较成熟的水平，这四个阶段依次是电厂模式、效用计算、网格计算和云计算。

> ➤ 电厂模式阶段：电厂模式就好比利用电厂的规模效应，来降低电力的价格，并让用户使用起来更方便，无须购买和维护任何发电设备。

> ➤ 效用计算阶段：在 1960 年左右，计算设备的价格是非常高昂的，远非普通企业、学校和机构所能承受，因此很多人产生了共享计算资源的想法。1961 年，人工智能之父麦肯锡在一次会议上提出了"效用计算"这个概念，其核心借鉴了电厂模式，具体目标是整合分散在各地的服务器、存储系统及应用程序共享给多个用户，让用户能够像把灯泡插入灯座一样来使用计算机资源，并且根据其使用量来付费。但当时整个 IT 产业还处于发展初期，很多强大的技术还未诞生，比如互联网等，虽然这个想法一直被人称道，但是总体而言"叫好不叫座"。

> ➤ 网格计算阶段：网格计算研究如何把一个需要非常巨大的计算能力才能解决的问题分成许多小的部分，然后把这些部分分配给许多低性能的计算机来处理，最后把这些计算结果综合起来攻克大问题。可惜的是，由于网格计算在商业模式、技术和安全性方面的不足，使其并没有在工程界和商业界取得预期的成功。

> ➤ 云计算阶段：云计算的核心与效用计算和网格计算非常类似，也是希望 IT 技术能像使用电力那样方便，并且成本低廉。但与效用计算和网格计算不同的是，在需求方面已经有了一定的规模，同时在技术方面也已经基本成熟。

1.2.2 云计算的优势

云计算的到来给整个 IT 界注入了新的活力，不仅软件、硬件、解决方案供应商通过各种方式支持云计算，IaaS、PaaS、SaaS 的各服务商也推出、改进或创新了众多服务。每一项新技术的应用都会使我们的生活变得更加方便，尤其是在这个"云"的时代。云计算技术在生活中的应用越来越广泛，比如在线办公软件和云存储。我们的生活习惯已经被悄悄地改变了，与此同时，云计算的优势也日益凸显出来。

1．按需分配，按用量付费

如果建立本地基础设施或数据中心，不仅耗时长、成本高，而且需要订购、付款、安装和配置昂贵的硬件，所有这些工作都需要在实际使用硬件之前完成。利用云计算不需要花时间做这些事情，只需要按实际的资源使用量付费，没有前期投资，用低廉的月成本替代了前期基础设施的投资。因此，与其不明就里地花费重金购建数据中心和服务器，不如使用云服务，这样只需要在使用计算资源时按使用量付费即可[1]。

2．弹性容量

预测客户如果使用新应用程序很难，正确执行更非易事。如果在部署应用程序前就确定了容量，则可以避免出现昂贵的闲置资源，或是为有限的容量发愁。如果容量用尽，则在获取更多资源前会导致糟糕的用户体验。利用云计算，上述问题都不会出现，客户可以访问任意规模的资源，并根据需要扩展或收缩，一切只需几分钟就能完成。利用云计算，可以预配置所需的资源量，根据需求轻松扩展资源量。如果不再需要资源，则关掉它们并停止付费就好。

3．提高速度和灵活性

利用传统的基础设施，需要花数周时间才能采购、交付并运行服务器，如此长时间的等待对创新不利。利用云计算，根据用户的需要预配置资源量，在几分钟内能部署数百台，甚至数千台服务器。这种自助服务环境的变化速度与开发、部署应用程序一样快，可让团队更快、更频繁地进行试验。

4．全球性覆盖

无论是大型跨国公司还是小型新兴企业，都有可能在世界各地拥有潜在客户，利用传统基础设施很难为分布广泛的用户基地提供最佳服务。大多数公司一次只能关注一个地理区域投入的成本和时间。利用云计算，用户在全世界任意区域可轻松部署用户的应用程序，换言之，即可以用最少的成本帮助用户获得更好的体验。

1.3　亚马逊云计算服务 AWS

在向智能时代演进的过程中，云计算、大数据和人工智能等作为最强劲的推动力，正在成为人们生活和工作中不可缺少的部分。现如今，随着云计算热潮在全球范围内兴起，除亚马逊 AWS、微软 Azure、IBM Cloud、谷歌云等为代表的全球领先的云计算厂商以外，国内也有阿里云、腾讯云、百度云等越来越多的云服务厂商加入这场"厮杀"中。

1.3.1　行业巨头 AWS

当今的全球云计算市场风起云涌，呈现出一种群雄逐鹿的格局。研究公司 Canalys 的最新调研报告显示，AWS 以 32.3% 的份额雄踞第一，继续主导全球云基础设施服务市场，其后分别是 Azure 16.9%、谷歌云 5.8%、阿里云 4.9%[2]。

2019 年全球云计算市场份额，如图 1-1 所示。

Worldwide cloud infrastructure spending and annual growth
Canalys estimates, full-year 2019

Cloud service provider	Full-year 2019 (US$ billion)	Full-year 2019 market share	Full-year 2018 (US$ billion)	Full-year 2018 market share	Annual growth
AWS	34.6	32.3%	25.4	32.7%	36.0%
Microsoft Azure	18.1	16.9%	11.0	14.2%	63.9%
Google Cloud	6.2	5.8%	3.3	4.2%	87.8%
Alibaba Cloud	5.2	4.9%	3.2	4.1%	63.8%
Others	43.0	40.1%	34.9	44.8%	23.3%
Total	107.1	100.0%	77.8	100.0%	37.6%

Note: percentages may not add up to 100% due to rounding
Source: Canalys Cloud Channels Analysis, January 2020

图 1-1　2019 年全球云计算市场份额图

Amazon Web Services（AWS）是全球最全面、应用最广泛的云平台，现已在全球 24 个地理区域内运营 76 个可用区，全球数据中心提供超过 175 项功能齐全的服务。数百万客户（包括初创公司、大型企业和政府机构）都在使用 AWS，从而降低成本、提高敏捷性并加速创新。AWS 是云计算领域当仁不让的顶级厂商,是全球云计算的龙头,目前长期占据着市场第一份额的宝座。

1. 最多的功能

从计算、存储和数据库等基础设施技术,到机器学习、人工智能、数据湖及物联网等新兴技术,AWS 提供的服务及其中的功能都非常多。这使得将现有应用程序迁移到云中并构建用户想象的任何东西都变得更快、更容易且更具成本效益。

AWS 的这些服务还具有更为多样、复杂的功能。例如,AWS 提供了种类繁多的数据库,这些数据库是为不同类型的应用程序专门构建的,因此用户可以选择适合作业的工具来获得最佳的性能。

2. 最大的客户和合作伙伴社区

AWS 拥有最大且最具活力的社区,在全球拥有数百万的活跃客户和成千上万的合作伙伴。几乎所有行业和规模的客户(包括初创公司、企业和公共部门组织)都在 AWS 上运行使用案例。AWS 的合作伙伴网络(APN)包括专注于 AWS 服务的成千上万个系统集成商和将其技术应用到 AWS 中的独立软件供应商(ISV)。

3. 最安全

AWS 旨在成为当今市场上最灵活、最安全的云计算环境,其核心是为了满足军事、全球银行和其他高度敏感性组织的安全要求。一组深度云安全工具对此提供支持,其中包括 230 项安全标准、合规性认证和监管服务及功能。AWS 支持 90 个安全标准和合规性认证,而且存储客户数据的全部117 项 AWS 服务均具有加密数据的能力。

4. 最快的创新速度

AWS 一直在不断加快创新步伐,借助 AWS,用户可以利用最新技术更快地进行实验和创新。例如,在 2014 年,AWS 通过推出 AWS Lambda 在无服务器计算领域开创先河,该平台使开发人员无须预置或管理服务器即可运行其代码。AWS 构建了 Amazon SageMaker,这是一种完全托管的机器学习服务,可让日常开发人员和科学家无须任何前置经验即可运用机器学习。

5. 最成熟的运营专业能力

AWS 具有无与伦比的经验、成熟度、可靠性和安全性,用户可以将其用于最重要的应用程序。在超过 13 年的时间中,AWS 一直在为运行各种用例的全球数百万客户提供云服务。在所有云服务提供商中，AWS 拥有最丰富的大规模运营经验。

1.3.2　AWS 优势

AWS 全球云基础设施是最安全且扩展性和可靠性最高的云平台，可提供来自全球数据中心的 175 种功能齐全的服务。"无论用户是需要通过一键单击在全球部署用户的应用程序工作负载，还是想要构建和部署更接近最终用户的特定应用程序，使其延迟达到毫秒级，AWS 都能在用户需要的时间和地点为用户提供云基础设施[3]"。

1. 安全性

AWS 的安全性始于其核心基础设施。AWS 的基础设施针对云定制，旨在满足全球最为严格的安全要求，处于全天候监控之下，从而确保数据的机密性、完整性和可用性。在其数据中心和区域互连的 AWS 全球网络中，所有的数据流动在离开安全设施之前，都经过物理层自动加密。用户可以在最安全的全球基础设施上进行构建，始终控制自己的数据，并且能够随时加密、移动及存储这些数据。

2. 可用性

AWS 在所有云提供商中，具备最高的网络可用性，停机时间比第二大云提供商短 7 倍。每一区域都完全隔离并且由多个可用区组成，各可用区是与基础设施完全隔离的分区。为了更好地实现高可用性，用户可以跨同一区域中的多个可用区对应用程序进行分区。此外，AWS 控制平面和控制台分布在区域中，包括 API 终端节点。这些终端节点如果与全局控制平面功能隔离，则它们会安全运行至少 24 小时，无须客户在隔离期间通过外部网络访问区域或 API 终端节点。

3. 性能

AWS 全球基础设施为性能而构建。AWS 区域提供低延迟、低数据包丢失和较高的整体网络质量。这通过完全冗余的 100G 光纤骨干网实现，通常在区域之间提供多 TB 容量。AWS 本地区域和 AWS Wavelength 与其电信提供商合作，通过提供更接近最终用户的 AWS 基础设施和服务。在 5G 连接设备中，为需要毫秒级延迟的应用程序提供性能保障。无论用户的应用程序需要什么，都可以根据需要快速启动资源，在几分钟内部署数百甚至数千台服务器。

4．全球占有量

在所有提供商中，AWS 的全球基础设施占有量最大，且此占有量正在以显著的速率不断增加。将应用程序和工作负载部署到云时，用户可以灵活地选择最接近主要用户目标的基础设施。用户可以在云上运行工作负载，从而为应用程序集提供最佳支持。即便是那些要求高吞吐量和低延迟的应用程序也是如此。如果用户的数据在地球之外，则可以使用 AWS Ground Station，该服务可提供接近 AWS 基础设施区域的卫星天线。

5．可扩展性

AWS 全球基础设施可让公司极其灵活，并可利用云概念中无限的可扩展性。过去，客户往往会过度配置，以确保他们拥有的容量足以在活动高峰期处理其业务操作。现在，客户可以预置实际需要的资源量，可根据业务需求即时扩大或缩小容量。因此，能降低成本并提高客户满足其用户需求的能力。公司可以根据需要快速启动资源，在几分钟内部署数百甚至数千台服务器。

6．灵活性

AWS 全球基础设施可让用户灵活选择如何及在何处运行工作负载、何时使用网络、控制平面、API 和 AWS 服务。如果用户想要在全球运行用户的应用程序，用户可以从任何 AWS 区域和可用区中进行选择。如果用户需要为移动设备和最终用户运行毫秒级延迟的应用程序，则可以选择 AWS 本地区域或 AWS Wavelength。如果用户想在本地运行用户的应用程序，则可以选择 AWS Outposts。

1.4　世界技能大赛——云计算比赛

1.4.1　大赛简介

世界技能大赛（World Skills Competition，WSC）是迄今全球地位最高、规模最大、影响力最大的职业技能竞赛，被誉为"世界技能奥林匹克"，其竞技水平代表了职业技能发展的世界先进水平，是世界技能组织成员展示和交流职业技能的重要平台。世界技能大赛每两年举办一届，举办机制类似于奥运会，由世界技能组织成员申请并获批准之后，在世界技能组织的指导下与主办方合作举办，截至目前已成功举办 45 届。历届世界技能大赛以在欧洲举办为主，欧洲以外的地区，只在亚洲举办过 4 届，即第 19 届（1970年）在日本东京、第 32 届（1993 年）在中国台北、第 36 届（2001 年）在韩国汉城（于 2005 年更名为首尔）、第 39 届（2007 年）在日本静冈县 [4]。

2017 年 10 月 13 日，中国上海获得 2021 年第 46 届世界技能大赛举办权。第 46 届世界技能大赛的主题口号为"一技之长，能动天下（Master skills, Change the world）"，其寓意为技能是推动人类文明发展的原动力，是全球共同的财富；掌握技能，改变世界，引领未来，造福人类。

中国历届参赛情况回顾：

➤ 2011 年第 41 届世界技能大赛在英国伦敦举办，中国首次派出代表团参加这一赛事，参加数控车床、焊接等 6 个项目的比赛。在这次比赛中，中国收获了焊接项目银牌，使中国首次参赛即实现了奖牌"零"的突破。

➤ 2013 年第 42 届世界技能大赛在德国莱比锡举办，中国派出 26 名选手参加其中 22 个项目的竞赛，最终中国队收获了 1 银、3 铜及 13 个项目的优秀奖。

➤ 2015 年第 43 届世界技能大赛在巴西圣保罗举办，中国代表团取得了 5 金 6 银 4 铜的成绩，实现了金牌"零"的突破。

➤ 2017 年第 44 届世界技能大赛在阿联酋举办，中国代表团参加了 47 个项目的比赛，共获得了 15 枚金牌、7 枚银牌、8 枚铜牌和 12 个优胜奖，取得了中国参加世界技能大赛以来的最好成绩。并且，中国以 15 枚金牌位列金牌榜首位，并获得"阿尔伯特·维达"大奖。

➤ 2019 年第 45 届世界技能大赛在俄罗斯喀山举办，我国选手共获得 16 金、14 银、5 铜和 17 个优胜奖，位列金牌榜、奖牌榜、团体总分第一名。

1.4.2 云计算项目

世界技能大赛比赛项目共分为 6 个大类，分别为结构与建筑技术、创意艺术与时尚、信息与通信技术、制造与工程技术、社会与个人服务、运输与物流。大部分竞赛项目对参赛选手的年龄限制为 22 岁，部分有工作经验要求的综合性项目，选手的年龄限制为 25 岁。

2019 年第 45 届世界技能大赛共设立 56 个竞赛项目，其中新增的 5 个竞赛项目分别为：云计算、网络安全、化学实验室技术、水处理技术、酒店接待。云计算项目作为新增项目之一，其实也体现出了当今互联网时代新需求催生新技能。

1. 项目描述

云计算是通过网络按需提供可动态伸缩的计算服务，将计算任务分布在大量计算机构成的资源池上，使各种应用系统能够根据需要获取计算能力、存储空间和信息服务，这些资源能够被快速提供，只需投入很少的管理工作，或与服务供应商进行很少的交互。

近年来我国政府高度重视云计算产业发展，其产业规模增长迅速，应用领域也在不断扩展，从政府应用到民生应用，从金融、交通、医疗、教育领域到人员和创新制造等全行业延伸拓展。近几年来，以云计算为首的互联网技术迅猛发展，不仅推动了产业转型升级，还推动了院校专业随之转型升级，培养出众多云架构师、云计算软件工程师、云系统管理员等。

2. 考核目的

"云计算"选拔赛紧密结合我国云计算产业发展战略规划和云计算技术发展方向，贯彻国务院《关于促进云计算创新发展培育信息产业新业态的意见》和《关于促进大数据发展的行动纲要》中的人才措施要求，参照世界技能大赛的技术要求和规则标准，选拔出我国最优秀的选手，组织国家集训队，为世界技能大赛选拔人才；并通过引入云计算平台、云服务、大数据和云应用开发等实际应用场景，全面考察技能人才在云计算相关前沿的知识、技术技能及职业素养和团队协作能力。

全国选拔赛围绕企业云计算的技术需求和岗位要求进行设计，促进技能竞赛和技能人才培养工作科学有序发展，促进世界云计算技术交流、人才交流，通过赛项展示提高教师的云计算教学科研能力，提升学生从事云计算相关岗位的适岗性，为"互联网+"国家战略和国家"智慧城市"规划提供云计算领域的高素质技能型人才，加深对相关项目技术技能发展趋势的了解与认识。

3. 选手需具备的能力

本项目竞赛使用亚马逊公司 AWS GameDay 系统进行统一命题，竞赛内容通过对技能实操表现来评估选手的知识水平及理解能力，将不再另外举行知识及理解的理论测试。

本项目选手应具备所列出的知识点及特定技能的能力，参照第 45 届世界技能大赛项目标准规范编制，可作为竞赛选手训练及准备的指引。以下能力描述分为 7 个不同部分，每部分使用总分的百分比来表示它的重要性[5]。

（1）工作组织及管理（10%）。

参赛选手需要知道和理解以下内容：

➢ 在公有云部署中使用的不同技术和专业知识领域之间的关系。

➢ 公有云提供商中系统部署的各个方面的互操作性要求。

➢ 使用公有云服务设计 IT 解决方案时，对每组利益相关者的要求。

> 集成机构的最佳实践方法和利用公有云产品创建特定的应用程序的部署方法。
> 评估、比较和对比不同范围内的 IT 实现手段的可能的解决方案的方法。
> 在考虑内部最佳实践方法、业务需求、现有基础架构和资源专门知识技术的情况下，确定每个机构的最优化解决方案的方法。

参赛选手应能够做到以下内容：

> 使用公共云提供商标识通用部署模型，以及这些模型如何应用于机构的特定需求。
> 确定机会，并创建迁移计划以逐渐实现公共云部署并降低风险。
> 创建针对每个应用程序的高可用性、可扩展和安全的 IT 体系结构设计，并考虑到计算、存储、网络、数据库管理和部署要求。
> 利用公有云提供商的解决方案，减少与服务部署相关的操作负担。

（2）通信与人机沟通技巧（10%）。

参赛选手需要知道和理解以下内容：

> 如何在机构团队之间进行通信，以确定基础结构要求和架构机会。
> 如何与业务部门接洽，以确定部署的最佳实践方法和创建到公有云的迁移路径。
> 与业务利益相关合作的方法和技巧，实现机构目标并遵守相关法规。
> 创建部门和团队特定的基础结构设计，以充分利用公有云功能和增值服务。

参赛选手应能够做到以下内容：

> 发现和记录关键需求，及其与公有云提供服务（或公有云产品）的关系。
> 发现并记录技术特定的机会，以利用公有云服务（或公有云产品）。
> 将业务目标和目标转换为简介、设计和计划，并将此类文件呈现给利益相关者的管理团队。
> 清楚地将部门、特定的技术需求和目标映射到公有云解决方案中。
> 使用项目的特定迁移计划，协调促进本机构向公有云资源实现过渡。

（3）解决问题、发明和创造力（20%）。

参赛选手需要知道和理解以下内容：

> 每层基础架构设计的角色和重要性，包括计算、存储、网络、数据库、缓存和应用。

> 满足业务目标的各种技术解决方案（例如：不同的关系数据库解决方案，以及对使用事务性数据工作负载的 NoSQL 技术）。

> 各种存储功能，包括块级别的复制、网络块设备共享、共享/群集式文件系统、对象存储和存储缓存解决方案。

> 各种网络体系结构，实现与现有或传统的应用程序和环境进行通信。

> 整个技术界中普遍使用的自动化方法和机会。

参赛选手应能够做到以下内容：

> 评估、选择和实施基础云计算服务，如计算、网络和存储。

> 评估、选择和实施高级云计算服务，如管理的数据服务、缓存服务和自动扩展的可用性功能。

> 评估、选择和实施各种与网络相关的技术到基础结构设计中，如网络通信协议、子网、NAT、DNS、VPN、广播网络和动态路由协议。

> 通过使用脚本或编程及使用基础结构模板，自动化创建和修改基础架构。

（4）安全（20%）。

参赛选手需要知道和理解以下内容：

> 使用授权、身份验证和记账等保护系统和网络的最佳实践方法。

> 开发安全部署和持续监视通信和资产的最佳实践方法。

> 部署、监视和维护安全基础结构的最佳实践方法。

> 为公共云基础结构创建和部署安全应用程序设计的最佳实践方法。

> 云提供商和公共云客户之间的安全责任划分。

> 网络流量和资源隔离的重要性和目的。

参赛选手应能够做到以下内容：

> 设计并实施部门和机构级别的身份验证过程，控制对公共云的管理功能和系统访问。

> 为系统和应用程序访问公共云接口和服务制定策略和步骤。

> 实施公共云活动和访问审核的策略和步骤。

> 创建内部说明性指导和要求，给出创建、更新、删除和访问公共云基础结构和资源所需的必要步骤。

> 对在公共云环境中运行的资源执行服务和技术特定的安全控制，以及使用 IaaS 供应商提供的服务。

> 与业务、开发和领导人员沟通，以确定、推荐和采用安全的最佳实践方法，且同时确保便捷的用户体验。

（5）可靠性、可扩展性和灵活性（20%）。

参赛选手需要知道和了解以下内容：

➢ 业务需求如何转换为与使用公共云功能和服务解决的资源限制有关的业务目标。

➢ 不同的可用性以及部署模型的原则和体系结构，如灾难恢复、高可用性、蓝绿部署、全局负载平衡和先导轻型部署。

➢ 当他们与系统和应用程序的可用性相关时，应用程序和特定服务的可用性要求和细微差别。

➢ 网络数据流及其与系统可用性的对应关系。

➢ 如果发生不同的故障状况，则与系统生存能力和数据持久性有关的机构和部门的业务和技术目标。

➢ 如何使用应用程序、系统和网络指标来对实现可用、可扩展和灵活的体系结构进行定义。

➢ 为了实现自动化基础结构的扩展、耐久性和可用性，所必要的不同的应用程序、系统和协议之间的细微差别和要求。

参赛选手应能够做到以下内容：

➢ 记录、分析和解读应用程序、系统和网络数据，提供适当的体系结构的建议，充分利用可扩展性和灵活性，以满足内部和外部用户对系统的可变需求。

➢ 根据应用程序和系统设计要求，实现不同的可用性、可扩展性和耐用性模型。

➢ 设计满足机构业务需求的可用性模型，同时考虑到允许的恢复时间和允许的服务中断参数。

➢ 利用公共云服务和功能来帮助设计和部署可用性、耐久性和可扩展性的要求。

➢ 实现协议、应用程序和系统特定的设计，以满足机构部门的性能和可用性要求。

（6）性能和优化（10%）。

参赛选手需要知道和了解以下内容：

➢ 通过缓存、资源权限调整和供应商提供的服务等解决方案，可获得的不同基础结构性能的机会。

➢ 性能要求在基础结构设计中可能存在的瓶颈。

➢ 供应商特定的定价机会，因为它们与不同的公共云服务产品相关，用于优化成本。

> 在创建新应用程序或重新设计现有应用程序时可用的机会，以充分利用公共云服务产品，如服务器较少的计算和微服务编配。

参赛选手应能够做到以下内容：

> 从计算、存储、网络和应用程序级别分析和解读性能指标，以便在公共云基础结构设计目标中使用。
> 利用性能优化技术和工具包，来确保最佳资源利用。
> 实施微服务战略，以利用类似容器开发等领域的技术进步。
> 追求服务的脱钩，允许分离应用程序组件，以便于面向服务的体系结构。
> 建议和实施最适合应用程序需要的数据库和存储解决方案。

（7）操作事项（10%）。

参赛选手需要知道和了解以下内容：

> 系统和应用程序的要求，以维护功能和可用性。
> 系统、网络和应用程序的度量指标，以及它们如何应用于基础结构的耐久性、可用性。
> 针对各种事件的响应要求、协议和步骤，包括安全、可用性和与性能相关的事件。

参赛选手应能够做到以下内容：

> 实施监视解决方案，以生成警报并自动响应各种事件。对系统、网络和应用程序信息实施集中的度量指标收集和分析。
> 通过自动化基础结构配置更新，实现持续改进体系结构设计的过程。
> 持续监控和审查系统和应用程序，关注设计改进的机会。
> 连续测试故障和弹性设计。
> 确保云配置、保持当前和标识版本。
> 不断更新公共云提供商提供的新服务、步骤和技术解决方案，以便以最新的技术机会和最佳的实践方法来优化当前和未来的部署。

习题

1. 什么是云计算？
2. 云计算的服务形式有哪三种？
3. AWS 的优势是什么？
4. 谈谈用户对世界技能大赛——云计算项目的认识和想法。

参考文献

[1] 王毅. 亚马逊 AWS 云基础与实战[M]. 北京：清华大学出版社，2017：2.

[2] 2019 年全球云计算市场份额出炉[EB/OL]. [2021-3]. https://blog.csdn.net/linux_hua130/article/details/104589171.

[3] 亚马逊. AWS 官方文档[EB/OL]. [2021-3]. http://amazonaws-china.com/cn/about-aws.

[4] 百度百科. 世界技能大赛[EB/OL]. [2021-3]. https://baike.baidu.com.

[5] 第 45 届世界技能大赛全国选拔赛新增项目——云计算技术工作文件[G]. 2019：1-7.

第 2 章

AWS 基础设施

云计算简称"Internet 操作系统"，它以一种简单的方式通过互联网访问服务器、存储、数据库和各种应用程序服务。AWS（Amazon Web Services）云拥有和维护应用程序运行所需的联网硬件。"云"是一种可编程资源，它为可以利用其独特能力的用户提供巨大优势，将 IT 资产作为可编程的资源使用，用户能够以传统方法无法实现的方式快速建立和撤销基础设施。"云"具备动态能力，用户只需要单击几次鼠标，就可以提高数据库吞吐量或计算能力，动态能力的敏捷性和灵活性可以真正改变用户的业务。"云"是按使用量付费的，用户可以测试并利用系统而无须承诺长期使用，用户可以随时停止使用这些服务并更改策略以便满足自己的需求[1]。

2.1 云计算的优势

云计算的优势包括将资本支出变成可变支出、从大规模经济中获益、无须猜测容量、提高速度和敏捷性、专注于重要工作、数分钟内实现全球化部署。下面将分别加以介绍。

1. 将资本支出变成可变支出

通常用户在尚不了解业务如何变化的情况下，就对数据中心和服务器投入大量资金。若使用云来实现，用户只需在使用计算资源时付费，并且只需按使用量付费。在业务应用发展中，客户会有所增减，使用云计算，无须为未知的需求做成本预算，用户可以根据实际用量付费，甚至可以先使用后付费。

2．从大规模经济中获益

使用云计算，用户可以实现依靠自身无法实现的更低的可变成本。因为云汇集了成千上万的客户，比如像 AWS 这样的提供商可以利用规模经济的优势，其物理服务器都是大规模定制采购的，其成本也比用户自主采购要便宜。试想日常中，一辆共享自行车被使用得越多，成本就越低。因此享受规模效益，能较好地控制成本。

3．无须猜测容量

消除用户对基础设施容量需求的猜想。如果用户在部署应用程序前确定了容量，则一般可以避免出现昂贵的闲置资源，或者不必为有限的容量而发愁。利用云计算，这些问题都不会出现。用户可以访问任意规模的资源，并根据需要扩展或缩减，一切只要几分钟就能完成。

假如企业要部署一个应用，早期客户并不多，要求的服务器资源也不高，要计划采购多大的服务器呢？这是很难预测的，买少了可能由于用户剧增而不够用，买多了可能会造成浪费。云的好处在于，用户可以根据现实的业务量进行调整、计算和存储。

4．提高速度和敏捷性

在云计算环境中，新的 IT 资源只要单击几下鼠标就能配置到位，这能显著节约时间，将开发人员调配资源耗费的时间从数周缩短到几分钟。这样一来，进行试验开发的成本和时间会大幅减少，从而让组织的灵活性大幅增加。从开机的角度来讲，开一台物理服务器比开一个云实际耗费的时间要多得多，像大数据分析、IOT 物联网应用环境部署这种按天计算的工作，在云上几分钟就能完成。

5．专注于重要工作

用户不必再为运行和维护数据中心花费资金和人力成本，使用户更专注于脱颖而出的项目和业务，而非基础设施。使用云计算，用户可更专注于自己的客户，而不用忙于架设、堆叠和运转服务器[2]。

6．数分钟内实现全球化部署

在云上只需单击几下鼠标，即可在全世界的多个区域轻松部署用户应用程序。也就是说，用户可以用最少的成本轻松获得较低的延时和更好的体验。例如，在美国区域有一个应用，需要迁移到英国区域，用户可以把原有架构复制到英国区域迅速开展业务，利用 AWS 高速的内部网络能够快速实现全球化部署。

2.2 良好的云计算架构

如图 2-1 所示，AWS 良好的架构包括安全性、可靠性、成本优化、性能效率和卓越运维五个方面，也是进行架构设计的原则，一个架构满足了这五个方面的要求，就认为这是一个良好的云计算架构。AWS 服务都是围绕这五个方面进行设计的，甚至在 AWS 认证考试中，其考核的内容均围绕这五方面的内容展开[3]，下面将分别进行介绍。

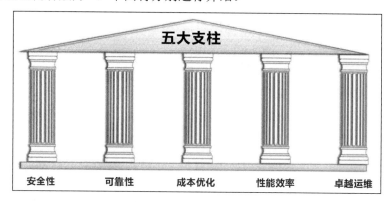

图 2-1 云计算五大支柱

1. 安全性

安全性涉及保护信息并减少可能的损坏，这是用户把资源部署到云平台之前首先要考虑的因素，也是用户最大的疑问。采取一些基本的措施，用户的架构就会处于更安全的状态。这些措施包括采用强大的身份机制，实现可追踪性，在所有层确保安全性，自动应用安全性的最佳实践，保护传输中的数据和静态数据等。

2. 可靠性

在传统环境中确保可靠性可能会很困难，单点故障、缺乏自动化和缺乏弹性都会引起问题。应用可靠性支柱的理念，动态获取计算资源以满足需求，迅速从基础设施或服务故障中恢复，用户就能够避免许多此类问题。在可用性、容错能力和整体冗余方面正确设计架构，对用户和其客户都会有所帮助。

3. 成本优化

成本优化是所有良好架构设计的长期要求。这一过程重复进行，应该在用户的整个生产周期内完善和改进。了解当前的架构相对于目标的效率，可以帮助用户节省费用。考虑使用托管服务，因为其以云的规模运行，并且可以实现更低的事务处理成本或服务成本。

4．性能效率

在考虑性能时，用户需要有效使用计算资源并在需求变化时保持资源效率，从而尽可能提高性能。

普及先进技术也同样重要。在自己难以实施技术的情况下，请考虑使用供应商。在为用户实施技术时，供应商可以处理复杂的问题并投入知识，让用户的团队专注于附加价值更高的工作。

了解技术，使用最符合自己目标的云服务技术。例如，在选择数据库或存储方法时考虑数据访问模式。

5．卓越运维

在创建或设计架构时，用户必须了解其如何部署、更新和运作。用户必须致力于缺陷消除和安全修复工作，并通过日志记录工具进行观察。

在 AWS 中，用户可以将整个工作负载（应用程序、基础设施、策略、管理和操作）视为代码。工作负载可以在代码中定义，并使用代码来更新，实现自动化运维。

2.3　基础设施及服务

2.3.1　数据中心

AWS 数据中心以集群的方式在全球多个区域构建，包括上万台服务器及 AWS 定制的网络设备。所有数据中心都在线，不处于"冷"状态。在出现故障时，自动化进程会把客户数据流量从受影响的区域移出到正常区域。核心应用程序以 $N+1$ 的配置进行部署，因此在一个数据中心出现故障时，有足够的容量能够让流量通过负载均衡转移到其他站点。数据中心对用户来说是不可见的，即用户使用服务时不能选择数据中心。

2.3.2　可用区（AZ）

若干个 AWS 数据中心组成可用区（Availability Zone，AZ），每个可用区都包含一个或多个数据中心，某些可用区拥有多达 6 个数据中心。但是，每个数据中心只能属于一个可用区。

　　每个可用区都设计为独立的故障区。这意味着可用区在典型的大都市区域内是物理上分开的，并且位于风险较低的洪泛平原上（具体的洪泛区分类因区域而异）。除了具有分立的不间断电源和现场备用发电设施外，它们还通过来自独立公用事业公司的不同电网供电，以便进一步减少单点故障。可用区全部以冗余的方式连接至多家第 1 层 Internet 传输提供商。

　　用户负责选择自己的系统所在的可用区。系统可以跨越多个可用区。避免发生灾难时出现的暂时或长期的可用区故障。将应用程序分布在多个可用区内，可以让应用程序在大多数故障情况下（包括自然灾害或系统故障）保持弹性。

2.3.3　区域（Region）

　　可用区组成 AWS 区域，每个区域包含两个或更多可用区。跨多个可用区分布应用程序时，用户应该注意不同地点的隐私和合规性要求，包括我国的《中华人民共和国网络安全法》[4]和欧盟的《通用数据保护条例》[5]等要求。在特定区域中存储数据时，数据不会在该区域之外复制。AWS 不会将数据移出用户放入的区域。如果业务有需求，则需要负责在跨多个区域复制数据。AWS 提供每个区域所在的国家/地区以及省/州（如适用）的相关信息；用户负责根据自己的合规性和网络延迟要求选择存储数据的区域。

　　AWS 区域与多家 Internet 服务提供商（ISP）和一个专用全球的主干网络连接。与公共 Internet 相比，专用全球的主干网络的费用更低，跨区域网络延迟更稳定。

2.3.4　全球基础设施

　　AWS 在全球 23 个地理区域内运营 69 个可用区，如表 2-1 所示。并宣布计划增加开普敦、雅加达和米兰 3 个区域，同时再增加 9 个可用区。

表 2-1　AWS 全球基础设施

地　　区	区　　域	用　可　区
北美洲	弗吉尼亚	6
	俄亥俄	3
	俄勒冈	4
	加利福尼亚	3
	GovCloud（美国东部）	3
	GovCloud（美国西部）	3
	加拿大	2
南美洲	圣保罗	3

续表

地　区	区　域	用 可 区
欧洲	爱尔兰	3
	伦敦	3
	斯德哥尔摩	3
	法兰克福	3
	巴黎	3
中东	巴林	3
亚太地区	北京	2
	宁夏	3
	香港	3
	新加坡	3
	悉尼	3
	东京	4
	大阪本地	1
	首尔	3
	孟买	3

　　AWS 在逐步拓展全球基础设施，帮助全球用户实现更低的延迟和更高的吞吐量，并确保用户的数据仅驻留在指定区域。随着用户业务的扩展，AWS 将持续提供满足全球用户需求的基础设施。

　　AWS 产品和服务的提供情况取决于具体区域，因此所有区域提供的服务不尽相同。

　　用户可以在一个区域中运行应用程序和工作负载，以减少终端用户的延迟，同时避免维护运营全球基础设施所产生的前期投资、长期投入和扩展问题。

1. 特殊的区域

　　（1）GovCloud 区域，美国东部、美国西部两个隔离区域专门服务于美国政府机构，满足当地特定的法律要求，从而将敏感的工作负载转移到云中。

　　（2）大阪区域，日本东京区域处于地震断裂带上，AWS 在大阪构建了只有 1 个可用区的本地区域，用于对当地用户做数据灾备。

　　（3）AWS 中国区域，包括北京、宁夏两个区域，根据我国法律法规要求，AWS 中国的所有区域与 AWS 全球区域进行隔离，所使用的管理账号也是相互隔离的。

2. 边缘站点

　　为了以更低的延迟向最终用户提供内容，AWS 使用的全球网络涵盖

191 个网点（180 个边缘站点和 11 个区域性边缘缓存），位于 33 个国家/地区的 73 个城市内。

边缘站点位于北美、欧洲、亚洲、澳大利亚、南美洲、中东和非洲，并支持 Amazon Route 53 和 Amazon CloudFront 等 AWS 服务。AWS 中国区域的边缘站点分布在北京、深圳、上海和中卫。

区域性边缘缓存，当用户的内容不被频繁访问所以不足以保留在边缘站点内时，可以使用区域性边缘缓存，该功能默认与 Amazon CloudFront 结合使用。区域边缘缓存会保留这些内容，在用户必须从原始服务器获取内容时提供一份替代方案。

> **注意：** 想了解更多基础设施信息，可以访问 AWS 官网"了解"→"AWS 全球基础设施"菜单模块。

2.3.5 AWS 全球基础架构安全

1. 物理环境安全

- ➤ 数据中心建设在隐蔽的建筑物内。
- ➤ 使用包括视频监控，入侵检测等物理安全手段。
- ➤ 授权人员必须通过至少两次双因素认证。
- ➤ 供应商需要授权人员确认和持续陪同。
- ➤ 自动火灾探测和气体灭火系统。
- ➤ 冗余的电力接入。
- ➤ 提供 UPS、发电机等备用电源设备。
- ➤ 实时的温湿度监测和控制。
- ➤ 严格的设备和存储退役流程，防止数据泄露。

2. 业务连续性

- ➤ 数据中心在全球以集群形式建立。
- ➤ 提供全部热数据中心的 $N+1$ 高可用部署。
- ➤ 每个可用区都设计成一个独立的故障区，各种基础架构是物理分离的。
- ➤ 7×24 的故障支持团队和流程。
- ➤ 多种内外部沟通的渠道和工具，包括用户可订阅的各种支持服务。

3. 网络安全

- ➤ 部署防火墙等网络安全设备对外部网络流量进行监视和控制。
- ➤ AWS 会强制执行基准的 ACL 规则确保基础架构安全。

> 用户可以在各个管理接口自定义设置各种 ACL 及流量策略。
> 有限数量的网络接入点便于管理出入站流量。
> 各个接入点都有专用于连接不同 ISP 的设备。
> 所有通信都可以支持 SSL 或 HTTPS 连接。

4．多种网络攻击应对方案

> DDoS 攻击：专用的 DDos 缓解技术。
> 中间人 MITM 攻击：SSH 主机证书，鼓励所有交互都使用 SSL。
> IP 欺骗：EC2 不允许发送欺骗性通信，如欺骗性 IP 和 MAC。
> 端口扫描：AWS 不允许 EC2 进行未经授权的端口扫描行为，同时 EC2 默认关闭所有入站端口也避免被扫描。
> 数据包嗅探：AWS 不允许以任何形式对未发送给本机的流量进行侦听行为，即便在同一个子网中且将端口置于混杂模式也不行。同时建议始终使用加密流量进行传输。

2.4　AWS 服务

2.4.1　AWS 服务与传统网络

AWS 中的服务名称与传统网络服务中的专业术语相似，服务对应关系如图 2-2 所示。

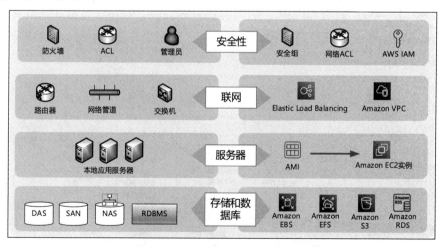

图 2-2　传统网络与 AWS 服务比较

1．安全性

AWS 安全组对应传统网络中的防火墙，控制端口流量的入站与出站；网络 ACL 实现传统网络中的访问策略；IAM（Identity and Access

Management）实现用户、组和角色的权限控制。

2．联网

VPC（Virtual Private Cloud）实现私有网络的管理，实现公有子网、私有子网、路由交换和 NAT 的传输功能。ELB（Elastic Load Balancing）实现第 4 层和第 7 层的负载均衡。

3．服务器

EC2（Elastic Compute Cloud）对应传统网络中的服务器功能，实现计算、存储等功能的管理，通过 AMI（Amazon Machine Image）镜像启动 Windows Server 和 Linux 的各种版本的服务器。

4．存储和数据库

AWS 提供 EBS（Elastic Block Store）私有块存储、EFS（Amazon Elastic File System）共享块存储、S3（Simple Storage Service）对象存储等服务，满足各种存储场景需要。RDS（Relational Database Service）以数据库实例为基础，托管 PostgreSQL、MySQL、MariaDB、Oracle Database 和 SQL Server 等数据库服务。

2.4.2 AWS 服务架构

AWS 以一种简单的方式通过互联网访问服务器、存储、数据库和各种应用服务。AWS 拥有和维护各种应用服务所需的联网硬件，包括基础设施、基础服务、平台服务和应用程序等。由用户来配置并按需使用，其架构如图 2-3 所示。

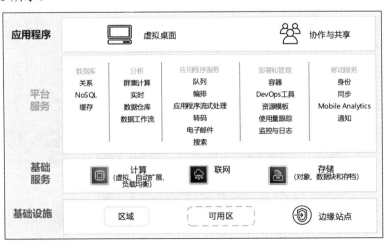

图 2-3 AWS 云计算架构

2.4.3　AWS 服务介绍

AWS 基础服务介绍，如表 2-2 所示。

表 2-2　AWS 基础服务

服 务 类 型	图 标	服 务 名 称	备 注
计算		Amazon EC2	弹性计算云
		Amazon Elastic Container Service	容器管理服务
		Amazon Lightsail	虚拟专用服务器
		AWS Batch	批量计算
		AWS Elastic Beanstalk	构建应用程序运行环境
		AWS Lambda	可编程无服务器计算服务
网络		Amazon CloudFront	内容分发网络
		Amazon Router 53	DNS 服务
		Amazon VPC	虚拟私有云
		Amazon Direct Connect	专线网络
		Elastic Load Balancing	负载均衡服务
存储		Amazon EFS	文件存储服务
		Amazon S3 Glacier	低成本长期云存储服务
		Amazon S3	简单云存储服务
		Amazon Snowball	大型数据迁移服务
		Amazon Storage Gateway	云存储网关
安全性与身份		Amazon Inspector	安全评估服务
		AWS Artifact	云合规与安全访问服务
		AWS Certificate Manager	安全证书管理
		AWS CloudHSM	安全密钥存储服务
		AWS Directory Service	目录托管服务
		AWS IAM	用户权限访问管理
		AWS Key Management Service	密钥管理系统
		AWS Organizations	整合组织账户管理
		AWS WAF & Shield	Web 应用程序防火墙

续表

服 务 类 型	图 标	服 务 名 称	备 注
应用程序		Amazon WorkDocs	文档共享服务
		Amazon WorkMail	电子邮件与日历编制服务
		Amazon AppStream2.0	应用程序流式传输服务
		Amazon WorkSpaces	云桌面计算服务

AWS 平台服务介绍，如表 2-3 所示。

表 2-3　AWS 平台服务

服 务 类 型	图 标	服 务 名 称	备 注
数据库		Amazon DynamoDB	非关系数据库服务
		Amazon ElastiCache	AWS 数据缓存 Web 服务
		Amazon RDS	关系数据库服务
		Amazon Redshift	数据仓服务
分析		Amazon Athena	数据库查询服务
		Amazon CloudSearch	云搜索服务
		Amazon EMR	大数据处理服务
		Amazon Elasticsearch Service	数据搜索和分析服务
		Amazon Kinesis	流数据处理平台
		Amazon QuickSight	BI 数据分析服务
应用程序服务		Amazon API Gateway	API 网关托管服务
		Amazon Elastic Transcoder	媒体转码服务
		AWS Step Functions	可视化工作流服务
管理工具		Amazon CloudWatch	云监控服务
		AWS CloudFormation	云基础架构服务
		AWS CloudTrail	账户监管服务
		AWS Config	云资源配置服务
		AWS Managed Services	云基础设施运营服务
		AWS OpsWorks	自动化云应用部署
		AWS Service Catalog	云资源访问权限管理
		AWS Trusted Advisor	成本优化服务

续表

服 务 类 型	图　标	服 务 名 称	备　　注
开发人员工具		AWS CodeBuild	代码生成服务
		AWS CodeCommit	代码托管服务
		AWS CodeDeploy	自动化部署工具
		AWS CodePipeline	持续集成与持续交付
		AWS X-Ray	分布式跟踪系统
		AWS CodeStar	云应用开发服务
移动服务		AWS Mobile Hub	移动开发工具包
		Amazon Cognito	数据同步服务
		Amazon Mobile Analytics	应用程序大规模分析和可视管理服务
		Amazon Pinpoint	消息推送服务
		AWS Device Farm	应用程序测试服务
物联网		AWS IoT Core	物联网云托管服务
		AWS IoT Greengrass	物联网设备连接服务

注：部分 AWS 服务，更多服务见 AWS 官网

2.5　注册 AWS 账户

根据我国法律及合规性要求，AWS 全球区域与 AWS 中国区域是隔离的，用户可根据需要分别在这两个区域注册账号。

◀))) **注意**：注册用户在使用服务时，推荐使用 Chrome 内核的浏览器，以便获得最佳用户体验。

1. 注册 AWS 全球区域账号

用户通过访问 https://amazonaws-china.com 页面，单击右上角"创建 AWS 账户"来注册 AWS 全球区域账号，步骤如下。

（1）填写账户信息，包括电子邮件地址，密码，确认密码和 AWS 账户名称，如图 2-4（a）所示。

（2）填写联系人信息，包括账户类型，姓名，电话号码，国家/地区，地址，城市，州、省或地址，邮政编码，以上信息均要求英文或拉丁字符，如图 2-4（b）所示。

（a）填写账户信息　　　　　　（b）填写联系人信息

图 2-4　创建 AWS 账户

（3）验证信用卡，输入信用卡信息，如图 2-5（a）所示，AWS 全球区域是先使用资源，再用信用卡付费的方式，提供月账单。

（4）确认身份，通过短信验证用户身份，如图 2-5（b）所示。

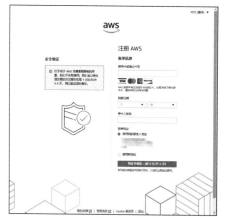
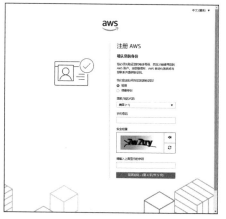

（a）验证信用卡　　　　　　（b）确认用户身份

图 2-5　验证账户信息

（5）注册完成后，提供基本计划、开发人员、商业支持等服务计划，初学者可选择从基本计划开始，新账户 12 个月内，每月 750 小时的 EC2 时长，5GB 的 S3 对象存储空间，750 小时的 RDS 等免费服务，参考 AWS 官网 "定价" → "AWS 免费套餐" 模块菜单说明。

2．注册 AWS 中国区域账号

AWS 中国目前只对公司或组织开放账号申请，未开通个人申请。访问 https://www.amazonaws.cn 页面，在右上角单击 "申请账户" 来注册 AWS 中国区域账号，步骤如下：

（1）填写公司信息，负责人和相关业务信息，如图 2-6（a）所示。

（2）AWS 中国将与用户电话确认企业信息，要求完善统一的社会信用代码和营业执照等信息，验证通过后用户将收到 AWS 中国的申请确认开通邮件，如图 2-6（b）所示。

（a）填写申请信息　　　　　（b）账户申请确认信息

图 2-6　验证账户信息

3．AWS 控制台

登录 AWS 控制台，如图 2-7 所示，控制菜单在页面顶部，主要功能有以下 7 种。

（1）服务：包括 AWS 所有服务和常用服务列表。

（2）资源组：管理跨多个环境的服务资源。

图 2-7　AWS 控制台

（3）快捷工具栏：自定义工具栏，通过"图钉"按钮管理常用的工具服务。

（4）消息中心：AWS 的消息提醒。

（5）用户中心：账户信息、服务配额、账单管理、订单和发票、安全凭证等。

（6）区域：切换 AWS 区域，不含 2、3、4 中的特殊区域。

（7）支持：论坛、文档、培训和其他资源等学习支持资源。

2.6 第一个 AWS 服务

EC2 实例在 AWS 中相当于虚拟服务器，用户可以使用 Amazon EC2 来创建和配置在实例上运行的操作系统和应用程序。我们将开始第一个 AWS 应用服务，创建一台 EC2 实例主机，安装 LMAP（Linux+ MariaDB+ Apache+PHP）环境，并测试连接到 Linux 实例和 MariaDB 数据库，对 PHP 环境进行验证，通过本实验的步骤启动、连接及使用 Linux 实例来掌握 EC2 的基本操作。

2.6.1 创建 EC2 实例

（1）登录 AWS 控制台，选择"服务"→"EC2"，单击"启动实例"按钮，如图 2-8 所示。

图 2-8　开始创建 EC2 实例

（2）在"选择 AMI"页面显示一组称为 Amazon 系统映像 AMI 的基本

配置，作为用户的实例模板。选择 HVM 版本的 Amazon Linux 2，如图 2-9 所示，建议实验时选择"符合条件的免费套餐"选项。

图 2-9　选择 AMI 系统映像

（3）在"选择实例类型"页面上，用户可以选择实例的硬件配置。选择 t2.micro 类型（默认情况下的选择），并单击"下一步：配置实例详细信息"按钮，如图 2-10 所示。

图 2-10　选择一个实例类型

（4）在"配置实例"详细信息页面中可配置以下参数（可选），本实验使用默认配置。

① 配置 EC2 的类型，参考"第 3 章计算服务"。

② 配置 VPC 网络，参考"第 6 章网络服务"。

③ 配置 IAM 角色，参考"第 7 章安全防护"。

展开"高级详细信息"，添加"用户数据"，输入以下 Bash 脚本（必须）。

```bash
#!/bin/bash
yum install -y httpd mariadb-server
amazon-linux-extras install -y php7.2
chkconfig httpd on
chkconfig mariadb on
systemctl start httpd
systemctl start mariadb
```

用户数据在 EC2 实例创建完成后，仅自动执行一次，帮助用户完成系统初始化的相关工作，这是一项非常有用的功能。比如，在 AutoScaling 弹性自动扩展时，它能确保 EC2 主机开启自动完成环境部署。以上配置如图 2-11 所示，单击"下一步：添加存储"按钮。

图 2-11　配置实例

（5）在"添加存储"页面中，使用默认配置，如图 2-12 所示，EBS 存储的内容参考"第 4 章 存储服务"，单击"下一步：添加标签"按钮。

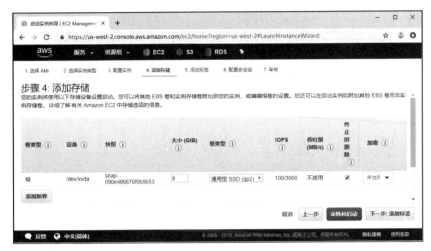

图 2-12　添加存储

（6）在"添加标签"页面中，用户可以自定义 EC2 的附加属性，其采用 key：value 格式定义。在此添加一个"键"为 Name，"值"为 HelloWorld 的标签，用于标识 EC2 的名称，如图 2-13 所示，单击"下一步配置安全组"按钮。

注意：养成给资源打标签的习惯，同样适用于其他 AWS 服务，方便用户在资源池中查找想要的资源。

图 2-13　添加标签

（7）在"配置安全组"页面中，用户可配置访问 EC2 前的一个安全防火墙，控制网络端口的入/出站，添加 SSH（22 端口）、HTTP（80 端口）和 MYSQL/Aurora（3306 端口）的入站访问，如图 2-14 所示，单击"审核和启动"按钮。

图 2-14　配置安全组

（8）在"审核"页面中，单击"启动"按钮，弹出"选择现有密钥对或创建新密钥对"信息框，选择"创建新密钥对"和启动选项，输入密钥对名称 HelloWorld-Key，单击"下载密钥对"按钮，下载完成后单击"启动实例"按钮，如图 2-15 所示。

⏵ 注意：密钥对是管理 EC2 主机的唯一凭证，新密钥对创建时有且只有一次下载机会，务必妥善保管，AWS 不支持找回密钥对功能。

图 2-15　创建密钥对

（9）在"启动状态"页面中，显示操作 EC2 的相关帮助文档，单击"查看实例"按钮，如图 2-16 所示。

图 2-16 启动状态

（10）在查看实例页面中，等待几分钟直到实例启动完成，如图 2-17 所示，在"状态检查"项中出现检查已完成信息。在"描述"选项卡页面，查看实例的配置信息，包括公有 DNS、公有 IPv4、私有 DNS、私有 IPv4 等；在"状态检查"选项卡，检测可能会影响此实例运行应用程序的问题；在"监控"选项卡，查看 EC2 的 CPU、内存、存储等监控指标；在"标签"选项卡，存在步骤"（6）添加标签"的 Name 标签，也可添加或编辑标签。

图 2-17 查看实例

（11）管理 EC2 实例，通过"连接"和"操作"操作菜单对 EC2 进行管理。"连接"操作实现连接和管理 EC2 操作系统功能。"操作"实现实例状态启动、停止、重启、终止等功能，也可以实现查看用户数据和查看系统日志等操作，如图 2-18 所示的系统日志。

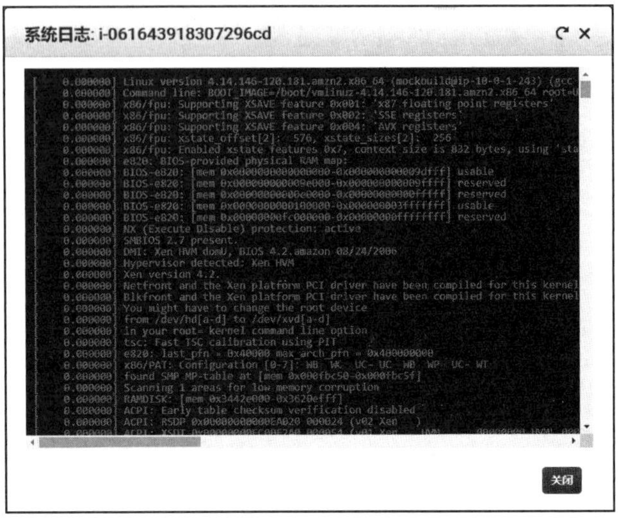

图 2-18 查看系统日志

2.6.2 测试 EC2 实例

1. 连接 Linux 实例主机

连接到 EC2 实例有三种方法：EC2 实例连接；独立的 SSH 客户端； 直接从浏览器连接到 Java SSH 客户端。推荐使用前两种方法。

方法一：EC2 实例连接。在图 2-17 中，选中 EC2 实例，单击"连接"按钮，选择第二项"EC2 实例连接"，用户名默为 ec2-user，单击"连接"按钮，连接成功后，打开一个命令行终端窗口连接到 EC2 实例主机，如图 2-19所示。

图 2-19 查看实例连接

方法二：独立的 SSH 客户端连接。通过 2.6.1 节中下载的密钥对连接实例主机，常见的连接工具有 Putty、Xshell 和 MobaXterm，以下以 Putty 为例介绍。

首先，转换用户的私有密钥，操作步骤如下。

（1）安装 Putty，官网下载地址为 https://www.putty.org。

（2）使用 PuTTYgen 转换私有密钥，打开 Putty 安装目录，双击运行 PuTTYgen.exe 应用程序，在 Type of key to generate 下，选择 RSA。

（3）选择 Load。在默认情况下，PuTTYgen 仅显示扩展名为 .ppk 的文件。要找到 .pem 文件，请选择显示所有类型的文件的选项。

（4）选择用户在启动实例时指定的密钥对的 .pem 文件，然后单击 Open 按钮，再单击 OK 按钮关闭确认对话框。

（5）选择 Save private key，保存私有密钥。PuTTYgen 会显示一条关于在没有口令的情况下保存密钥的警告，选择"是"。

（6）为该密钥指定名称，如 HelloWorld-Key，PuTTY 自动添加 .ppk 文件扩展名，生成 HelloWorld-Key.ppk 私钥。

接下来启动 PuTTY 会话，操作步骤如下。

（1）启动 PuTTY 后，在 Category 窗格中，选择 Session 并填写以下字段。

① 在 Host Name 框中，输入 ec2-user @public_dns_name，其中 ec2-user 为 EC2 默认用户名，public_dns_name 为公有 DNS 或公有 IPv4 地址。

② 在 Connection type 下，选择 SSH。

③ 确保 Port 为 22。

配置信息如图 2-20（a）所示。

（2）在 Category 窗格中，展开 Connection，再展开 SSH，然后选择 Auth，完成以下操作。

① 单击 Browse 按钮。

② 选择用户为密钥对生成的.ppk 文件，然后单击 Open 按钮。

③ 选中 Allow agent forwarding 复选框，启用代理。

④ 保存此会话信息以便以后使用。在 Category 树中选择 Session，在 Saved Sessions 下的文本框中输入会话名称 HelloWorld-Session，然后单击 Save 按钮（必须，下一步内容将用到）。

⑤ 单击 Open 按钮打开 PuTTY 会话。

配置信息如图 2-20（b）所示。

（3）如果这是第一次连接到此实例，PuTTY 会显示安全警告对话框，询问用户是否信任用户要连接到的主机。选择"是"，此时会打开一个窗口并且连接到了用户的实例主机，如图 2-21 所示，此时用户已连接到 EC2 的 Linux 实例。如果连接失败，则需要检查 EC2 安全组规则是否允许 22 端口入站。

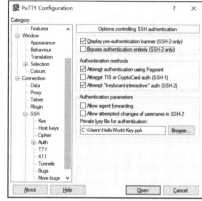

（a）配置 session　　　　　　　　　　（b）配置授权

图 2-20　配置 Putty

图 2-21　连接成功

> **温馨提示**：首先，关注系统更新信息，如图 2-21 连接成功中的 23 个 packages 更新包，执行 sudo yum update 进行系统更新；其次，root 用户虽然安全，但默认 root 密码为空，应及时更换。

方法三：直接从浏览器连接到 Java SSH 客户端。

（1）选择创建的 EC2 实例，然后单击 Connect。

（2）选择"A Java SSH client directly from my browser"。确保已安装并启用了 Java（配置方法见 Java 官方文档：https://java.com/en/download/help/

enable_browser.html）。

（3）输入私有密钥路径（例如：C:\ HelloWorld-Key.pem）

（4）选择"Launch SSH Client"。

2. 测试 MariaDB 数据库

（1）使用 EC2 连接 MariaDB 数据库，具体步骤如下。

① 检查 MariaDB 系统服务，在图 2-20 的 shell 控制台中输入命令 ps aux|grep mariadb，可看到如图 2-22（a）所示的 MariaDB 运行状态信息，包括进程 ID、安装路径、日志路径等，此信息说明 MariaDB 运行正常。

② 连接 MariaDB，输入命令 mysql -u root –p，直接按 Enter 键，无须输入密码，登录到 MariaDB>提示符界面，输入显示数据库命令 show databases，如图 2-22（b）所示，说明数据连接成功。

　　　（a）查看 MariaDB 运行状态　　　　　（b）显示 MariaDB 数据库列表

图 2-22　使用 EC2 连接 MariaDB

（2）使用 Navicat for MySQL 连接 MariaDB 数据库，具体步骤如下。

① 关闭 Putty 工具，再重新打开，在 Category 的 Connection 窗口中，选中 HelloWorld-Session 连接会话，单击"Load"按钮加载配置信息。

② 配置端口转发，展开 Connection，再展开 SSH，然后选择 Tunnels，在 Add new forward port 中完成以下操作：

➢ Source port：3306。

➢ Destination：DNS：端口号。DNS 是 EC2 的公有 DNS 和公有 IPv4 地址，端口号是 MariaDB 的端口（默认 3306），如 ec2-34-223-223-44.us-west-2.compute.amazonaws.com:3306。

➢ 单击 Add 按钮。

以上配置如图 2-23 所示，单击 Open 按钮，实现把本地 3306 端口转发到 EC2 的 3306 端口。

③ 打开 Navicat for MySQL 软件，新建数据库连接，完成以下配置信息。

➢ 连接名：HelloWorld-DB。

> ➢ 主机名或 IP 地址：localhost。
> ➢ 端口：3306。
> ➢ 用户名：root。
> ➢ 密码：空（不输入）。

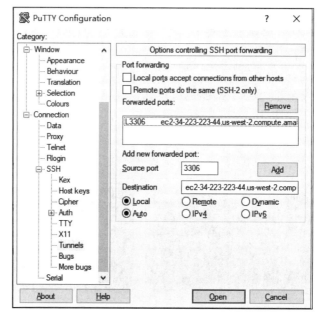

图 2-23　配置端口转发

配置完成后，单击"连接测试"按钮，显示"连接成功"提示框，如图 2-24（a）所示，单击"确定"关闭对话框。

④ 在 Navicat for MySQL 软件主界面中，双击 HelloWorld-DB 连接信息，显示 MariaDB 连接成功的窗口，如图 2-24（b）所示。如果连接失败，则需要检查 EC2 安全组规则是否允许 3306 端口入站。

（a）配置 MYSQL 连接　　　　　　　　（b）连接成功

图 2-24　Navicat for MySQL 连接 MariaDB

按以下操作测试 Apache 功能是否启用。

打开浏览器，在地址栏中输入 EC2 的公有 DNS 或公有 IPv4，测试 Apache 如图 2-25（a）所示。如果打开失败，则需要检查 EC2 安全组规则是否允许 80 端口入站。

按以下操作测试 PHP 环境是否可用。

用 Putty 连接 EC2，编写一个 PHP 探针程序，在 Shell 控制台中完成以下操作。

➢ 切换到 root 用户：sudo -i

➢ 切换到 PHP 的应用目录：cd /var/www/html

➢ 新建 phpinfo.php 文件：vi phpinfo.php

➢ 在 vi 编辑器中输入以下语句：<?php phpinfo（）; ?>，保存退出。

最后在浏览器中输入 EC2 的公有 DNS（或者公有 IPv4）/phpinfo.php，测试 PHP 如图 2-25（b）所示。

 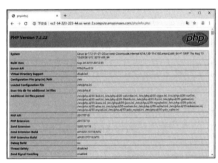

（a）测试 Apache 服务　　　　　　（b）测试 PHP 服务

图 2-25　测试 Apache 和 PHP

2.6.3　反思与改进

在上两节实验中我们完成了 LMAP 环境的搭建与测试，参考 AWS 五大支柱，它并非是一个良好的架构。对于安全性而言，数据库与应用服务部署在同一台服务器上，存在单点故障，应用服务如果被攻破，那么将威胁到数据库安全；对于可靠性而言，数据库的可靠性依赖于 EC2 的运行环境；对于性能效率而言，数据库与应用服务同时部署在一台服务器上，在高负载的情况下，性能势必受到影响；对运维而言，数据库有 RDS 托管服务，可轻松实现库备份、多区灾备部署等。

1. 关注成本

成本优化是良好架构长期要求的，关注成本账单是一个良好的习惯。AWS 的账单类似于电费账单，服务根据用量收费。用户要支付运行 EC2 的时间，存储空间（以 GB 为单位）或正在运行的负载均衡器的数量等费用。
服务按月提供账单，每项服务的定价是公开的，如果要计算计划中每月的成
本，则可使用"AWS 简单月度计算器"（AWS Simple Monthly Calculator）
来估算。

AWS 免费套餐用完之后，开始按用量产生费用。在 AWS 控制台中，
单击当前用户名，在下拉菜单中选择"我的账单控制面板"查看费用，如
图 2-26 所示。AWS 按量付费模式创造了新的机会，用户不再需要对基础设
施进行前期投资，根据需要启动服务器，并且只支付每小时使用时间的费
用。用户可以随时停止使用这些服务，而不必为此行为付费。

图 2-26　AWS 账单

在开始使用 AWS 账户之前，我们建议用户创建一个计费告警。如果超
过免费套餐的额度，则用户会收到警告邮件，合理规划用户的费用计划[6]。
另外，本章实验结束后，建议用户停止或关闭资源，养成节约成本的良好
习惯。

2. 责任共担

AWS 提供的安全方法就是各大公司数十年来一直在使用的方法。重要
的是，AWS 在实现这一方法的同时还实现了云计算的灵活性和低成本。提
供按需基础设施，同时还提供了公司期望在其现有的私有环境中实现的安

全隔离，这两种部署从本质上并非不可调和。因此，我们要理解安全是用户和 AWS 双方共同的责任，其模型如图 2-27 所示。AWS 负责基础设施、基础服务的安全；用户负责平台、操作系统、客户数据的安全。

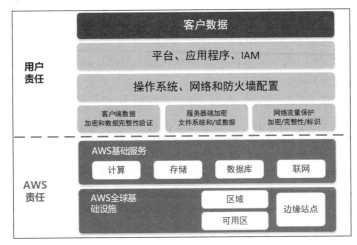

图 2-27　责任共担模型

2.7　AWS 帮助

2.7.1　AWS 培训

如图 2-28 所示，AWS 培训课程是基于角色的，旨在随着个人获得使用 AWS 服务的体验深入而不断进步。

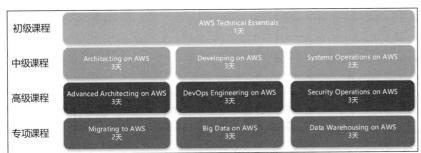

图 2-28　AWS 讲师指导培训的课程

（1）AWS Technical Essentials 是为期一天的 AWS 服务基础培训。

（2）Architecting on AWS 是一个为期三天的课程，旨在教会解决方案架构师针对常见 IT 应用程序设计和使用 AWS 服务。

（3）Developing on AWS 是一个为期三天的课程，旨在帮助用户设计和构建安全、可靠且可扩展的基于 AWS 的应用程序。

（4）Systems Operations on AWS 是一个为期三天的课程，旨在帮助用户在 AWS 平台上操作高度可用且可扩展的基础设施。

（5）Advanced Architecting on AWS 是一个为期三天的课程，介绍如何在 AWS 上构建更复杂的解决方案，这些解决方案将融合数据服务、基础设施配置管理和安全性。

（6）DevOps Engineering on AWS 是一个为期三天的高级课程，介绍了如何在 AWS 中使用最常见的开发运营模式来开发、部署和维护应用程序。

（7）Security Operations on AWS 是一个为期三天的高级课程，演示了如何有效地使用 AWS 安全服务来保持安全性和合规性。

（8）Migrating to AWS 是一个为期两天的 ILT 课程，将演示云迁移策略，并深入探究我们推荐的将现有工作负载迁移到 AWS 云的五阶段计划。

（9）Big Data on AWS 是一个为期三天的专家课程，介绍基于云的大数据解决方案及 AWS 的大数据平台 Amazon Elastic MapReduce（EMR）。

（10）Data Warehousing on AWS 是一个为期三天的专业课程，旨在教会用户如何使用 Amazon RedShift 设计一个基于云的数据仓库解决方案。

2.7.2 AWS 认证

AWS Training and Certification 是一个致力于扩展和深化 AWS 知识并推动 AWS 服务使用激增的组织。

1. 认证分类

AWS 认证分为 Foundational、Associate、Professional 和 Specialty 等，前三个级别可看作从低到高的层次关系，如图 2-29 所示。

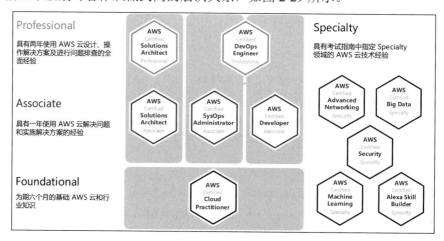

图 2-29 AWS 认证体系

（1）Foundational：基础级，培训六个月 AWS 云基础和行业知识，获得 AWS Certified Cloud Practitioner 认证。

（2）Associate：助理级，一年使用 AWS 云解决问题并实验解决方案的经验。分为面向架构师的 AWS Certified Solutions Architect Associate；面向运维人员的 AWS Certified SysOps Administrator Associate；面向开发人员的 AWS Certified Developer Associate。

（3）Professional：专家级，需两年使用云架构设计、运行及排除解决方案故障的综合经验。分为面向架构师的 AWS Certified Solutions Architect Professional；面向运维和开发人员的 AWS Certified DevOps Engineer Professional。

（4）Specialty：针对专项领域的认证，包括以下 5 种。

➢ 高级联网：AWS Certified Advanced Networking Specialty。

➢ 大数据：AWS Certified Big Data Specialty。

➢ 安全性：AWS Certified Security Specialty。

➢ 机器学习：AWS Certified Machine Learning Specialty。

➢ Alexa：AWS Certified Alexa Skill Builder Specialty。

2．认证费用

Foundational 级别为 100 美元，Associate 级别为 150 美元，Professional 和 Specialty 级别为 300 美元。申请认证用户如果为学生，则可以申请半价的抵扣券。

3．考试信息

➢ 选择考证级别：无限制。

➢ 考试方式：计算机考试。

➢ 题目类型：单选题和多选题。

➢ 考试语言：英语、日语、韩语和简体中文。

➢ 考试地点：申请考试平台中选择最近的考试中心。

➢ 考试时间 90~170 分钟。

4．证书有效期

证书有效期为 3 年，要保持 AWS 认证状态，用户需要定期通过“再认证”过程证明用户始终掌握相关专业知识，再认证时可申请半价优惠码参加考试。

用户可访问 AWS 官网 https://aws.amazon.com/training，在“了解”→“培训和认证”菜单模块中了解 AWS 认证相关信息。

2.7.3 AWS 学习资源

（1）AWS 官网文档中心，是全面的在线知识库，在 AWS 官网"文档"菜单模块。

（2）AWS 白皮书和指南，基本的服务操作指南，在 AWS 官网"探索更多信息"→"AWS 白皮书和指南"菜单模块。

（3）AWS 架构中心，有 AWS 云架构设计专家的指导，在 AWS 官网"探索更多信息"→"AWS 架构中心"菜单模块。

（4）免费的在线教学视频和实验，网址为 https://aws.amazon.com/training/self-paced-labs。

习题

1．AWS 的优势有哪些？

2．简述良好的云架构包括哪些内容？

3．简述数据中心、可用区和区域之间的关系。

4．EC2 的用户数据的作用是什么？

5．AWS 责任共担中，AWS 和客户分别负责哪些安全内容？

6．谈一谈用户的学习路线。

参考文献

[1] AWS. AWS 白皮书[EB/OL]．[2021-3]．https://aws.amazon.com/whitepapers.

[2] AWS. AWS 白皮书[EB/OL]．[2021-3]．https://aws.amazon.com/whitepapers.

[3] AWS. AWS 文档[EB/OL]．[2021-3]．https://docs.aws.amazon.com/index.html.

[4] 中华人民共和国网络安全法[EB/OL]. [2021-3]. http://www.npc.gov.cn/npc/c12488/201611/4fedbbd187cc4764890b212097ee584f.shtml.

[5] 通用数据保护条例[EB/OL]. [2021-3]. https://eur-lex.europa.eu/legal-content/ENTXT/.?qid=1528874672298&uri=CELEX%3A32016R0679.

[6] 费良宏，张波，黄涛. AWS 云计算实战[M]. 北京：人民邮电出版社，2018:1-356.

第 3 章

计算服务

无论是构建企业 IT、原生云或移动应用程序，还是运行大规模集群来对人类基因组进行排序，构建和运行用户的业务都要从计算开始。与任何其他云供应商相比，AWS 拥有 70 多个基础设施服务，以及超过其 2 倍的计算机实例系列、2 倍的合规认证和最大的全球占有量。AWS 提供强健的可扩展平台，帮助各种类型和规模的组织加快其运营与创新速度。AWS 提供综合全面的计算服务产品，使用户能够在全球最强大、最安全的计算云中开发、部署、运行并扩展用户的应用程序与工作负载。

在接下来这一章节中，我们将对亚马逊弹性计算云 EC2 进行介绍和使用；对无服务器计算服务进行介绍和使用；还会对 AWS Batch 批处理服务及 AWS ECS 容器服务进行介绍。

3.1 亚马逊弹性计算云 EC2

3.1.1 EC2 介绍[1]

1. 什么是 Amazon EC2

Amazon Elastic Compute Cloud（Amazon EC2）在 Amazon Web Services（AWS）云中提供可扩展的计算容量。使用 Amazon EC2 可避免前期的硬件投入，因此用户能够快速开发和部署应用程序。通过使用 Amazon EC2，用

户可以根据自身需要启动任意数量的虚拟服务器、配置安全和网络及管理
存储。Amazon EC2 允许用户根据需要进行缩放以应对需求变化或流量高
峰，降低流量预测需求。

2. Amazon EC2 提供的功能

➢ 虚拟计算环境，也称为实例。

➢ 实例的预配置模板，也称为 Amazon 系统映像（AMI），其中包
含用户的服务器需要的程序包（包括操作系统和其他软件）。

➢ 实例 CPU、内存、存储和网络容量的多种配置，也称为实例类型。

➢ 使用密钥对的实例的安全登录信息（AWS 存储公有密钥，用户在
安全位置存储私有密钥）。

➢ 临时数据（停止或终止实例时会删除这些数据）的存储卷，也称为
实例存储卷。

➢ 使用 Amazon Elastic Block Store（Amazon EBS）的数据的持久性
存储卷，也称为 Amazon EBS 卷。

➢ 用于存储资源的多个物理位置，例如实例和 Amazon EB 卷，也称
为区域和可用区。

➢ 防火墙，让用户可以指定协议、端口，以及能够使用安全组到达用
户的实例的源 IP 范围。

➢ 用于动态云计算的静态 IPv4 地址，称为弹性 IP 地址。

➢ 元数据，也称为标签，用户可以创建元数据并分配给用户的
Amazon EC2 资源。

➢ 用户可以创建虚拟网络，这些网络与其余 AWS 云在逻辑上隔离，
并且用户可以选择连接到用户自己的网络，也称为 Virtual Private
Cloud（VPC）。

3.1.2 AMI 映像

1. Amazon 系统映像（AMI）

Amazon 系统映像（AMI）提供启动实例所需的信息。在启动实例时，
用户必须指定 AMI。在需要具有相同配置的多个实例时，用户可以从单个
AMI 启动多个实例。在需要不同的配置的实例时，用户可以使用其他 AMI
启动实例。

AMI 的作用包括以下内容。

➢ 一个用于实例（例如，操作系统、应用程序服务器和应用程序）根
卷的模板。

> ➤ 控制可以使用 AMI 启动实例的 AWS 账户的启动许可。
> ➤ 一个指定在实例启动时要附加到实例的卷的块储存设备映射。

2．AMI 类型

可以基于以下特性选择要使用的 AMI。

> ➤ 区域（请参阅区域和可用区）。
> ➤ 操作系统。
> ➤ 架构（32 位或 64 位）。
> ➤ 启动许可。
> ➤ 根设备存储。

下面重点介绍启动许可和根设备存储。

（1）启动许可

AMI 的拥有者通过指定启动许可来确定其可用性。如表 3-1 所示，启动许可分为以下 3 种类别。

表 3-1　AMI 的启动许可描述

启 动 许 可	描 述
公有	拥有者向所有 AWS 账户授予启动许可
显式	拥有者向特定 AWS 账户授予启动许可
隐式	拥有者拥有 AMI 的隐式启动许可

（2）根设备存储

所有 AMI 均可归类为由 Amazon EBS 支持或由实例存储支持。前者是指从 AMI 启动的实例的根设备是从 Amazon EBS 快照创建的 Amazon EBS 卷。后者是指从 AMI 启动的实例的根设备是从存储在 Amazon S3 中的模板创建的实例存储卷。有关更多信息，请参阅 Amazon EC2 根设备卷。

表 3-2 总结了使用两种类型的 AMI 的重要区别。

表 3-2　AMI 使用两种存储类型的区别对比

特　征	由 Amazon EBS 支持的 AMI	由 Amazon 实例存储支持的 AMI
实例的启动时间	通常不到 1 分钟	通常不到 5 分钟
根设备的大小限制	16 TiB	10 GiB
根设备卷	Amazon EBS 卷	实例存储卷
数据持久性	在默认情况下，实例终止时将删除根卷。* 默认情况下，在实例终止后，任何其他 Amazon EBS 卷上的数据仍然存在	任意实例存储卷上的数据仅在实例的生命周期内保留

续表

特　　征	由 Amazon EBS 支持的 AMI	由 Amazon 实例存储 支持的 AMI
修改	实例停止后，实例类型、内核、RAM 磁盘和用户数据仍可更改	实例存在期间，实例属性是稳定不变的
收费	用户需要为实例使用、Amazon EBS 卷使用及将 AMI 存储为 Amazon EBS 快照付费	用户需要为实例使用及在 Amazon S3 中存储 AMI 付费
AMI 创建/捆绑	使用单一命令/调用	需要安装和使用 AMI 工具
停止状态	可置于停止状态，在该状态下，实例不运行，但是根卷可在 Amazon EBS 中保留	不可置于停止状态；只能是实例正在运行或已终止

3.1.3 实例

1. 可用实例类型

表 3-3 详细列出了实例类型的说明。

表 3-3 实例类型的说明

实例系列	当前一代实例类型
通用型	a1.medium | a1.large | a1.xlarge | a1.2xlarge | a1.4xlarge | m4.large | m4.xlarge | m4.2xlarge | m4.4xlarge | m4.10xlarge | m4.16xlarge | m5.large | m5.xlarge | m5.2xlarge | m5.4xlarge | m5.12xlarge | m5.24xlarge | m5.metal | m5a.large | m5a.xlarge | m5a.2xlarge | m5a.4xlarge | m5a.12xlarge | m5a.24xlarge | m5d.large | m5d.xlarge | m5d.2xlarge | m5d.4xlarge | m5d.12xlarge | m5d.24xlarge | m5d.metal | t2.nano | t2.micro | t2.small | t2.medium | t2.large | t2.xlarge | t2.2xlarge | t3.nano | t3.micro | t3.small | t3.medium | t3.large | t3.xlarge | t3.2xlarge
计算优化	c4.large | c4.xlarge | c4.2xlarge | c4.4xlarge | c4.8xlarge | c5.large | c5.xlarge | c5.2xlarge | c5.4xlarge | c5.9xlarge | c5.18xlarge | c5d.xlarge | c5d.2xlarge | c5d.4xlarge | c5d.9xlarge | c5d.18xlarge | c5n.large | c5n.xlarge | c5n.2xlarge | c5n.4xlarge | c5n.9xlarge | c5n.18xlarge
内存优化	r4.large | r4.xlarge | r4.2xlarge | r4.4xlarge | r4.8xlarge | r4.16xlarge | r5.large | r5.xlarge | r5.2xlarge | r5.4xlarge | r5.12xlarge | r5.24xlarge | r5.metal | r5a.large | r5a.xlarge | r5a.2xlarge | r5a.4xlarge | r5a.12xlarge | r5a.24xlarge | r5d.large | r5d.xlarge | r5d.2xlarge | r5d.4xlarge | r5d.12xlarge | r5d.24xlarge | r5d.metal | u-6tb1.metal | u-9tb1.metal | u-12tb1.metal | x1.16xlarge | x1.32xlarge | x1e.xlarge | x1e.2xlarge | x1e.4xlarge | x1e.8xlarge | x1e.16xlarge | x1e.32xlarge | z1d.large | z1d.xlarge | z1d.2xlarge | z1d.3xlarge | z1d.6xlarge | z1d.12xlarge | z1d.metal

续表

实例系列	当前一代实例类型
存储优化	d2.xlarge | d2.2xlarge | d2.4xlarge | d2.8xlarge | h1.2xlarge | h1.4xlarge | h1.8xlarge | h1.16xlarge | i3.large | i3.xlarge | i3.2xlarge | i3.4xlarge | i3.8xlarge | i3.16xlarge | i3.metal
加速计算	f1.2xlarge | f1.4xlarge | f1.16xlarge | g3s.xlarge | g3.4xlarge | g3.8xlarge | g3.16xlarge | p2.xlarge | p2.8xlarge | p2.16xlarge | p3.2xlarge | p3.8xlarge | p3.16xlarge | p3dn.24xlarge

2．实例生命周期

表 3-4 详细列出了实例的生命周期。

表 3-4　实例的生命周期

实例状态	描述	实例使用率计费
pending	实例正准备进入 running 状态。实例在首次启动时进入 pending 状态，或者在处于 stopped 状态后重新启动	不计费
running	实例正在运行，并且做好了使用准备	已计费
stopping	实例正准备处于停止状态或休眠停止状态	如果准备停止，则不计费 如果准备休眠，则计费
stopped	实例已关闭，不能使用。可随时重新启动实例	不计费
shutting-down	实例正准备终止	不计费
terminated	实例已永久删除，无法重新启动	不计费

◀)) 注意：重新启动实例不会启动新的实例计费周期，因为实例停留在 running 状态。

表 3-5 详细说明了重启、停止、休眠与终止之间的区别。

表 3-5　实例的操作说明

特征	重启	停止/启动（仅限 Amazon EBS 支持的实例）	休眠（仅限 Amazon EBS 支持的实例）	终止
主机	实例保持在同一主机上运行	在许多情况下，我们会将该实例移动到新主机。用户的实例可能驻留在同一主机上，前提是此主机正常	在许多情况下，我们会将该实例移动到新主机。用户的实例可能驻留在同一主机上，前提是此主机正常	无

续表

特征	重启	停止/启动（仅限 Amazon EBS 支持的实例）	休眠（仅限 Amazon EBS 支持的实例）	终止
私有和公有 IPv4 地址	这些地址保持不变	实例保留其私有 IPv4 地址。实例将获取新的公有 IPv4 地址，除非它具有弹性 IP 地址（该地址在停止/启动过程中不更改）	实例保留其私有 IPv4 地址。实例将获取新的公有 IPv4 地址，除非它具有弹性 IP 地址（该地址在停止/启动过程中不更改）	无
弹性 IP 地址（IPv4）	弹性 IP 地址仍旧与实例相关联	弹性 IP 地址仍旧与实例相关联	弹性 IP 地址仍旧与实例相关联	弹性 IP 地址仍旧与实例相关联
IPv6 地址	地址保持不变	实例保留其 IPv6 地址	实例保留其 IPv6 地址	无
实例存储卷	数据保留	数据将擦除	数据将擦除	数据将擦除
根设备卷	卷将保留	卷将保留	卷将保留	默认情况下将删除卷
RAM（内存中的内容）	RAM 将擦除	RAM 将擦除	RAM 将保存到根卷上的某一文件	RAM 将擦除
计费	实例计费小时不更改	实例的状态一旦变为 stopping，就不再产生与该实例相关的费用。实例每次从 stopped 转换为 running 时，我们都会启动新的实例计费周期，用户每次重新启动实例时，最低收取一分钟费用	当实例处于 stopping 状态时，将会产生费用；但实例处于 stopped 状态时，将会停止产生费用。实例每次从 stopped 转换为 running 时，我们都会启动新的实例计费周期，用户每次重新启动实例时，最低收取一分钟费用	实例的状态一旦变为 shutting-down，就不再产生与该实例相关的费用

3．实例元数据和用户数据

表 3-6 为实例的元数据描述。

表 3-6 实例的元数据描述

数 据	描 述
ami-id	用于启动实例的 AMI ID
ami-launch-index	如果用户同时启动了多个实例,那么此值表示实例启动的顺序。第一个启动的实例的值是 0
ami-manifest-path	指向 Amazon S3 中的 AMI 清单文件的路径。如果用户使用 Amazon EBS 支持的 AMI 来启动实例,则返回的结果为 unknown
ancestor-ami-ids	为创建此 AMI 而重新绑定的任何实例的 AMI ID。仅当 AMI 清单文件包含一个 ancestor-amis 密钥时,此值才存在
block-device-mapping/ami	包含根/启动文件系统的虚拟设备
block-device-mapping/ebs	与 Amazon EBS 卷相关联的虚拟设备(如果存在)。如果 Amazon EBS 卷在启动时存在或者在上一次启动该实例时存在,那么这些卷仅在元数据中可用。N 表示 Amazon EBS 卷的索引(例如 ebs1 或 ebs2)
block-device-mapping/ephemeral	与非 NVMe 实例存储卷相关联的虚拟设备(如果存在)。N 表示每个临时卷的索引
block-device-mapping/root	与根设备关联的虚拟设备或分区,或虚拟设备上的分区(在根文件系统与给定实例关联的情况下)
block-device-mapping/swap	与 swap 关联的虚拟设备。并不总是存在
elastic-gpus/associations/elastic-gpu-id	如果有 Elastic GPU 附加到实例,在有关 Elastic GPU 的信息中包含 JSON 字符串,包括其 ID 和连接信息
events/maintenance/history	如果实例存在已完成或已取消的维护事件,则包含一个 JSON 字符串,其中包含有关事件的信息。有关更多信息,请参阅查看有关已完成或已取消的事件的事件历史记录
events/maintenance/scheduled	如果实例存在活动的维护事件,则包含一个 JSON 字符串,其中包含有关事件的信息。有关更多信息,请参阅查看计划的事件
hostname	实例的私有 IPv4 DNS 主机名。在存在多个网络接口的情况下,其指的是 eth0 设备(设备号为 0 的设备)
iam/info	如果存在与实例关联的 IAM 角色,则包含有关实例配置文件上次更新时间的信息(包括实例的 LastUpdated 日期、InstanceProfileArn 和 InstanceProfileId)。如果没有,则不显示
iam/security-credentials/role-name	如果存在与实例关联的 IAM 角色,则 role-name 为角色的名称,并且 role-name 包含与角色关联的临时安全凭证(有关更多信息,请参阅通过实例元数据检索安全凭证)。如果没有,则不显示

续表

数　据	描　述
identity-credentials/ec2/info	[仅供内部使用] AWS 用于向 Amazon EC2 基础设施的其余部分标识实例的凭据的相关信息
identity-credentials/ec2/security-credentials/ec2-instance	[仅供内部使用] AWS 用于向 Amazon EC2 基础设施的其余部分标识实例的凭据
instance-action	通知实例在准备打包时重新启动。有效值：none | shutdown | bundle-pending
instance-id	此实例的 ID
instance-type	实例的类型
kernel-id	此实例启动的内核的 ID，如果适用的话
local-hostname	实例的私有 IPv4 DNS 主机名。在存在多个网络接口的情况下，其指的是 eth0 设备（设备号为 0 的设备）
local-ipv4	实例的私有 IPv4 地址。在存在多个网络接口的情况下，其指的是 eth0 设备（设备号为 0 的设备）
mac	实例的媒体访问控制（MAC）地址。在存在多个网络接口的情况下，其指的是 eth0 设备（设备号为 0 的设备）
metrics/vhostmd	已淘汰
network/interfaces/macs/mac/device-number	与该接口关联的唯一设备号。设备号与设备名称对应；例如，device-number 为 2 对应于 eth2 设备。此类别对应的是 AWS CLI 的 Amazon EC2 API 和 EC2 命令使用的 DeviceIndex 和 device-index 字段
network/interfaces/macs/mac/interface-id	网络接口的 ID
network/interfaces/macs/mac/ipv4-associations/public-ip	与每个公用 IP 地址相关联并被分配到该接口的私有 IPv4 地址
network/interfaces/macs/mac/ipv6s	与接口关联的 IPv6 地址。仅对启动至 VPC 的实例返回
network/interfaces/macs/mac/local-hostname	实例的本地主机名称
network/interfaces/macs/mac/local-ipv4s	与接口关联的私有 IPv4 地址
network/interfaces/macs/mac/mac	该实例的 MAC 地址

数　据	描　述
network/interfaces/ macs/mac/owner-id	网络接口拥有者的 ID。在多个接口的环境中，接口可由第三方连接，如 Elastic Load Balancing。接口拥有者需为接口上的流量付费
network/interfaces/ macs/mac/public-hostname	接口的公有 DNS（IPv4）。仅当 enableDnsHostnames 属性设置为 true 时，才返回此类别。有关更多信息，请参阅在用户的 VPC 中使用 DNS
network/interfaces/ macs/mac/public-ipv4s	与接口相关联的公有 IP 地址或弹性 IP 地址。一个实例上可能有多个 IPv4 地址
network/interfaces/ macs/mac/security-groups	网络接口所属的安全组
network/interfaces/ macs/mac/security-group-ids	网络接口所属的安全组的 ID
network/interfaces/ macs/mac/subnet-id	接口所驻留的子网的 ID
network/interfaces/ macs/mac/subnet-ipv4-cidr-block	接口所在子网的 IPv4 CIDR 块
network/interfaces/ macs/mac/subnet-ipv6-cidr-blocks	接口所在子网的 IPv6 CIDR 块
network/interfaces/ macs/mac/vpc-id	接口所驻留的 VPC 的 ID
network/interfaces/ macs/mac/vpc-ipv4-cidr-block	VPC 的主 IPv4 CIDR 块
network/interfaces/ macs/mac/vpc-ipv4-cidr-blocks	VPC 的 IPv4 CIDR 块
network/interfaces/ macs/mac/vpc-ipv6-cidr-blocks	接口所在 VPC 的 IPv6 CIDR 块
placement/availability-zone	实例启动的可用区
product-codes	与实例关联的 Marketplace 产品代码（如果有）

数　　据	描　　述
public-hostname	实例的公有 DNS。仅当 enableDnsHostnames 属性设置为 true 时，才返回此类别。有关更多信息，请参阅 Amazon VPC 用户指南中的在用户的 VPC 中使用 DNS
public-ipv4	公有 IPv4 地址。如果弹性 IP 地址与实例相关联，则返回的值是弹性 IP 地址
public-keys/0/openssh-key	公用密钥。仅在实例启动时提供了公用密钥的情况下可用
ramdisk-id	启动时指定的 RAM 磁盘 的 ID，如果适用的话
reservation-id	预留的 ID
security-groups	应用到实例的安全组的名称 在启动后，用户可以更改实例的安全组。这些更改将体现在此处和 network/interfaces/macs/mac/security-groups 中
services/domain	用于区域的 AWS 资源所在的域
services/partition	资源所处的分区。对于标准 AWS 区域，分区是 aws。如果资源位于其他分区，则分区是 aws-partitionname。例如，位于中国（北京）区域的资源的分区为 aws-cn
spot/instance-action	操作（休眠、停止或终止）和操作发生的大致时间（用 UTC 表示）。仅在已将 Spot 实例标记为休眠、停止或终止时才提供此项目。有关更多信息，请参阅 instance-action
spot/termination-time	Spot 实例操作系统将收到关闭信号的大致时间（UTC）。仅当 Spot 实例已由 Amazon EC2 标记为终止时，此项目才会出现并包含时间值（例如，2015-01-05T18:02:00Z）。如果用户自己终止了 Spot 实例，那么终止时间项目不会设置为时间。有关更多信息，请参阅 termination-time

3.1.4　EC2 网络与安全

1. 密钥对

Amazon EC2 使用公有密钥加密方法加密和解密登录信息。公有密钥密码术使用公有密钥加密某个数据（例如一个密码），然后收件人可以使用私有密钥解密数据。公有和私有密钥被称为密钥对。

要登录用户的实例，用户必须创建一个密钥对，并在启动实例时指定密钥对的名称，然后使用私有密钥连接实例。在 Linux 实例中，公有密钥内容将放在 ~/.ssh/authorized_keys 内的一个条目中。此操作在启动时完成，使用户能够使用私有密钥安全地访问实例，而不是使用密码。

2. 安全组

安全组起着虚拟防火墙的作用，可控制一个或多个实例的流量。在用户启动实例时，可指定一个或多个安全组，否则，我们将使用默认安全组。用户可以为每个安全组添加规则，规定流入或流出其关联实例的流量。用户可以随时修改安全组的规则，新规则会自动应用于与该安全组关联的所有实例。在决定是否允许流量到达实例时，我们会评估与实例关联的所有安全组中的所有规则。

在 VPC 中启动实例时，用户必须指定一个为该 VPC 创建的安全组。启动实例后，用户可以更改其安全组。安全组与网络接口关联，更改实例的安全组也会更改与主网络接口（eth0）关联的安全组。

3.1.5 存储[1]

1. EBS 存储

Amazon Elastic Block Store（Amazon EBS）提供了块级存储卷以用于 EC2 实例。EBS 卷是高度可用、可靠的存储卷，用户可以将其附加到同一可用区域中任何正在运行的实例。附加到 EC2 实例的 EBS 卷公开为独立于实例生命周期存在的存储卷。使用 Amazon EBS，用户可以按实际用量付费。

2. EBS 卷

Amazon EBS 卷是一种耐用的数据块级存储设备，可以附加到单个 EC2 实例上；可以将 EBS 卷用作需要频繁更新的数据的主存储（如实例的系统驱动器或数据库应用程序的存储）；还可以将它们用于执行连续磁盘扫描的吞吐量密集型的应用程序。EBS 卷始终不受 EC2 实例运行时间的影响。

将卷连接到实例后，用户可以像使用其他物理硬盘一样使用它。EBS 卷非常灵活。对于附加到当前一代实例类型的当前一代卷，用户可以动态增加大小、修改预配置 IOPS 容量及更改实际生产卷上的卷类型。

Amazon EBS 提供以下卷类型，各种类型性能特点和价格不同，因此用户可根据应用程序要求定制用户所需的存储性能和相应成本。卷类型归入以下两大类别：

> ➢ 支持 SSD 的卷，针对涉及小型 I/O 的频繁读/写操作的事务性工作负载进行了优化，其中管理性能属性为 IOPS。
> ➢ 支持 HDD 的卷，针对吞吐量（以 MiB/s 为单位）是优于 IOPS 的性能指标的大型流式处理工作负载进行了优化。

表 3-7 列出了每个卷类型的使用案例和性能特点。

表 3-7　EBS 卷的描述

卷类型	固态硬盘（SSD）		硬盘驱动器（HDD）	
	通用型 SSD（gp2）*	预配置 IOPS SSD（io1）	吞吐优化 HDD（st1）	Cold HDD（sc1）
描述	平衡价格和性能的通用 SSD 卷，可用于多种工作负载	最高性能 SSD 卷，可用于任务关键型低延迟或高吞吐量工作负载	为频繁访问的吞吐量密集型工作负载设计的低成本 HDD 卷	为不常访问的工作负载设计的最低成本 HDD 卷
使用案例	建议用于大多数工作负载、系统启动卷、虚拟桌面、低延迟交互式应用程序以及开发和测试环境	需要持续 IOPS 性能或每卷高于 16000 IOPS 或 250 MiB/s 吞吐量的关键业务应用程序，大型数据库工作负载，如：MongoDB、Cassandra、Microsoft SQL Server、MySQL、PostgreSQL、Oracle	以低成本流式处理需要一致、快速的吞吐量的工作负载，如大数据、数据仓库、日志处理。不能是启动卷	适合大量不常访问的数据、面向吞吐量的存储、最低存储成本至关重要的情形。不能是启动卷
API 名称	gp2	io1	st1	sc1
卷大小	1 GiB～16 TiB	4 GiB～16 TiB	500 GiB～16 TiB	500 GiB～16 TiB
最大 IOPS**/卷	16000	64000	500	250
最大吞吐量/卷	250 MiB/s	1000 MiB/s	500 MiB/s	250 MiB/s
最大 IOPS/实例	80000	80000	80000	80000
最大吞吐量/实例	1750 MiB/s	1750 MiB/s	1750 MiB/s	1750 MiB/s
管理性能属性	IOPS	IOPS	MiB/s	MiB/s

3. 实例存储

实例存储为用户的实例提供临时性块级存储。此存储位于已物理附加到主机的磁盘上。实例存储是一种理想的临时存储解决方案，非常适合存储需要经常更新的信息，如缓存、缓冲、临时数据和其他临时内容，或者存储从一组实例上复制的数据，如 Web 服务器的负载均衡池。

实例存储由一个或多个显示为块储存设备的实例存储卷组成。实例存储的大小及可用设备的数量因实例类型而异。

3.1.6 创建 EC2 实例[2]

（1）进入 EC2 界面，在左侧导航栏单击打开"网络与安全"组件，选择"密钥对"选项，如图 3-1 所示。

图 3-1 进入创建秘钥对界面

（2）单击"创建秘钥对"按钮，输入要创建秘钥对的名称，秘钥对创建后会自动下载到本地，如图 3-2 所示。

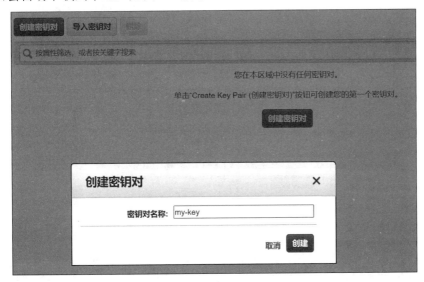

图 3-2 输入秘钥对名称，创建秘钥对

（3）返回到图一界面，单击"创建安全组"按钮，如图 3-3 所示。

图 3-3　进入创建安全组界面

（4）创建安全组，自定义组名称、选择 VPC、添加出入站规则，如图 3-4 所示。

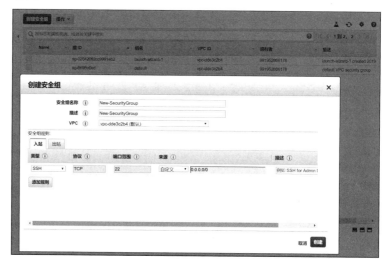

图 3-4　创建安全组

（5）创建 EC2 实例，单击"启动实例"按钮，如图 3-5 所示。

图 3-5　启动实例

（6）选择要创建实例的 AMI，如图 3-6 所示。

图 3-6　选择 AMI 界面

（7）根据实例所需选择实例类型，如图 3-7 所示。

图 3-7　选择实力类型

（8）配置实例详细信息，如无须求默认即可，如图 3-8 所示。

图 3-8　配置实例详细信息

（9）添加存储，可选卷类型和大小，如图 3-9 所示。

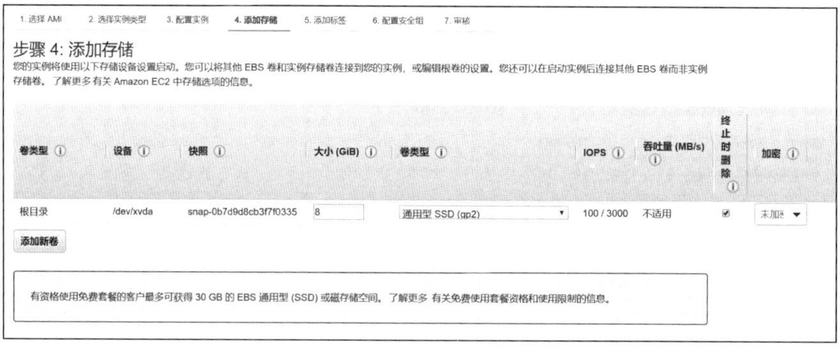

图 3-9　添加存储

（10）添加一个键值对标签（可选），如图 3-10 所示。

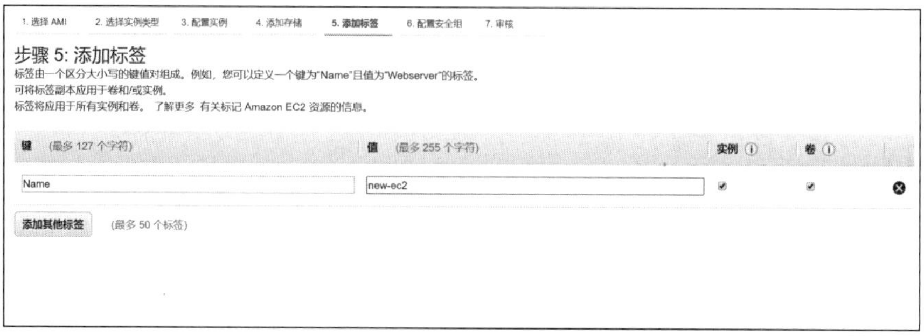

图 3-10　添加标签

（11）配置安全组，选择现有安全组或创建新安全组，如图 3-11 所示。

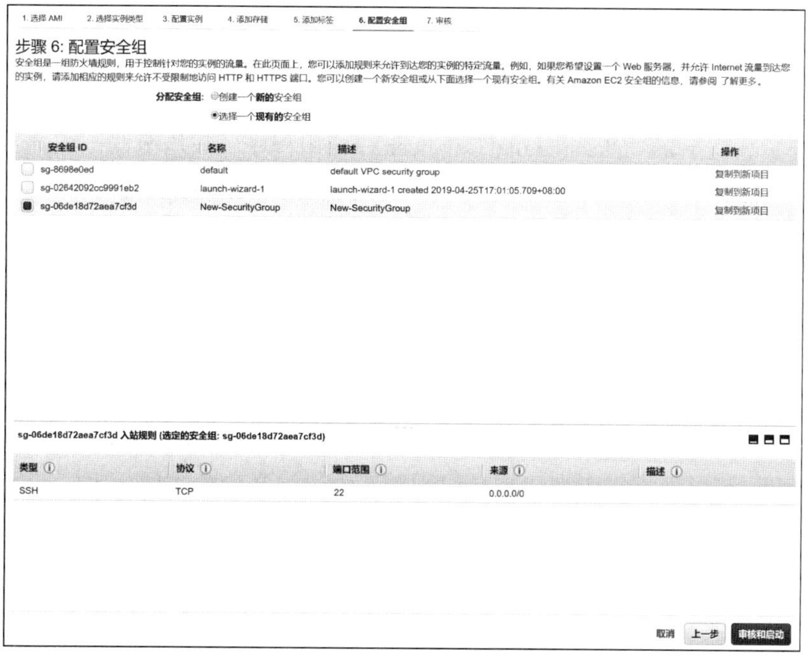

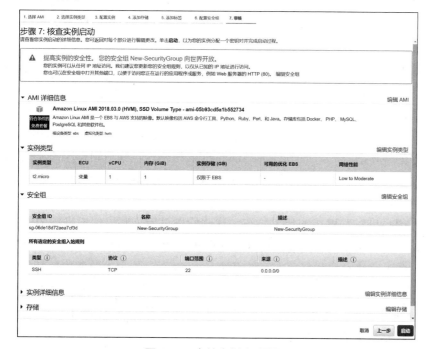

图 3-11 配置安全组

（12）最后审核实例启动详细配置，没有问题单击"启动"按钮即可，如图 3-12 所示。

图 3-12 审核实例启动配置

3.1.7 EC2 负载均衡[1]

1．灵活负载均衡（Elastic Load Balancing）

灵活负载均衡（Elastic Load Balancing）支持三种类型的负载均衡器：传统负载均衡器（Classic Load Balancer）、应用程序负载均衡器（Application Load Balancer）和网络负载均衡器（Network Load Balancer）。

2．负载均衡器概述

（1）传统负载均衡器在多个可用区中的多个 EC2 实例间分配应用程序的传入流量。这可以提高应用程序的容错能力。Elastic Load Balancing 将检测不正常实例，并且仅将流量路由到正常实例。

用户的负载均衡器将作为客户端的单一接触点。这将提高应用程序的可用性。可以根据需求变化在负载均衡器中添加和删除实例，而不会中断应用程序的整体请求流。Elastic Load Balancing 根据传输到应用程序的流量随时间的变化对负载均衡器进行扩展。Elastic Load Balancing 能够自动扩展以处理绝大部分工作负载。

侦听器使用用户配置的协议和端口号来检查来自客户端的连接请求，并使用用户配置的协议和端口号将请求转发到一个或多个注册实例。可以向用户的负载均衡器添加一个或多个侦听器。

（2）应用程序负载均衡器在应用程序层正常工作，该层是开放系统互连（OSI）模型的第 7 层。负载均衡器收到请求后，将按照优先级顺序评估侦听器规则以确定应用哪个规则，然后从目标组中选择规则操作目标。可以配置侦听器规则，以根据应用程序流量的内容，将请求路由至不同的目标组。每个目标组的路由都是单独进行的，即使某个目标已在多个目标组中注册。

可以根据需求变化在负载均衡器中添加和删除目标，而不会中断应用程序的整体请求流。Elastic Load Balancing 根据传输到应用程序的流量随时间的变化对负载均衡器进行扩展。Elastic Load Balancing 能够自动扩展以处理绝大部分工作负载。

用户可以配置运行状况检查，这些检查可用来监控注册目标的运行状况，以便负载均衡器只能将请求发送到正常运行的目标。

（3）网络负载均衡器在开放系统互连（OSI）模型的第四层运行。它每秒可以处理数百万个请求。在负载均衡器收到连接请求后，它会从默认规则的目标组中选择一个目标。它尝试在侦听器配置中指定的端口上打开一个到该选定目标的 TCP 连接。

当用户为负载均衡器启用可用区时，Elastic Load Balancing 会在该可用区中创建一个负载均衡器节点。在默认情况下，每个负载均衡器节点仅在其可用区中的已注册目标之间分配流量。如果用户启用了跨区域负载均衡，则每个负载均衡器节点会在所有启用的可用区中的已注册目标之间分配流量。

3. 如何创建负载均衡器[2]

（1）访问 https://console.aws.amazon.com/ec2/，进入 EC2 界面，选择负载平衡，单击"创建负载均衡器"按钮，如图 3-13 所示。

图 3-13　创建负载均衡器

（2）选择负载均衡器类型，这里选择网络负载均衡器，单击"创建"按钮，如图 3-14 所示。

图 3-14　选择均衡器类型

（3）配置负载均衡器。设置名称、模式、侦听器、可用区、标签。如图 3-15 和图 3-16 所示。

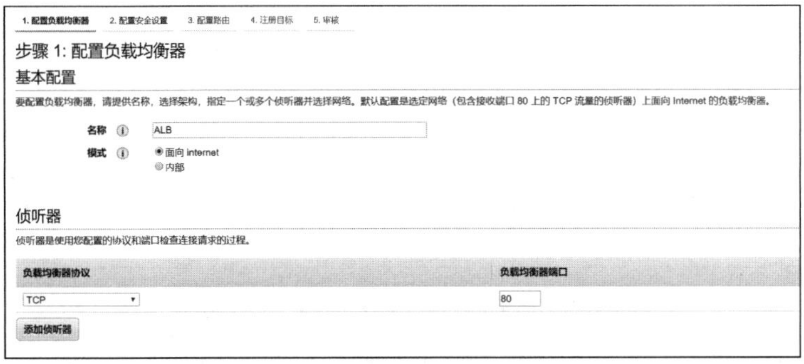

图 3-15　配置基本配置和侦听器

图 3-16　配置可用区和标签

（4）配置安全设置的前提是配置 HTTPS，如图 3-17 所示。

1. 配置负载均衡器　　2. 配置安全设置　　3. 配置路由　　4. 注册目标　　5. 审核

步骤 2: 配置安全设置

⚠️　加强您的负载均衡器安全。您的负载均衡器未在使用任何安全侦听器。
　　　如果您到达负载均衡器的流量必须是安全的，请对您的前端连接使用 TLS 协议。您可以回到第一步在基本配置部分中添加/配置安全侦听器。您还可以继续使用目前的设置。

图 3-17　配置安全设置

（5）配置路由。包括目标组、运行状态检查和高级运行状态检查设置，如图 3-18 所示。

图 3-18　配置路由

（6）注册目标，添加实例到注册目标，如图 3-19 所示。

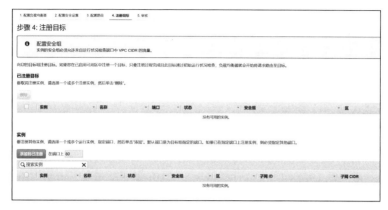

图 3-19 注册目标

（7）最后审核创建，如图 3-20 所示。

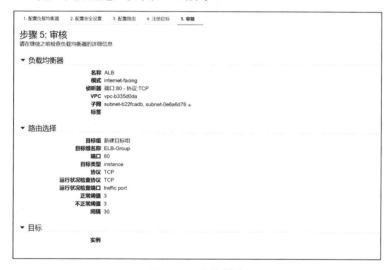

图 3-20 审核创建

3.1.8 EC2 自动缩放组[1]

1. 什么是自动缩放组（Auto Scaling）

Amazon EC2 Auto Scaling 助用户确保拥有适量的 Amazon EC2 实例，用于处理用户的应用程序负载。用户可创建 EC2 实例的集合，称为 Auto Scaling 组。用户可以指定每个 Auto Scaling 组中最少的实例数量，Amazon EC2 Auto Scaling 会确保用户的组中的实例永远不会低于这个数量。用户可以指定每个 Auto Scaling 组中最大的实例数量，Amazon EC2 Auto Scaling 会确保用户的组中的实例永远不会高于这个数量。如果用户在创建组的时候或在创建组之后的任何时候指定了所需容量，Amazon EC2 Auto Scaling 会确保用户的组一直具有此数量的实例。如果用户指定了扩展策略，则

Amazon EC2 Auto Scaling 可以在用户的应用程序的需求增加或降低时启动或终止实例。

（1）将 Amazon EC2 Auto Scaling 添加到应用程序架构是一种最大限度利用 AWS 云的方法。当用户使用 Amazon EC2 Auto Scaling 时，用户的应用程序将获得以下优势。

➢ 提高容错能力。Amazon EC2 Auto Scaling 可以检测到实例何时运行状况不佳并终止实例，然后启动新实例以替换它。用户还可以配置 Amazon EC2 Auto Scaling 以使用多个可用区。如果一个可用区变得不可用，则 Amazon EC2 Auto Scaling 可以在另一个可用区中启动实例以进行弥补。

➢ 提高了可用性。Amazon EC2 Auto Scaling 有助于确保应用程序始终具有合适的容量以满足当前的流量需求。

➢ 加强成本管理。Amazon EC2 Auto Scaling 可以根据需要动态地增加或降低容量。由于用户仅为使用的 EC2 实例付费，用户可以在需要的时候启动实例，并在不需要的时候终止实例以节约成本。

（2）Auto Scaling 组中的 EC2 实例具有的路径或生命周期不同于其他 EC2 实例中的路径或生命周期。生命周期从 Auto Scaling 组启动实例并将其投入使用时开始；生命周期在用户终止实例或 Auto Scaling 组禁用实例并将其终止时结束。

> 📢 **注意**：一旦启动实例，用户就需要为实例付费，包括尚未将实例投入使用的时间。

2. 如何创建自动缩放组[4]

创建自动缩放组启动配置的操作步骤如下。

（1）单击 Auto Scaling 的"创建启动配置"按钮，创建启动配置，如图 3-21 所示。

图 3-21　创建启动配置

（2）选择 AMI 启动配置模板，如图 3-22 所示。

图 3-22　选择 AMI 模板

（3）选择实例类型，如图 3-23 所示。

图 3-23　选择实例类型

（4）配置详细信息，如图 3-24 所示。

图 3-24　配置详细信息

（5）添加存储，如图 3-25 所示。

图 3-25　添加存储

（6）配置安全组，可以创建新的安全组或选择已有安全组，如图 3-26 所示。

图 3-26　配置安全组

（7）审核创建，如图 3-27 所示。

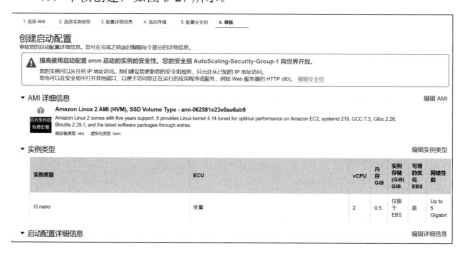

图 3-27　审核创建

3. 创建自动缩放组

（1）单击"创建 Auto Scaling 组"按钮，如图 3-28 所示。

图 3-28　创建 Auto Scaling 组

（2）配置 Auto Scaling 组详细信息，如图 3-29 所示。

创建 Auto Scaling 组

组名	
启动配置	ASG
组大小	从 1 个实例开始
网络	vpc-4cf81627 (172.31.0.0/16) (默认) 新建 VPC
子网	新建子网

将向此 Auto Scaling 组中的每个实例部分分配公有 IP 地址。

▼ 高级详细信息

负载平衡	☐ 从一个或多个负载均衡器接收流量　　了解有关 Elastic Load Balancing 的信息
运行状况检查宽限期	300 秒
监控	没有为启动配置 ASG 启用亚马逊 EC2 详细监控指标(以 1 分钟频率提供)。通过它启动的实例将使用基本监控指标(以 5 分钟频率提供)。
实例保护	
服务相关角色	AWSServiceRoleForAutoScaling　在 IAM 中查看角色

图 3-29　配置 Auto Scaling 组详细信息

（3）配置扩展策略，如图 3-30 所示。

创建 Auto Scaling 组

如果您要自动调整组的大小（实例数），可以选择调整扩展策略。扩展策略是指一组说明，指示如何响应您分配的 Amazon CloudWatch 警报而进行这类调整。在每个策略中，您可以选择添加或移除特定数量的实例或现有组大小的百分比，也可以将组设置为精确大小。警报触发时，它会指定策略并相应地调整组大小。了解更多有关扩展策略的信息。

○ 将此组保持在其初始大小

◉ 使用扩展策略调整此组的容量

在 1 和 1 个实例之间进行扩展。这两个值是组大小的最大和最小值。

扩展组大小　　　　　　　　　　　　　　　　　　　　❌

名称：	Scale Group Size
指标类型：	平均 CPU 利用率 ▼
目标值：	
实例需要	300 秒进行扩展后预热
禁用缩减：	☐

使用分步或简单扩展策略扩展 Auto Scaling 组

图 3-30　配置扩展策略

（4）配置通知，输入通知的邮件地址，如图 3-31 所示。

图 3-31　配置通知

（5）配置标签，键和值，如图 3-32 所示。

图 3-32　配置标签

（6）审核创建 Auto Scaling 组，如图 3-33 所示。

图 3-33　审核创建

3.2　AWS Lambda 无服务器计算服务

3.2.1　Lambda 的背景及介绍[1]

1. 云计算结构的演化

➢ 虚拟机（EC2）：抽象了物理机，看到的是多台虚拟的机器，需要配置管理存储、网络、操作系统等，数分钟启动，运行数周乃至数月。

> 容器（ECS）：抽象了操作系统，看到的是多套应用环境，需要配置管理应用环境，数秒钟启动，运行数小时乃至数天。

> 无服务器（Lambda）：抽象了运行时环境，看到的是多个函数，需指定所需内存大小，无须其他配置，随需启动，运行数秒乃至数分钟。

2. Lambda 简介

AWS Lambda 是一项计算服务，可以让我们无须预配置或管理服务器即可运行代码（相当于直接调用服务器内的一个进程/线程处理任务，而无须整台服务器）。

Lambda 只在需要时执行我们的代码并自动缩放，从每天几个请求到每秒数千个请求；且我们只需按消耗的计算时间付费（代码未运行时不产生费用）。

借助 Lambda，我们几乎可以为任何类型的应用程序或后端服务运行代码，并且不必进行任何管理，其具体实现如下：

> Lambda 在可用性高的计算基础设施上运行我们的代码，执行计算资源的所有管理工作，其中包括服务器和操作系统维护、容量预置和自动扩展、代码监控和记录。

> 对于我们用户来讲，只需要以 Lambda 支持的一种或多种语言（Java、Python 等）来提供我们的代码即可。

3. Lambda 使用场景

通过 Lambda 我们可以很方便地实现需求。如使用 Lambda 运行代码响应以下事件：

> 更改 Amazon S3 存储桶或 Amazon DynamoDB 表中的数据。

> 使用 Amazon API Gateway 运行代码响应 HTTP 请求。

> 使用通过 AWS SDK 完成的 API 调用来调用我们的代码等。

借助这些功能，我们可以使用 Lambda 轻松地为 Amazon S3 和 Amazon DynamoDB 等 AWS 服务构建数据处理触发程序，处理 Kinesis 中存储的流数据，或创建我们自己的按 AWS 规模、性能和安全性运行的后端。

3.2.2 Lambda 的使用

1. 简单的 Lambda 函数使用[2]

下面我们将演示 lambda 函数的简单创建和调用（以 Python 为例）。

（1）首先通过网址 https://us-west-1.console.aws.amazon.com/lambda/打开 lambda 的 webconsloe（网页控制台）。

（2）接着，如图 3-34 所示，选择 Functions 选项，然后单击右上角的 Create function 按钮。

图 3-34　创建函数

（3）如图 3-35 所示，我们选择使用第一个 Hello World 模块创建我们的 lambda 函数，基本信息指定 function name 为 demo，语言选择 Python 3.7，权限部分保持默认即可，然后单击 create function 按钮。

图 3-35　设置函数名

（4）接着如图 3-36 所示，下拉到 function code 部分，在"Code entry type"中我们选择在线编辑，然后使用 Python 3.7 简单的新建一个测试 function，接着其他参数保持默认，然后单击 Save 按钮保存。

图 3-36　编写函数及保存

（5）保存成功后，单击右上角的 Test 按钮新建 Event，模板保持 Hello World，Event name 我们使用 demo，其余保持默认，然后单击 Create 按钮新建 Event，如图 3-37 所示。

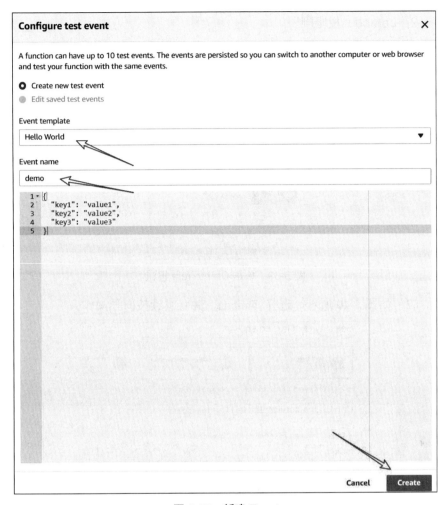

图 3-37　新建 Event

（6）最后，我们再单击 Test 按钮，即可查看代码的执行情况，如图 3-38 所示。

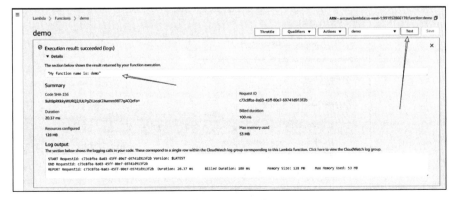

图 3-38　测试

2. Lambda 权限[3][4]

当我们新建 lambda 函数的时候，默认新建的角色权限只拥有上载日志到 Amazon Cloudwatch Logs 的权限，但实际上我们可以在 IAM 的"角色"中，自己另外新建需要的指定角色，具体操作如下。

（1）首先访问 https://console.aws.amazon.com/iam/home#/roles 打开 IAM 控制台的"角色"页面，如图 3-39 所示，单击 Create role 按钮进行角色新建。

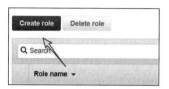

图 3-39　单击 Create role 按钮

（2）如图 3-40 所示，选择 lambda，并且继续按向导操作。

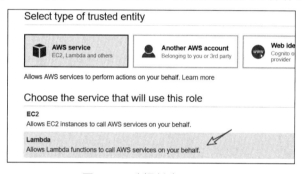

图 3-40　选择创建 lambda

（3）如图 3-41 所示，添加以下基本权限，在搜索框中输入 AWSLambda BasicExecutionRole 或 AWSXrayWriteOnlyAccess 进行搜索，搜索完毕后选中 AWSXrayWriteOnlyAccess 复选框。

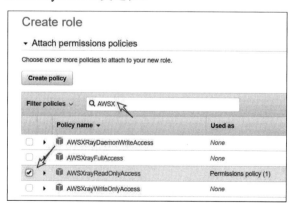

图 3-41　配置 IAM 角色权限

其中常用权限及说明如下。

➢ AWSLambdaBasicExecutionRole：将日志上传到 CloudWatch 的权限。

➢ AWSLambdaKinesisExecutionRole：读取来自 Amazon Kinesis 数据流或使用者事件的权限。

➢ AWSLambdaDynamoDBExecutionRole：读取 Amazon DynamoDB 流记录的权限。

➢ AWSLambdaSQSQueueExecutionRole：读取 Amazon Simple Queue Service（Amazon SQS）队列消息的权限。

➢ AWSLambdaVPCAccessExecutionRole：管理弹性网络接口以将用户的函数连接到 VPC 的权限。

➢ AWSXrayWriteOnlyAccess：将跟踪数据上传到 X-Ray 的权限。

（4）如图 3-42 所示，下一步添加 tags。

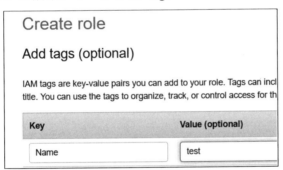

图 3-42　输入角色的 tags

（5）如图 3-43 所示，新建 role（角色）test（注意这个名字才是用户新建 lambda 函数时真正显示的名字）。

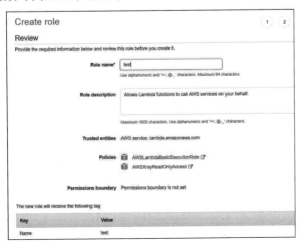

图 3-43　创建 lambda 的角色

（6）最后，如图 3-44 所示，等待新建完毕，我们在 lambda 中即可进行调用。

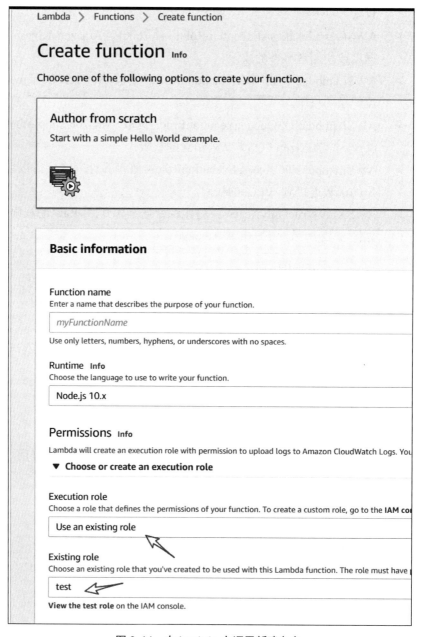

图 3-44　在 lambda 中调用新建角色

3. Lambda 综合实例 1[3][4]

AWS Lambda 配合 S3，实现对象事件触发。

下面我们将进行 lambda 综合实例的实操，具体将实现如下目的。

➢ 创建 lambda 函数。

➢ 将 S3 bucket 配置为 Lambda 事件源。

➢ 通过上传一个对象到 S3 来触发 Lambda 函数。

➢ 通过 CloudWatch Log 监控 Lambda S3 函数。

Lambda 的流程说明，如图 3-45 所示。

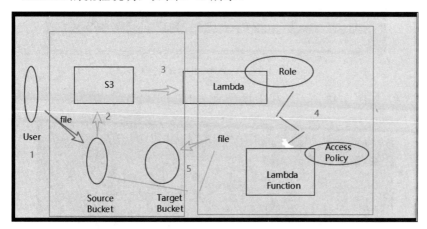

图 3-45　对 lambda 的流程进行说明

首先，用户将对象上传到 S3 上的源存储桶（对象创建事件），S3 检测到对象创建的事件后，调用 Lambda 函数并将事件数据作为函数参数进行传递，将对象创建的事件发布到 Lambda；然后，Lambda 从 S3 接收的事件数据中执行 lambda 函数，Lambda 函数知道源存储桶名称和对象键名称；最后，Lambda 函数读取对象并使用图形库创建缩略图，并将缩略图保存到目标存储桶中。

具体操作如下。

（1）通过 https://console.aws.amazon.com/s3 打开 S3 web 控制台，如图 3-46，新建具有 Public 权限的 Bucket，然后上传测试文件。

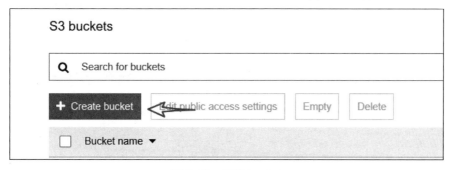

图 3-46　创建 bucket

（2）如图 3-47 所示，名称使用 2019-05-18-demo。

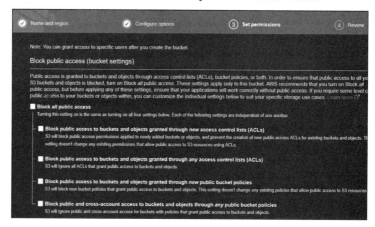

图 3-47　输入 bucket 的名称

（3）如图 3-48 所示，权限设置为 public，其他保持默认。

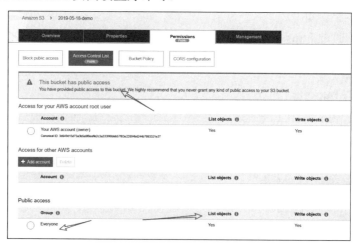

图 3-48　选择 bucket 的配置信息

（4）此时新建的 bucket 的 object 权限还不是 public，如图 3-49 所示，我们在 Permissions 页面设置好即可。

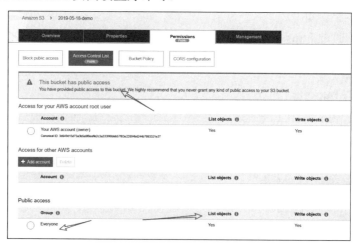

图 3-49　设定 bucket 权限

（5）如图 3-50 所示，最后新建完成的 bucket 如下。

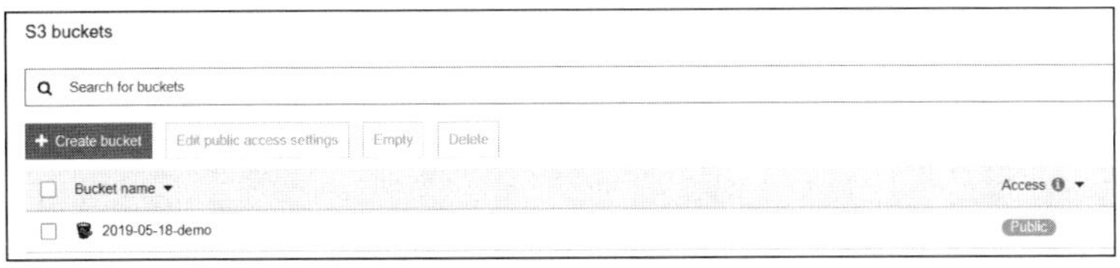

图 3-50　查看新建的 bucket

（6）接着，如图 3-51 所示，我们再上传测试文件。

图 3-51　上传文件

（7）然后如图 3-52 所示，基于 public read 权限，其余保持默认。

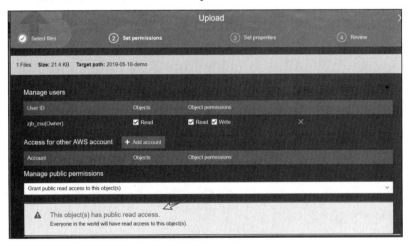

图 3-52　选择 Read 权限

（8）上传文件后，如图 3-53 所示。

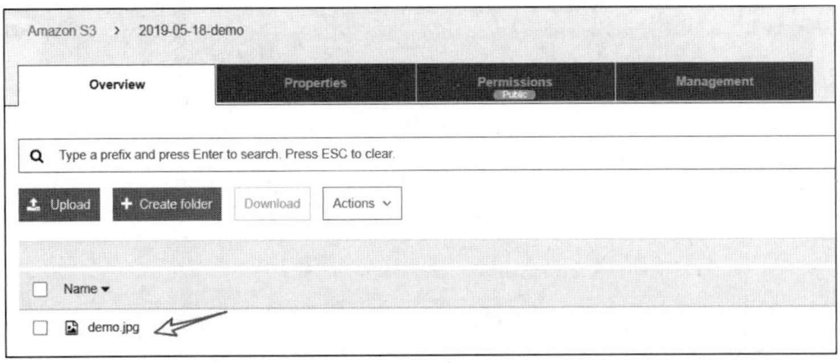

图 3-53　上传完毕

（9）最后如图 3-54 所示，还要新建 S3 的 Target Bucket，使用 2019-05-18-demo 作为模板，名称为 2019-05-18-demo-resized。

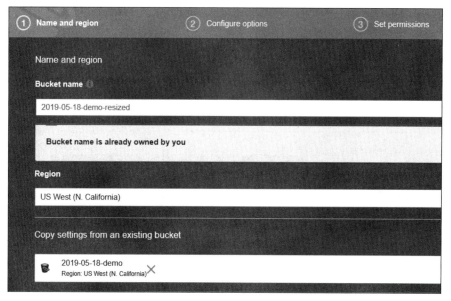

图 3-54　配置新建 Target Bucket

创建完 S3 bucket 我们还将为 lambda 函数，新建指定 role。具体操作如下。

（1）打开 https://console.aws.amazon.com/iam。

（2）如图 3-55 和图 3-56 所示，找到"策略"，单击"创建策略"按钮然后选择 json 选项卡，粘贴以下 json 数据进行策略的新建。

```
{
"Version": "2012-10-17",
"Statement": [
{
"Action": [
"logs:*"
],
"Resource":
"arn:aws:logs:*:*:*",
"Effect": "Allow"
},
{
"Action": [
"s3:GetObject",
"s3:PutObject"
```

```
],
"Resource":
"arn:aws:s3:::*",
"Effect": "Allow"
}
]
}
```

图 3-55   选择创建策略

创建策略

策略定义可向用户、组或角色分配的 AWS 权限。您可以在可视化编辑器中使用 JSON 创

此策略验证失败，可能在转换为 JSON 时出错: 该策略必须至少包含一个语句 For m

可视化编辑器 | **JSON**

```
 1  {
 2      "Version": "2012-10-17",
 3      "Statement": [
 4          {
 5              "Action": [
 6                  "logs:*"
 7              ],
 8              "Resource": "arn:aws:logs:*:*:*",
 9              "Effect": "Allow"
10          },
11          {
12              "Action": [
13                  "s3:GetObject",
14                  "s3:PutObject"
15              ],
16              "Resource": "arn:aws:s3:::*",
17              "Effect": "Allow"
18          }
19      ]
20  }
```

图 3-56   查看策略 json 视图数据

（3）新建完毕，如图 3-57 所示。

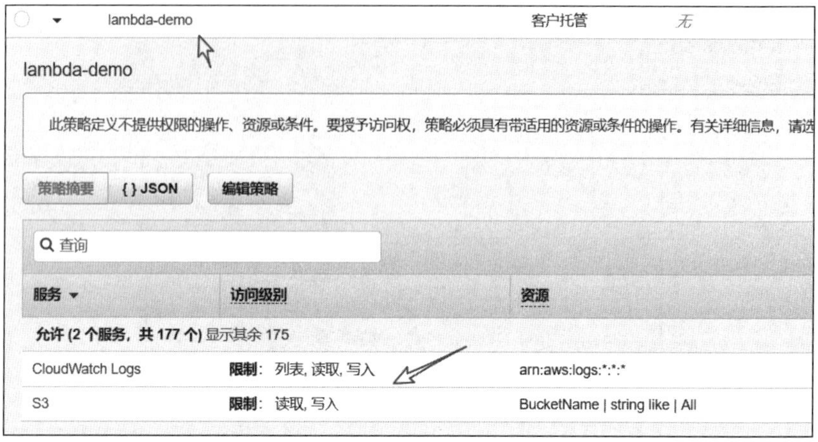

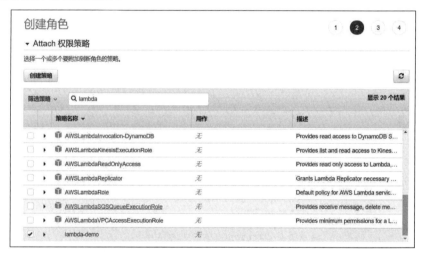

图 3-57　新建完毕

（4）如图 3-58 所示，接着我们再使用这个策略，按前面的步骤新建 role，策略选择前面新建的。

图 3-58　选择 IAM 角色

（5）如图 3-59 所示，创建完毕如下。

图 3-59　创建完毕

接下来我们将新建一个 lambda 函数，该函数从 S3 读取图形，自动调整图像大小后，将新图形存储到 S3 的输出桶。具体操作如下。

（1）通过 https://us-west-1.console.aws.amazon.com/lambda/home?region=us-west-1#/ functions 打开 lambda web 控制台。

（2）如图 3-60 所示，新建 demo function。

Create function Info

Choose one of the following options to create your function.

Author from scratch

Start with a simple Hello World example.

Basic information

Function name
Enter a name that describes the purpose of your function.

demo

Use only letters, numbers, hyphens, or underscores with no spaces.

Runtime Info
Choose the language to use to write your function.

Python 3.6

Permissions Info

Lambda will create an execution role with permission to upload logs to Amazon CloudWatch Logs. You can config

▼ **Choose or create an execution role**

Execution role
Choose a role that defines the permissions of your function. To create a custom role, go to the **IAM console**.

Use an existing role

Existing role
Choose an existing role that you've created to be used with this Lambda function. The role must have permission

demo

View the demo role on the IAM console.

图 3-60　新建 demo function

（3）如图 3-61 所示，使用我们提供的 zip 包，为 lambda 上传打包好的代码。

图 3-61　选择提供的 zip 包进行上传

（4）然后如图 3-62 所示，单击右上角 Save 按钮保存。

图 3-62　进行保存

（5）接着单击 Test 按钮，进行 Event 新建，如图 3-63 所示，模板选择 Amazon S3 Put，name 使用 Upload。

另外注意 23 行和 27 行，修改 name 为我们的源 bucket，30 行修改为我们上传的 jpg 图片名。

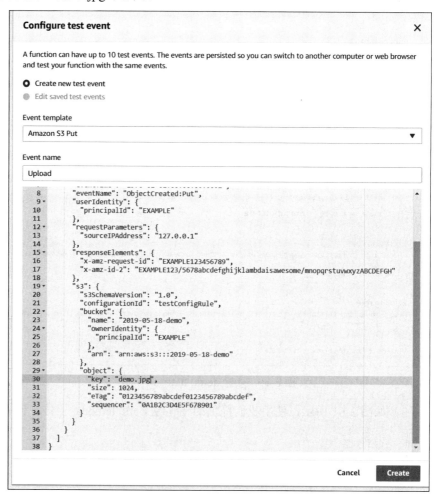

图 3-63　代码

（6）然后单击 Create 按钮，再单击 Test 按钮进行测试，会看到如图 3-64 所示的输出。

图 3-64　查看 demo 的配置汇总

（7）切换到 S3 对 Target Bucket 进行查看和检测，如图 3-65 所示，我们可以看到，已经有了 lambda 函数为我们新建的缩略图备份了。

图 3-65　查看 lambda 的状态

（8）接着我们再切换回 lambda 函数界面，单击 Monitoring 选项查看 CloudWatch 的工作情况，如图 3-66 所示。

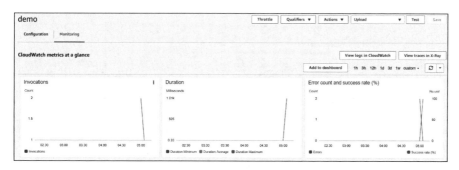

图 3-66　查看 Cloud Watch 的工作情况

4．Lambda 综合实例 2[3][4]

本实例的目的是通过 lambda 函数进行 DynamoDB 的基础操作。具体操作如下。

（1）按前面的操作，如图 3-67 所示，在 IAM 新建用户角色，并为该角色绑定 DynamoDB 的相关权限。

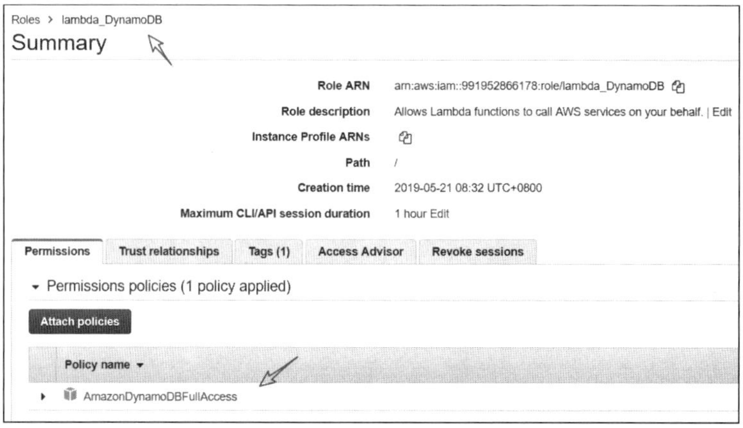

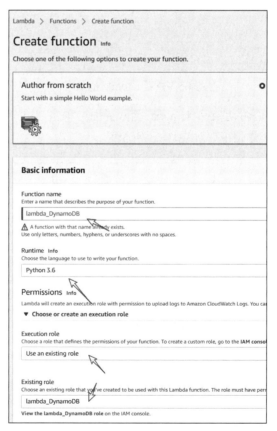

图 3-67 新建用户角色

（2）接着还是和前面新建 lambda 函数一样，如图 3-68 所示，新建 Python3.6 的 lambda 函数，用户角色指定为我们刚才新建的 lambda_DynamoDB。

图 3-68 新建函数

（3）粘贴以下代码到 lambda，修改程序执行时间为 30s，如图 3-69
所示。

```
import boto3 # 导入 boto3 模块

def lambda_handler(*args):
dynamodb = boto3.resource('dynamodb') # 定义一个名为 dynamodb 的对象,
对应 aws 的 dynamodb 服务
table = dynamodb.create_table( # 定义一个 table 对象，使用上面新建的
dynamodb 进行表格创建
TableName='baozhilv', # 指定表名
KeySchema=[ # 指定新建项目键和排序键的 key type
{
'AttributeName': 'username',
'KeyType': 'HASH'
},
{
'AttributeName': 'last_name',
'KeyType': 'RANGE'
}
],
AttributeDefinitions=[ # 指定新建项目键和排序键的 attribute type
{
'AttributeName': 'username',
'AttributeType': 'S'
},
{
'AttributeName': 'last_name',
'AttributeType': 'S'
},

],
ProvisionedThroughput={ # 最后指定读取和写入容量都为 5
'ReadCapacityUnits': 5,
'WriteCapacityUnits': 5
}
)
```

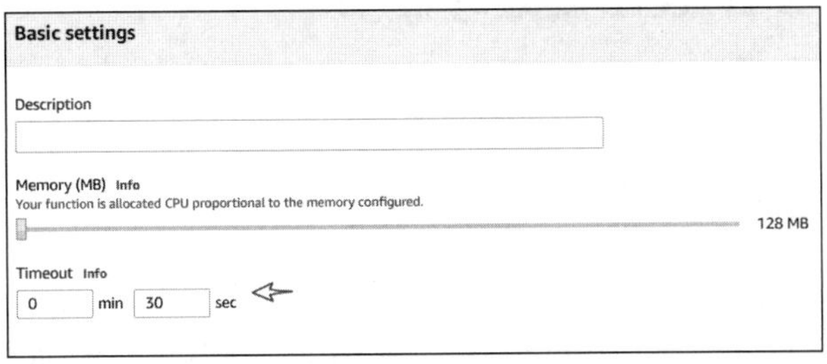

图 3-69　配置 lambda 的基本信息

（4）单击右上角的"Test"按钮，如图 3-70 所示，添加 event。

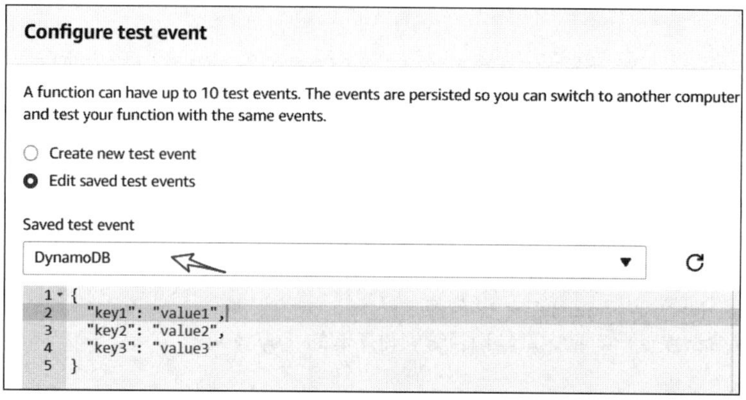

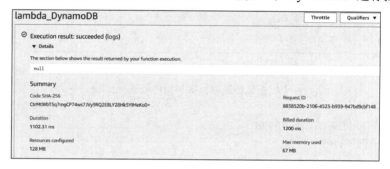

图 3-70　添加 event

（5）最后如图 3-71 所示，执行 lambda 函数，对 DynamoDB 进行控制。

图 3-71　DynamoDB 控制页面

（6）DynamoDB 状态检测，如图 3-72 所示。

图 3-72　DynamoDB 状态检测

3.3　AWS Batch 批处理服务

3.3.1　Batch 介绍[1]

1. 什么是 Batch？

利用 AWS Batch，用户可以在 AWS 云上运行批量计算工作负载。批量计算是开发人员、科学家和工程师用来访问大量计算资源的常见方法，并且 AWS Batch 将消除配置和管理所需基础设施的千篇一律的繁重工作，与传统批量计算软件相似。此服务可以有效地预配置资源以响应提交的作业，以便消除容量限制、降低计算成本和快速交付结果。

作为一项完全托管服务，AWS Batch 可让用户运行任意规模的批量计算工作负载。AWS Batch 将根据工作负载的数量和规模自动预置计算资源并优化工作负载分配。有了 AWS Batch 之后，不再需要安装或管理批量计算软件，从而使用户可以将精力放在分析结果和解决问题上。

2．Batch 组成部分

AWS Batch 是一种区域服务，可让用户轻松地在一个区域内跨多个可用区运行批处理作业。用户可以在新的或现有的 VPC 中创建 AWS Batch 计算环境。在计算环境就绪并与"作业队列"关联后，用户可以定义"作业定义"，以指定要运行作业的 Docker 容器映像。容器映像将在容器注册表中存储和提取，可能存在于用户的 AWS 基础设施的内部或外部。

➢ 作业：提交到 AWS Batch 的工作单位（如 shell 脚本、Linux 可执行文件或 Docker 容器映像）。它具有名称，并在用户的计算环境中的 Amazon EC2 实例上作为容器化应用程序运行（使用用户在作业定义中指定的参数）。作业可以按名称或 ID 引用其他作业，并且可以依赖于其他作业的成功完成。

➢ 作业定义：作业定义指定作业如何运行，用户可以把它看成是作业中的资源的蓝图。用户可以为用户的作业提供 IAM 角色，以便对其他 AWS 资源进行编程访问，还可以指定内存和 CPU 要求。作业定义还可以控制容器属性、环境变量和持久性存储的挂载点。作业定义中的许多规范可以通过在提交单个作业时指定新值来覆盖。

➢ 作业队列：当用户提交 AWS Batch 作业时，会将其提交到特定的作业队列中，然后它驻留在那里直到被安排到计算环境中为止。用户将一个或多个计算环境与一个作业队列相关联，并且可以为这些计算环境甚至跨作业队列本身分配优先级值。例如，用户可以有一个高优先级队列用以提交时间敏感型作业，以及一个低优先级队列供可在计算资源较便宜时随时运行的作业使用。

➢ 计算环境：计算环境是一组用于运行作业的托管或非托管的计算资源。托管计算环境能让用户在多个详细级别指定所需的实例类型。用户可以设置使用特定类型实例的计算环境，例如 c4.2xlarge 或 m4.10xlarge，或者只需指定用户希望使用的最新实例类型的计算环境。用户还可以指定环境的最小、所需和最大 vCPU 数，以及 Spot 市场上的出价百分比值和 VPC 子网的目标集。AWS Batch 将根据需要高效地启动、管理和终止 EC2 实例。用户还可以管理自己的计算环境。在这种情况下，用户负责在 AWS Batch 为用户创建的 Amazon ECS 集群中设置和扩展实例。

3.3.2 Batch 的作业配置[4]

AWS Batch 在其计算环境中使用 Amazon ECS 容器实例。要对 AWS Batch 使用 AWS CLI，必须使用支持最新 AWS Batch 功能的 AWS CLI 版本。如果在 AWS CLI 中没有看到对 AWS Batch 功能的支持，则应升级到最新版本。通过在 AWS Batch 控制台中创建作业定义、计算环境和作业队列来开始使用 AWS Batch。由于 AWS Batch 使用了 Amazon EC2 的组件，用户可以将 Amazon EC2 控制台用于这些步骤中的许多步骤。

AWS Batch 首次运行向导为用户提供了创建计算环境和作业队列并提交示例 hello world 作业的选项。如果用户具有要在 AWS Batch 中启动的 Docker 映像，则可以使用此映像创建作业定义并改为将此定义提交到用户的队列。

1. 定义 Batch 作业

选择定义用户的作业定义或在没有作业定义的情况下继续创建计算环境和作业队列。

配置作业选项步骤如下。

（1）在 https://console.aws.amazon.com/batch/home#/wizard 中打开 AWS Batch 控制台首次运行向导。

（2）要创建 AWS Batch 作业定义、计算环境和作业队列，然后提交用户的作业，请选择使用 Amazon EC2，如图 3-73 所示。

图 3-73　定义作业（使用 Amazon EC2）

（3）如果仅创建计算环境和作业队列而不提交作业，请选择无作业提交。如果用户不创建作业定义，请单击"下一步"按钮，如图 3-74 所示。

图 3-74　定义作业（无作业提交）

（4）如果用户选择创建作业定义，请完成首次运行向导下面的四个部分的设置：作业运行时、容器属性、参数和环境变量，然后单击"下一步"按钮。

设置作业运行时，步骤如下。

（1）如果用户要创建新的作业定义，那么请指定作业定义的名称，如图 3-75 所示。

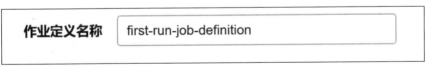

图 3-75　作业定义名称

（2）（可选）设置作业角色，用户可以指定一个 IAM 角色，该角色为作业中的容器提供使用 AWS API 的权限。此功能使用 Amazon ECS IAM 角色来执行作业功能（此处仅显示具有 Amazon Elastic Container Service 工作角色信任关系的角色），如图 3-76 所示。

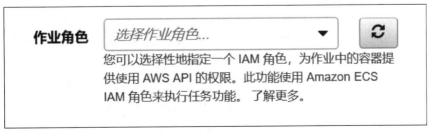

图 3-76　作业角色

设置容器属性，步骤如下。

（1）设置 Job type，为单个作业选择单一，或选择数组以提交数组作业，如图 3-77 所示。

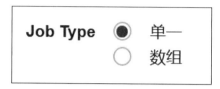

图 3-77　作业类型

（2）设置容器映像，如图 3-78 所示，选择要用于用户的作业的 Docker 映像。在默认情况下，Docker Hub 注册表中的映像可用。用户也可以使用 repository-url/image:tag 指定其他存储库。允许最多 255 个字母（大写和小写字母）、数字、连字符、下画线、冒号、句点、正斜杠和 ＃ 号。此参数将映射到 Docker Remote API 的创建容器部分中的 Image 及 docker run 的 IMAGE 参数。

Amazon ECR 存储库中的映像使用完整的 registry/repository:tag 命名约定。例如，aws_account_id.dkr.ecr.region.amazonaws.com/my-web-app:latest。

Docker Hub 上的官方存储库中的映像使用一个名称（例如，ubuntu 或 mongo）。

Docker Hub 上其他存储库中的映像通过组织名称（例如，amazon/amazon-ecs-agent）进行限定。

其他在线存储库中的映像由域名（例如，quay.io/assemblyline/ubuntu）进行进一步限定。

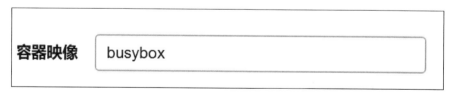

图 3-78　容器映像

（3）设置命令，指定要传递到容器的命令。此参数将映射到 Docker Remote API 的创建容器部分中的 Cmd 及 docker run 的 COMMAND 参数（用户可以在命令中使用参数替代默认值和占位符），如图 3-79 所示。

（4）设置 vCPU，指定要为容器预留的 vCPU 数量。此参数将映射到 Docker Remote API 的创建容器部分中的 CpuShares 及 docker run 的 --cpu-shares 选项中。每个 vCPU 相当于 1024 个 CPU 份额，如图 3-80 所示。

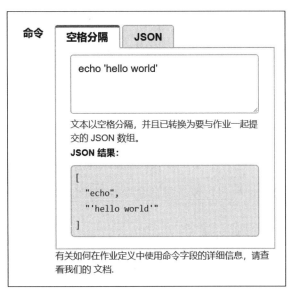

图 3-79 命令

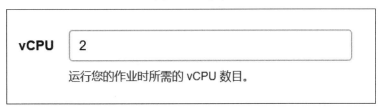

图 3-80 vCPU

（5）设置内存（MiB），指定要提供给作业容器的内存硬限制（以 MiB 为单位）。如果用户的容器尝试使用超出此处指定的内存，该容器将被终止。此参数将映射到 Docker Remote API 的创建容器部分中的 Memory 以及 docker run 的--memory 选项。如图 3-81 所示。

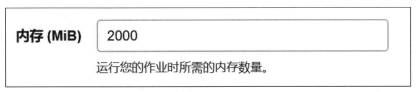

图 3-81 内存

（6）设置作业尝试次数，指定尝试作业的最大次数（在尝试失败的情况下），如图 3-82 所示。

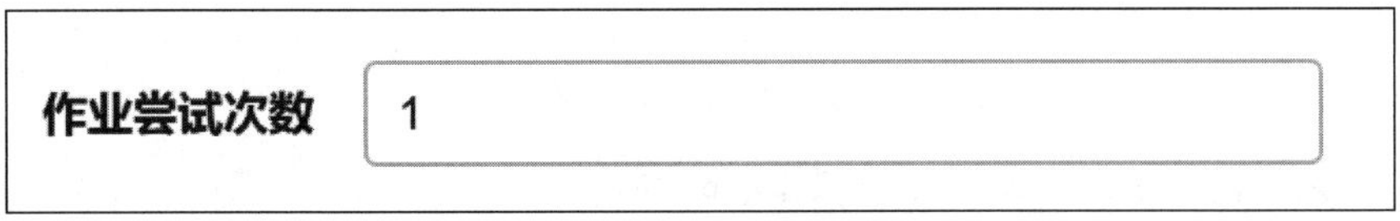

图 3-82 作业尝试次数

（7）设置 Execution timeout（超时时间），允许每个作业尝试运行的时间（以秒为单位）。如果用户的作业运行时间超过指定时间，它将停止并移至 FAILED，如图 3-83 所示。

图 3-83　作业超时时间

（8）设置参数，用户可以选择在命令中指定参数替代默认值和占位符，如图 3-84 所示。

对于键，指定参数的键。

对于值，指定参数的值。

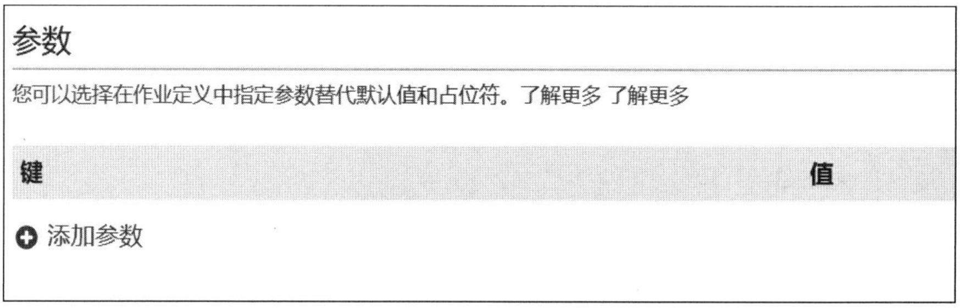

参数

您可以选择在作业定义中指定参数替代默认值和占位符。了解更多 了解更多

键	值

◉ 添加参数

图 3-84　参数

（9）设置环境变量，用户可以选择性地指定要传递到用户的作业容器的环境变量。此参数将映射到 Docker Remote API 的创建容器部分中的 Env 及 dockerrun 的 --env 选项（建议不要对敏感信息（如凭证数据）使用纯文本环境变量），如图 3-85 所示。

（10）设置键，指定参数的键。

（11）设置值，指定参数的值。

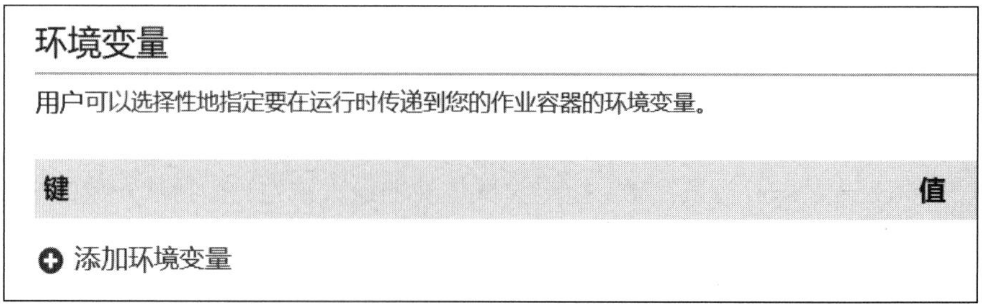

环境变量

用户可以选择性地指定要在运行时传递到您的作业容器的环境变量。

键	值

◉ 添加环境变量

图 3-85　环境变量

2. 配置 Batch 计算环境和作业队列

计算环境是一种引用计算资源（Amazon EC2 实例）的方式，告知 AWS

Batch 如何配置和自动启动实例的设置和限制。用户将作业提交到一个作业队列，该队列将一直存储作业，直至 AWS Batch 计划程序在计算环境中的计算资源上运行作业。（目前，用户只能在首次运行向导中创建托管计算环境）。

设置用户的计算环境类型，步骤如下。

（1）对于计算环境类型，就是为用户的计算环境指定唯一名称，如图 3-86 所示。

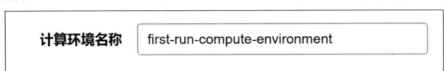

计算环境名称 first-run-compute-environment

图 3-86 计算环境名称

（2）对于服务角色，选择创建新角色或使用现有角色，后者允许 AWS Batch 服务代表用户调用所需的 AWS API，如图 3-87 所示。

服务角色 创建新角色

AWS Batch 使用 AWSBatchServiceRole IAM 角色代表用户管理用于服务的资源。如果您还没有 AWSBatchServiceRole，我们可以为用户创建它。

图 3-87 服务角色

（3）对于 EC2 实例角色，选择创建新角色或使用现有角色。通过角色，为计算环境创建的 Amazon ECS 容器实例可代表用户调用所需的 AWS API，如图 3-88 所示。

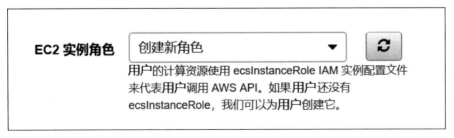

EC2 实例角色 创建新角色

用户的计算资源使用 ecsInstanceRole IAM 实例配置文件来代表用户调用 AWS API。如果用户还没有 ecsInstanceRole，我们可以为用户创建它。

图 3-88 EC2 实例角色

配置用户的计算资源，步骤如下。

（1）对于预配置模型，选择"按需"以启动 Amazon EC2 按需实例，或选择 Spot 以使用 Amazon EC2 的 Spot 实例，如图 3-89 所示。

图 3-89　预配置模型（Spot）

（2）在选择使用 Amazon EC2 Spot 实例的情况下，对于"最高出价"选择在启动实例之前与该实例类型的按需价格进行比较时，Spot 实例价格必须达到的最大百分比。例如，如果出价百分比为 20%，则 Spot 价格必须低于该 EC2 实例的当前按需价格的 20%。用户始终支付最低（市场）价格，并且绝不会高于用户的最大百分比，如图 3-90 所示。

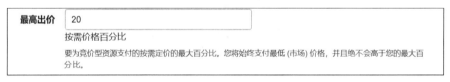

图 3-90　最高出价

（3）对于 Spot 队列角色，选择创建新角色或使用要应用于用户的 Spot 计算环境的现有 Amazon EC2 Spot 队组 IAM 角色。如果用户选择创建新角色，则将为用户创建所需的角色（aws-ec2-spot-fleet-role），如图 3-91 所示。

图 3-91　Spot 队列角色

需要有 Spot 角色才能使用竞价型实例，如图 3-92 所示。

图 3-92　选择 Spot 队列角色

（4）对于"允许的实例类型"，选择可启动的 Amazon EC2 实例类型。

用户可以指定实例系列以在这些系列中启动任何实例类型（例如，c4 或 p3），也可以在系列中指定特定大小（例如，c4.8xlarge）。用户也可以选择 optimal 以（从最新的 C、M 和 R 实例系列中）动态选取符合作业队列要求的实例类型，如图 3-93 所示。

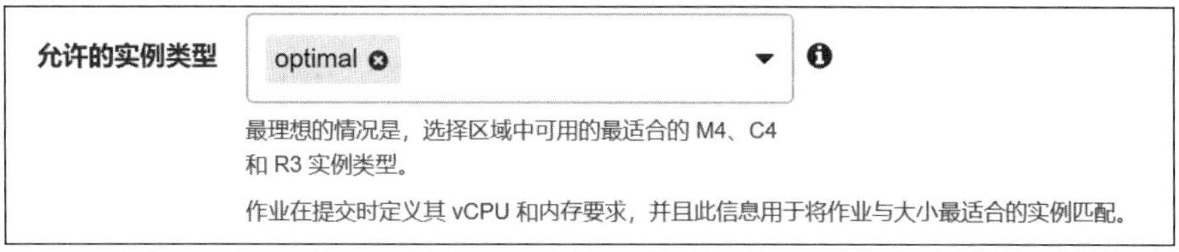

图 3-93　允许的实例类型

（5）对于"最小 vCPU 数"，选择用户的计算环境应保留的 EC2 vCPU 的最小数目，而无论作业队列需求如何，如图 3-94 所示。

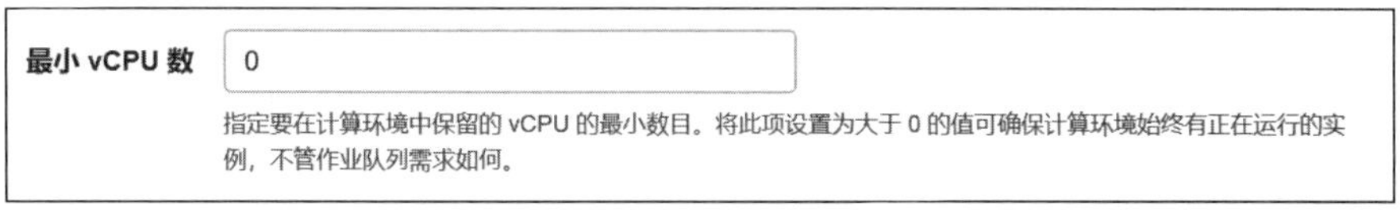

图 3-94　最小 vCPU 数

（6）对于"所需 vCPU 数"，请选择用户的计算环境在启动时应使用的 EC2 vCPU 数量。当任务队列需求增大时，AWS Batch 会增加计算环境中所需的 vCPU 数并添加 EC2 实例（最多可达最大 vCPU 数）；当需求减少时，AWS Batch 会减少计算环境中所需的 vCPU 数并删除实例（减少至最小 vCPU 数），如图 3-95 所示。

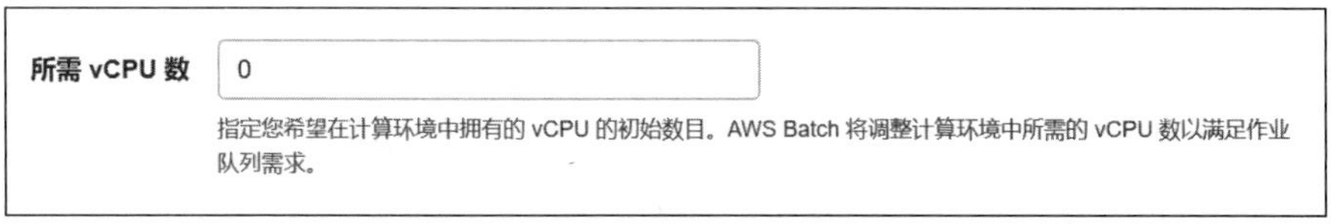

图 3-95　所需 vCPU 数

（7）对于"最大 vCPU 数"，选择用户的计算环境可以向外扩展到的 EC2 vCPU 的最大数目，而无论作业队列需求如何，如图 3-96 所示。

图 3-96　最大 vCPU 数

3. 设置用户的网络

计算资源将在用户在此处指定的 VPC 和子网中启动。这使用户能够控制 AWS Batch 计算资源的网络隔离。（需要外部网络访问才能与 Amazon ECS 服务终端节点进行通信，因此，如果用户没有公共 IP 地址，则它们必须使用网络地址转换 NAT 来提供此访问），如图 3-97 所示。

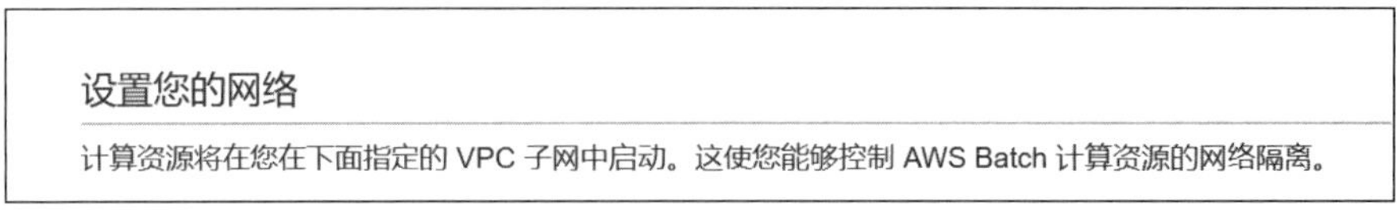

设置您的网络

计算资源将在您在下面指定的 VPC 子网中启动。这使您能够控制 AWS Batch 计算资源的网络隔离。

图 3-97 设置用户的网络

（1）对于"VPC ID"选择在其中启动实例的 VPC，如图 3-98 所示。

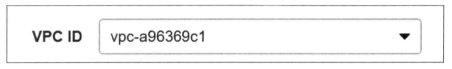

图 3-98 VPC ID

（2）对于"子网"选择选定 VPC 中应托管实例的子网。在默认情况下，将选择选定 VPC 中的所有子网，如图 3-99 所示。

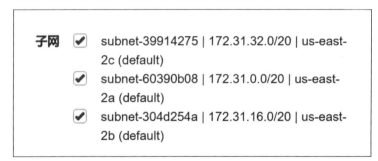

图 3-99 子网

（3）对于"安全组"，选择要附加到实例的安全组。在默认情况下，将选择用户的 VPC 的默认安全组，如图 3-100 所示。

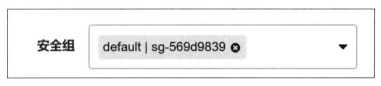

图 3-100 安全组

（4）为用户的实例添加标签，用户可以选择将键/值对标签应用于计算环境中启动的实例。例如，用户可以指定 "Name": "AWS BatchInstance - C4OnDemand" 作为标签，以便计算环境中的每个实例均具有此名称（这对于在 Amazon EC2 控制台中识别用户的 AWS Batch 实例很有用）。在默认情况下，计算环境名称用于为用户的实例添加标签。

使用键、值的方式定义标签，如图 3-101 所示。

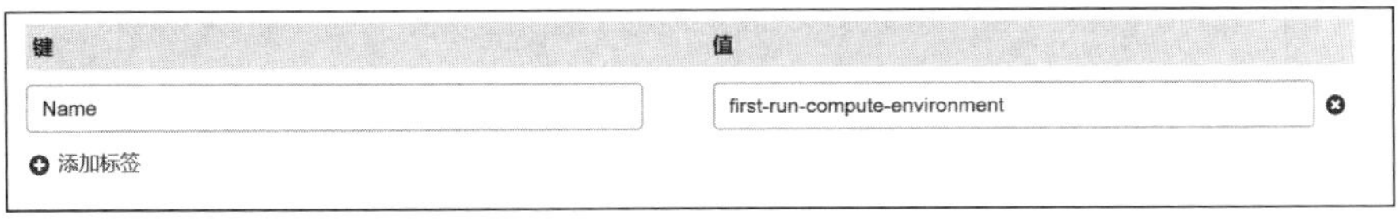

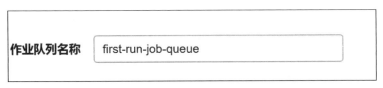

图 3-101 为用户的实例添加标签

（5）设置作业队列，用户将作业提交到一个作业队列，该队列将一直存储作业，直至 AWS Batch 计划程序在计算环境中的计算资源上运行作业。

对于"作业队列名称"请为用户的作业队列选择唯一的名称，如图 3-102 所示。

图 3-102 作业队列名称

（6）根据作业的列出顺序及所连接计算环境的可用容量，将作业提交到这些环境。显示用户的新计算环境与用户的新作业队列关联及其顺序。稍后，用户可以将其他计算环境与作业队列关联。作业计划程序使用计算环境顺序来确定哪些计算环境应执行给定作业。计算环境必须先处于 VALID 状态，然后用户才能将其与作业队列关联。用户最多可以将三个计算环境与一个作业队列关联，如图 3-103 所示。

图 3-103 此作业队列连接的计算环境

检查计算环境和作业队列配置，并单击"创建"按钮以创建计算环境，如图 3-104 所示。

图 3-104 创建

创建完成后的页面，如图 3-105 所示。

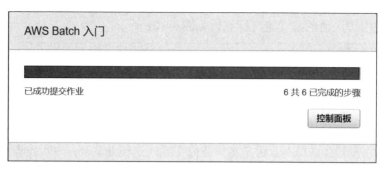

图 3-105　创建完成后的输出

单击"控制面板"按钮，打开控制面板页面，如图 3-106 所示。

作业队列						
名称 ▾	优先级 ▾	SUBMITTED ▾	PENDING ▾	RUNNABLE ▾	STARTING ▾	RUNNING ▾
first-run-job-queue	1	0	0	1	0	0

计算环境				
名称	类型	最小 vCPU 数	所需 vCPU 数	最大 vCPU
first-run-compute-environment	MANAGED	0	2	256

图 3-106　创建完成后的控制面板

最后是创建完成后的命令执行情况检查。

> **注意：** CloudWatch Logs 中提供 RUNNING、SUCCEEDED 和 FAILED 任务的日志；日志组是/aws/batch/job，日志流名称格式为 jobDefinitionName/default/ecs_task_id（此格式在日后可能会更改）。

在任务到达 RUNNING 状态后，用户可以使用 DescribeJobs API 操作以编程方式检索其日志流名称。有关更多信息，请参阅 Amazon CloudWatch Logs User Guide 中的查看发送到 CloudWatch Logs 的日志数据。在默认情况下，这些日志设置为永不过期，但用户可以修改保留期，如图 3-107 所示。

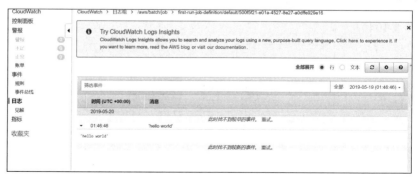

图 3-107　CloudWatch 上的命令执行日志

3.4　Amazon ECS 容器服务

3.4.1　ECS 简介[1]

1. 概述

Amazon Elastic Container Service（Amazon ECS）是一个高度可伸缩，快速的容器管理服务，它可以在 Amazon EC2 实例集群上轻松运行 \ 停止和管理 Docker 容器。

Amazon ECS 允许用户通过简单的 API 调用启动和停止启动容器的应用程序，允许用户从集中服务获取集群状态，并允许用户访问许多熟悉的 Amazon EC2 功能。

用户可以使用 Amazon ECS 根据资源需求 \ 隔离策略和可用性要求，在整个集群中计划容器的放置。

2. ECS 组件

➢ 任务：定义的单个实例。

➢ 任务定义：为用户的应用程序指定容器信息，例如，用户的任务中包含多个容器，使用哪些资源，如何连接在一起，以及使用哪些主机端口。

➢ 集群：一个可以在其上放置任务的容器实例的逻辑分组。

➢ 容器实例：运行 Amzaon ECS 代理并已注册到集群的 Amazon EC2 实例。

➢ 调度程序：用于在容器实例上放置任务的方法。

➢ ECS 服务：让用户能够指定要在集群中运行并保持多少个任务定义副本。另外，还可以使用 Elastic Load Balancing 负载均衡器，将传入流量分配给用户的服务中的容器。Amazon ECS 保持该数量的任务，并使用负载均衡器来协调任务安排。 此外，用户还可以使用服务 Auto Scaling 来调整服务中的任务数。

3.4.2　ECS 集群配置[2][4]

相信用户对 ECS 已经有一个大概的了解了，下面我们演示 ECS 集群的创建。

（1）先通过 https://console.aws.amazon.com/ecs 打开 ECS 的 web console。

（2）如图 3-108 所示。单击 Create Clusters 按钮创建集群。

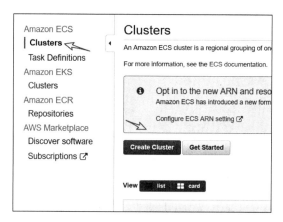

图 3-108　创建集群

（3）如图 3-109 所示，选择最简单的模板。

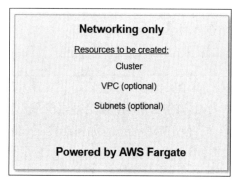

图 3-109　选择模板

（4）如图 3-110 所示，设置好集群名称和 Tags，然后单击 Create 按钮创建。

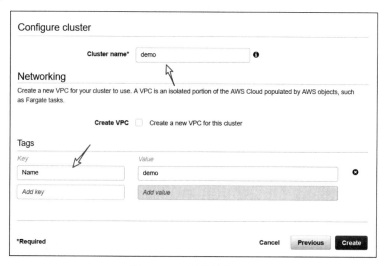

图 3-110　集群创建页面

（5）创建完成后，如图 3-111 所示，单击 View Cluster 按钮查看。

图 3-111　查看集群

（6）如图 3-112 所示，此时我们只是创建了一个空集群，Services、Tasks 等需要我们自行添加并运行。

图 3-112　创建空集群

3.4.3　ECS 任务定义

接下来演示 ECS 任务定义的创建。

（1）打开 https://console.aws.amazon.com/ecs，ECS 的 web console。

（2）如图 3-113 所示，找到 Task Definitions，单击"Create new Task Pefinition"按钮。

图 3-113　任务定义

（3）如图 3-114 所示，类型选择 EC2。

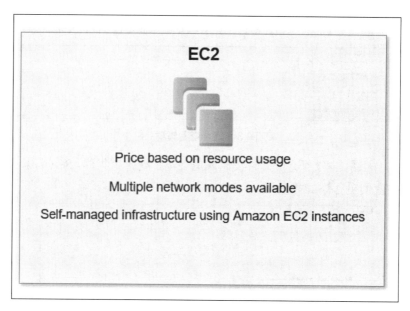

图 3-114　EC2 类型

（4）滚动屏幕到底部，单击通过 JSON 配置，粘贴以下模板，然后保存。

```json
{
"family": "yourApp-demo",
"containerDefinitions": [
{
"volumesFrom": [],
"portMappings": [
{
"hostPort": 80,
"containerPort": 80
}
],
"command": null,
"environment": [],
"essential": true,
"entryPoint": null,
"links": [],
"mountPoints": [
{
"containerPath": "/usr/local/apache2/htdocs",
"sourceVolume": "my-vol",
"readOnly": null
}
],
"memory": 300,
```

```
"name": "simple-app",
"cpu": 10,
"image": "httpd:2.4"
},
{
"volumesFrom": [
{
"readOnly": null,
"sourceContainer": "simple-app"
}
],
"portMappings": [],
"command": [
"/bin/sh -c \"while true; do echo '<html> <head> <title>Amazon ECS Sample
App</title> <style>body {margin-top: 40px; background-color: #333;} </style>
</head><body> <div style=color:white;text-align:center> <h1>Amazon ECS
Sample App</h1>
<h2>Congratulations!</h2> <p>Your application is now running on a container
in Amazon ECS.</p>' > top; /bin/date > date ; echo '</div></body></html>' >
bottom; cat top date bottom > /usr/local/apache2/htdocs/index.html ; sleep 1;
done\""
],
"environment": [],
"essential": false,
"entryPoint": [
"sh",
"-c"
],
"links": [],
"mountPoints": [],
"memory": 200,
"name": "busybox",
"cpu": 10,
"image": "busybox"
}
],
"volumes": [
{
"host": {
"sourcePath": null
},
"name": "my-vol"
}
]
}
```

（5）如图 3-115 所示，最后单击 Create 按钮。

图 3-115　任务创建

（6）如图 3-116 所示，此时再回到任务定义界面，即可看到新建的任务定义。

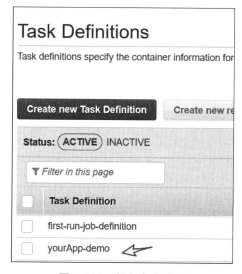

图 3-116　任务定义界面

习题

1．什么是 Amazon Elastic Compute Cloud（Amazon EC2）？

2．Amazon EC2 中可以运行多少个实例？

3．Elastic Load Balancing 服务提供了哪些负载均衡选项？

4．何时应使用 Classic Load Balancer，何时应使用 Application Load Balancer？

5．AWS Lambda 给我们带来了哪些便利？

6．什么是无服务器运算？

7．AWS Lambda 支持哪些语言？

8．AWS Lambda 如何保证我们的代码安全？

9．什么是 AWS Batch？

10．什么是批处理计算？

11．ECS 的特性有哪些？

12．ECS 与 Lambda 有什么区别？

13．ECS 是否支持其他容器类型 ？

参考文献

[1]　亚马逊.AWS 官方文档[EB/OL]. [2021-5]. https://docs.amazonaws.cn/.

[2]　亚马逊.AWS 官方博客[EB/OL]. [2021-5]. https://aws.amazon.com/cn/blogs/china/.

[3]　亚马逊. AWS CLI Command 参数[EB/OL]. [2021-5]. https://docs.aws.amazon.com/zh_cn/cli/latest/index.html.

[4]　亚马逊.知识中心[EB/OL]. [2021-5]. https://aws.amazon.com/cn/premiumsupport/know ledge-center/.

第 4 章

存储服务

存储服务是 AWS 众多云计算服务中的重要组成部分，为物联网、人工智能、大数据等应用提供信息存储的载体。与传统的本地存储系统相比，AWS 存储服务具有更高的可靠性、可扩展性和安全性，为不同应用场景提供存储、备份、托管、归档等服务。本章将重点对可扩展云存储 S3、低成本归档存储 Glacier、弹性块存储 EBS 三种存储服务的基本概念、存储原理及具体应用进行详细讲解。

△ 4.1 可扩展云存储 S3

Amazon Simple Storage Service（Amazon S3）是一种对象存储服务，专为从 Internet 上的任意位置存储和检索任意数量的数据而构建。S3 提供行业领先的可扩展性、数据可用性、安全性和性能。各种规模和行业的客户都可以使用它来存储各种用例（如网站、移动应用程序、备份、归档、企业应用程序、IoT 设备和大数据分析等）的任意数量的数据（每个对象容量限制在 5TB 以内）。S3 提供了易于使用的管理功能，用户可以组织数据并配置精细调整过的访问控制以满足特定的业务、组织和合规性要求。S3 可达到99.999999999%的持久性，并为全球各地的公司存储数百万个应用程序的数据[1]。

S3 具有高度可扩展性，是以非常低的成本提供极其持久并且可无限扩展的数据存储基础设施。用户只需为实际用量以每 GB 为单位付费，同时需要为每个数据请求和数据传输流量上花费少量成本。S3 以存储桶为单位存储数据，每位用户可以最多创建 100 个存储桶，每个存储桶都要定义一个全球唯一的存储桶名称，与全球任何区域定义过的存储桶名称都不冲突。

4.1.1　S3 存储桶基本操作

存储桶是用户在 S3 中存储的所有内容的全球唯一容器，用户可在 S3 完成创建存储桶、添加对象、通过网络访问存储桶中的对象、复制对象、删除对象和删除存储桶等操作。在默认情况下，对象的权限是私有的，用户可以设置访问控制策略以便将权限授予其他人。

1. 创建 S3 存储桶

在 AWS 管理控制台的服务菜单中选择 S3 或直接打开 S3 控制台网址 https：//console.aws.amazon.com/s3/，进入 S3 控制管理界面，如图 4-1 所示。

图 4-1　S3 管理控制台

在"创建存储桶"对话框中，需要为新创建的存储桶定义存储桶名称和区域。在"存储桶名称"文本框中输入 cloudinaction-s3，该存储桶名称能正确创建说明在全球区域中还没有其他用户使用过这个名字。在定义存储桶名称时，需要注意 S3 存储桶名称必须是全球唯一的。由于存储桶名称在 URL 中可见，指向要放入存储桶中的对象，尽量选择反映存储桶中对象的存储桶名称。"区域"是存储桶所在区域，这里选择"美国东部（弗吉尼亚背部）"，如图 4-2 所示。单击"创建"按钮，完成创建存储桶的过程。在 S3 管理控制台中，可以看到所创建名称为 cloudinaction-s3 的存储桶，存储桶和对象的访问权限默认是私有的，如图 4-3 所示。如果其他用户要通过网络访问存储桶，需要修改其访问权限为公有。

图 4-2 存储桶配置

图 4-3 完成存储桶创建

2. 添加对象

在完成创建存储桶之后，可以向存储桶添加对象。在 S3 存储桶中可以存储文档、图片、视频等多种类型的数据。对于存储桶中的数据，使用文件夹对相关对象进行分组，方法与使用目录在文件系统中对文件进行分组的方式相同。单击进入创建名称为 cloudinaction-s3 的存储桶，此存储桶为空，在上传新对象之后可以开始使用。单击"上传"按钮，如图 4-4 所示。在"上传"对话框中，单击"添加文件"按钮或者将文件和文件夹拖放到对话框中，如图 4-5 所示。

图 4-4 上传文件

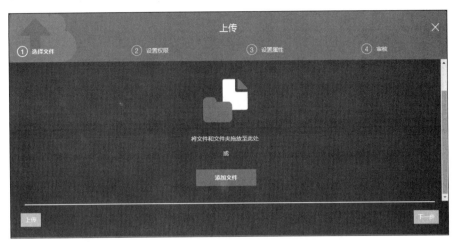

图 4-5 添加文件

在本地计算机中，选中将要上传的文件，如图 4-6 所示。在"上传"对话框中，出现将要上传的文件，单击"上传"按钮，即开始将文件上传至存储桶，如图 4-7 所示。

图 4-6 选择上传的文件

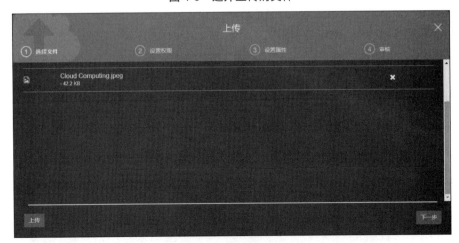

图 4-7 开始上传

文件上传至存储桶之后，在存储桶中即可看到所上传的图片及其相关属性，如图 4-8 所示。

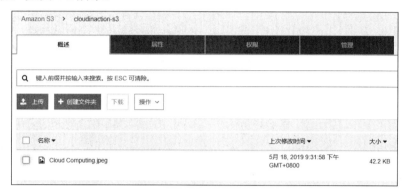

图 4-8　完成文件上传

3．查看 S3 存储桶中对象

上传到 S3 存储桶的对象有相应的对象 URL，但是默认情况下对象的访问权限是私有的，直接在浏览器上用对象 URL 访问文件，是无法访问到的。因此，需要先为对象做权限设置。选择"阻止公共访问权限"选项卡，单击"编辑"按钮，将阻止所有公共访问选项关闭，出现"已成功更新公共访问权限设置"字样，如图 4-9 所示。

图 4-9　关闭"阻止所有公共访问"

选择"访问控制列表"选项卡，在"公有访问权限"中，将 Everyone 组的读取对象设置为是，如图 4-10 所示。此时，将文件的对象 URL（https://s3.amazonaws.com/cloudinaction-s3/ Cloud+Computing.jpeg）输入浏览器，便可以访问到该文件，如图 4-11 所示。

图 4-10　设置公有访问权限

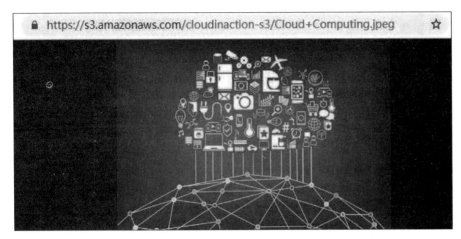

图 4-11 访问成功

4．复制对象

在 S3 中，可以完成类似本地计算机中复制、剪切、粘贴文件等操作。在存储桶中创建一个用于测试的文件夹 test。S3 创建文件夹的实质是创建一个具有/后缀的对象，并且该对象在 S3 控制台中显示为文件夹，同时可以设置 AES-256、AWS-KMS 等加密协议，如图 4-12 所示。

图 4-12 创建文件夹

我们将存储桶中的图片复制到 test 文件中。选中存储桶中的图片文件，在"操作"下拉菜单中选择"复制"选项，如图 4-13 所示。进入 test 文件夹，在"操作"下拉菜单中选择"粘贴"选项，如图 4-14 所示。在 test 文件夹中，可以看到所复制的文件，如图 4-15 所示。

图 4-13　复制文件

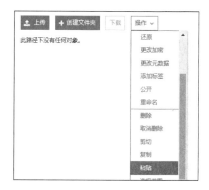

图 4-14　粘贴文件

图 4-15　复制对象成功

5．删除对象

在存储桶列表中，选择要从中删除对象的存储桶的名称，选中要删除的对象旁边的复选框，选择"操作"下拉菜单中的"删除"选项，如图 4-16 所示。在删除对象对话框中，验证是否已列出选择删除的对象的名称，然后单击"删除"按钮，即可将所选对象删除。

图 4-16　删除对象

6．删除存储桶

在存储桶列表中，选中要删除的存储桶的名称旁边的复选框，然后单击"删除"按钮，如图 4-17 所示。在删除存储桶对话框中，输入存储桶名称以进行删除确认，单击"确认"按钮，即可完成存储桶删除操作，如图 4-18 所示。

图 4-17　删除存储桶

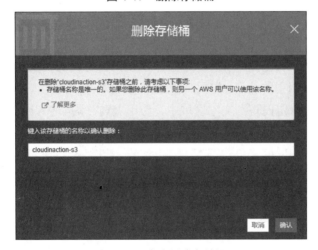

图 4-18　确认删除存储桶

4.1.2　静态网站托管

S3 除了用于存储数据，还可以托管静态网站。S3 上可以托管单独的静态内容，如 HTML、CSS、视频、图片等形式，还可以执行存储在 S3 上的客户端脚本，如 JS。但不能在 S3 上托管服务器端脚本，如 PHP、JSP、ASP.NET 等。以下是在 S3 控制台中为静态 HTML 网站托管配置 S3 存储桶的过程。

1．设置静态网站托管并上传网站代码

在 S3 创建新的名称为 cloudinaction-s3web 的存储桶，在存储桶列表中，选择该存储桶的名称，选择"属性"选项卡，开启"静态网站托管"选项，

如图 4-19 所示。在为静态网站托管启用存储桶后，可通过 Web 浏览器访问 S3 存储桶中的静态网站终端节点内容。

图 4-19 存储桶属性

在"静态网站托管"对话框中，选中"使用此存储桶托管网站"单选按钮。其中"索引文档"是必选项，"错误文档"和"重定向规则"为可选项，如图 4-20 所示。在索引文档文本框中，输入索引文档的名称，该文档通常名为 index.html。在为网站托管配置存储桶时，必须指定索引文档，在向根域或任何子文件夹发出请求后，S3 会返回此索引文档。当访问遇到 4××类错误时，系统根据错误文档文本框中所填的自定义 HTML 格式错误文档名称返回该文档中的信息，向用户传达帮助指南。如果要指定高级重定向规则，则需要在重定向规则文本区域中，使用 XML 来描述规则。例如，可以根据请求中的特定对象名或前缀按条件路由进行请求。

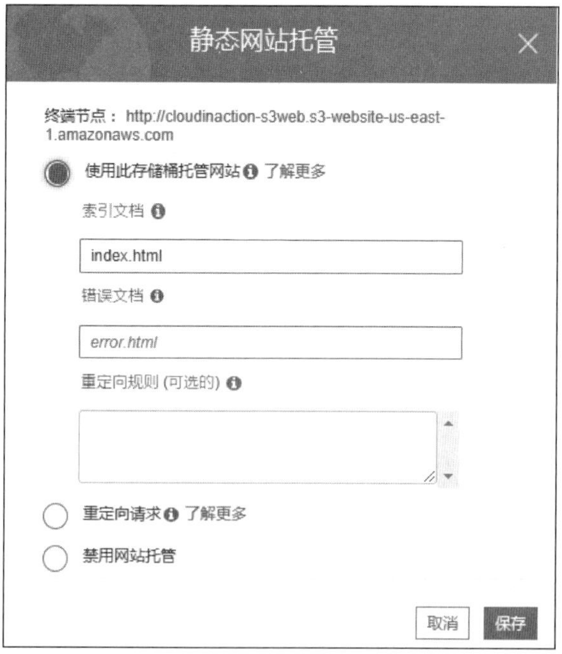

图 4-20 静态网站托管

将预先准备好的 index.html 文件上传至名称为 cloudinaction-s3web 的存储桶，如图 4-21 所示。

图 4-21　上传 index.html 文件

此时，通过浏览器使用存储桶终端节点 URL 访问静态网站，返回 403 错误，如图 4-22 所示。分析其原因，因为存储桶的访问权限默认为私有，只有文件的拥有者可以访问 S3 的文件，所以需要进行存储桶策略配置。

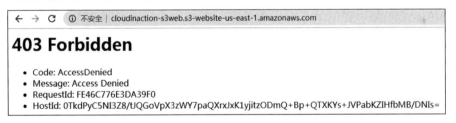

图 4-22　静态网站访问错误

2．配置存储桶策略

当使用 S3 托管静态网站时，需要允许所有人都能查看并且下载存储桶的文件。存储桶策略用来在全局控制存储桶里对象的访问权限，以 json 形式声明允许或拒绝对资源的访问。存储桶策略可以直接用 json 编写，也可以利用策略生成器生成 json 代码。本书以策略生成器为例，设置存储桶策略。在存储桶的"权限"选项卡中，选择"存储桶策略"，文本区域用于保存存储桶策略。单击左下角的"策略生成器"，进行存储桶策略配置，如图 4-23 所示。

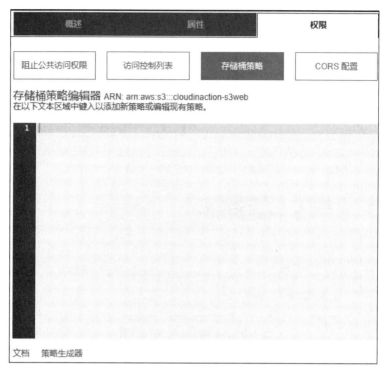

图 4-23 存储桶策略

策略生成器是 AWS 的重要工具，可以用来创建控制对 AWS 产品和资源的访问策略。首先，"选择策略类型"，策略是权限的容器，策略类型包括IAM 策略、S3 存储桶策略、SNS 主题策略、VPC 端点策略和 SQS 队列策略等，这里选择 S3 Bucket policy（存储桶策略），如图 4-24 所示。

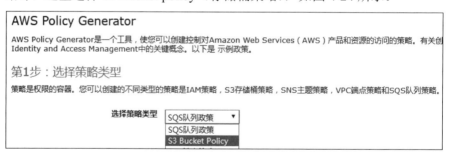

图 4-24 选择策略类型

其次，添加声明，声明是单个权限的描述，包括影响、主要、AWS 服务、操作及 ARN。根据静态网站访问的需要，"影响"这里选中"允许"单选按钮，"AWS 服务"为 Amazon S3，"操作"为 GetObject，ARN 为arn:aws:s3:::cloudinaction-s3web/*，如图 4-25 所示。最后，单击"添加声明"按钮，得到存储桶策略 json 代码。

图 4-25 添加声明

生成的存储桶策略 json 代码如下，然后将其复制粘贴到图 4-23 的存储桶策略文本区域中，使静态网站可以从任何位置访问。

```json
{
  "Id": "Policy1558190534246",
  "Version": "2012-10-17",
  "Statement": [
    {
      "Sid": "Stmt1558190205992",
      "Action": [
        "s3:GetObject"
      ],
      "Effect": "Allow",
      "Resource": "arn:aws:s3:::cloudinaction-s3web/*",
      "Principal": "*"
    }
  ]
}
```

3. 访问 S3 托管的静态网站

最终，对 S3 所托管的静态网站进行访问，打开浏览器访问存储桶终端节点 URL（http://cloudinaction-s3web.s3-website-us-east-1.amazonaws.com），此时静态网站可以正常打开，如图 4-26 所示。

图 4-26 静态网站访问成功

4.2 低成本归档存储 Glacier

Glacier 是一项安全、持久且成本极低的云存储服务，适用于不常用的数据存档和长期备份。它不仅能够提供与 S3 相当的持久性，而且用户能以每月每 GB 低至 0.004USD 的价格存储数据，显著降低了成本。为了保持成本低廉，同时满足各种数据检索需求，Glacier 提供了三种访问存档的选项，各自的检索时间从数分钟到数小时不等。用户可以通过 Web 浏览器访问 Glacier 存储服务，也可以利用支持 Glacier 的 AWS 开发工具包访问 Glacier 存储服务。

4.2.1 创建生命周期规则

对象在 AWS 中从产生到删除称为对象的生命周期。为了确保用户对象以尽可能低的成本存储，需要为 S3 存储桶配置生命周期规则。根据实际应用需求，生命周期规则将 S3 中的存储对象按照指定时间点转移到成本更低的存储中保存（如 Glacier）或在指定时间点删除。与 S3 相比，Glacier 具有如下特点，如表 4-1 所示。

表 4-1 S3 和 Glacier 存储数据的区别

S3	Glacier
经常访问的数据	不经常访问的数据
生产数据或归档数据	归档数据
每个对象最大 5TB	每个归档最大 40TB
自定义 KEY	自动生成归档 ID
选择加密或不加密	必须加密，且自动加密
可更改对象	不可修改归档数据
可以立即取回数据	3～5 小时的取回时间
默认 100 个 bucket	默认 1000 个 vaults

在 S3 上创建新的名称为 cloudinaction-glacier 的存储桶，为存储桶添加生命周期规则，将对象归档到 Glacier 来管理对象的生命周期。选择"管理"选项卡，单击"添加生命周期规则"按钮，即可开始配置生命周期规则来管理对象并自动转换到分层存储，如图 4-27 所示。

图 4-27　添加生命周期规则

在生命周期规则对话框中，设置规则名称为 2glacier，"添加用于限制前缀和标签范围的筛选条件"，这里筛选条件为空，将生命周期应用到整个存储桶，如图 4-28 所示。

在"存储类转换"设置中，可以为当前版本或先前版本定义转换。通过版本控制，可以在一个存储桶中保留对象的多个版本。这里选择当前版本作为转换目标。用户可以通过定义将对象转换为 Standard-IA、One Zone-IA、Glacier 和 Deep Archive 存储类的规则来配置生命周期规则。这里选择"创建指定天数后转换到 Glacier"，并根据实际应用需求设置"创建"之后的天数，如图 4-29 所示。

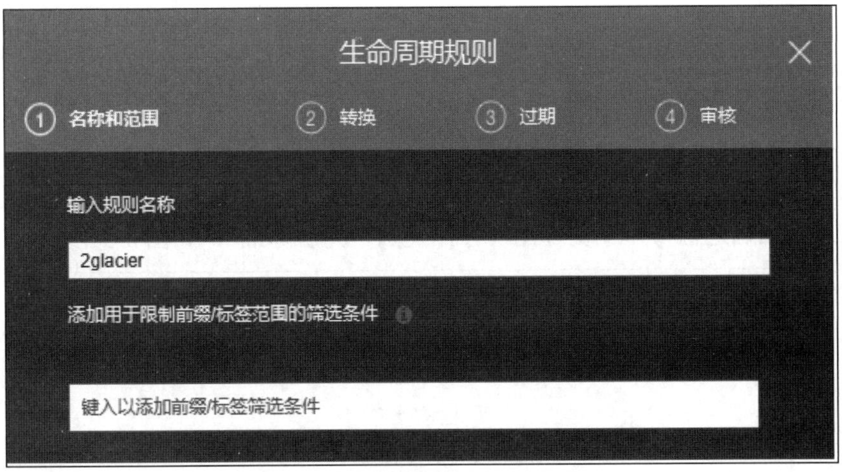

生命周期规则

① 名称和范围　　② 转换　　③ 过期　　④ 审核

输入规则名称

2glacier

添加用于限制前缀/标签范围的筛选条件

键入以添加前缀/标签筛选条件

图 4-28　生命周期规则名称与范围

图 4-29　生命周期规则存储转换

经过上述配置，确认规则配置正确即可保存，如图 4-30 所示所创建生命周期规则及其详细属性。

图 4-30　生命周期规则及其详细属性

4.2.2　测试 Glacier 与生命周期规则

按照生命周期规则的设置，上传至名称为 cloudinaction-glacier 存储桶中的对象 1 天后将被归档。在对象归档之后，并不会立即保存在 Glacier 中，从 S3 到 Glacier 的移动过程需要 24 小时左右。为了测试 Glacier 与生命周期规则，在 cloudinaction-glacier 存储桶中上传 Cloud Computing.jpeg 文件。在对象归档之前，对象文件的"存储类别"为"标准"，如图 4-31 所示。

图 4-31　对象的存储类别

在生命周期规则触发对象移动至 Glacier 后，等待 24 小时左右，对象将存在 Glacier 之中。用户对 Glacier 中的对象是无法直接访问的，必须在需要访问前将对象还原回 S3 中。选中需要还原的对象，在操作下拉菜单中选择"启动还原"选项。根据时间的长短，分为标准检索（3~5h）、批量检索（5~12h）和加急检索（1~5min）等 3 种检索方式，其中选择标准检索方式，还原过程将持续 3～5 小时。为了验证对象是否被还原，选择包含该文件的存储桶，然后选中文件名旁边的复选框以查看文件详细信息。还原对象的失效日期表示文件已还原，该日期是将删除对象还原副本的日期。

4.3　弹性块存储 EBS

弹性块存储 EBS（Elastic Block Storage）是网络附加的块级别存储。EBS 既可以作为类似于服务器挂载的磁盘使用并安装特定的文件系统，也可以独立使用。当挂载在 EC2 实例上时，EBS 中存储的数据不会随着 EC2 实例的终止而丢失数据，可用作系统启动分区或非易失性存储。如果 EC2 实例不再需要该 EBS 卷，则可以随时解挂 EBS 卷，存储在 EBS 卷中的数据同样不会丢失，并且仍然可以挂载到同一可用区的其他 EC2 实例上。EBS 具有 99.999%的高可用性，可以在指定时间点创建快照，将存储状态保存在 S3 中。当新创建 EBS 卷时，可以利用快照随时恢复其中存储的数据[2]。

4.3.1　创建 EBS 卷

本节以 EBS 挂载到 EC2 实例上的应用为例，首先要创建 EBS 卷，在 AWS 中创建 EBS 卷非常简单，已经创建好的 EC2 实例如图 4-32 所示。在左侧导航中选择"卷"，可以看到当前 EC2 中已经挂载了一个名称为 EBS1，大小为 8 GiB 的卷，如图 4-33 所示。

图 4-32　已创建好的 EC2 实例

单击图 4-33 中的"创建卷"按钮，进入创建卷页面，"卷类型"设置为"通用型 SSD(gp2)"，"大小(GiB)"设置为 2GiB，"可用区域*"设置为与 EC2 同一可用区（us-east-1d），如图 4-34 所示。此外，还可以设置卷的标签，单击"创建卷"按钮即完成创建。

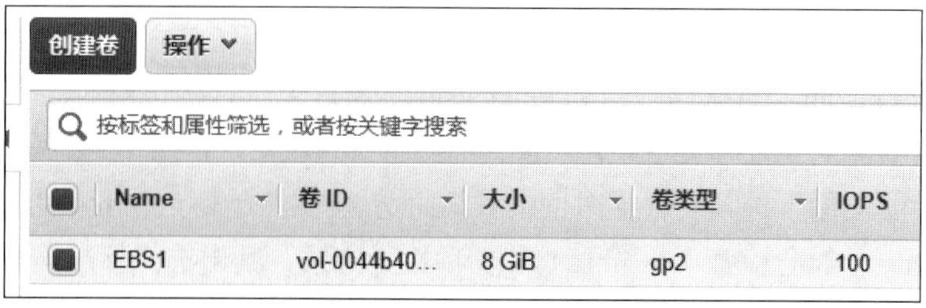

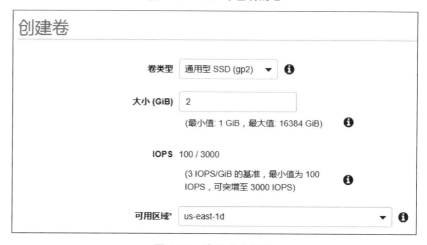

图 4-33　EC2 中已有的卷

创建卷

| 卷类型 | 通用型 SSD (gp2) ▼ ❶ |

大小 (GiB)　`2`

（最小值: 1 GiB，最大值: 16384 GiB）❶

IOPS　100 / 3000

（3 IOPS/GiB 的基准，最小值为 100 IOPS，可突增至 3000 IOPS）❶

可用区域*　`us-east-1d`　▼ ❶

图 4-34　卷的参数设置

此时，在卷的列表中产生了名称为 EBS2 的新卷，如图 4-35 所示。在卷的列表中，可以查看新卷的 ID、大小、卷类型和 IOPS 等信息。当状态从创建切换到可用状态时，EBS 卷将能够正常使用。

图 4-35　EC2 中的新卷

4.3.2　实例挂载 EBS 卷

为了可以通过 EC2 使用 EBS 卷，需要把 EBS 卷挂载到 EC2 实例上。在 EBS 卷列表中，选择"操作"下拉菜单，选择"连接卷"，如图 4-36 所示，进入连接卷页面。

图 4-36　连接 EBS 卷

在连接卷页面中，可以看到卷的 ID，选择该卷所要挂载到的 EC2 实例的 ID，设置卷所在的目录（/dev/sdf），如图 4-37 所示。

连接卷

个卷 ⓘ	vol-0376ae586b29de8b2 (EBS2) (在 us-east-1d 中)
实例 ⓘ	i-0327e0bbd1469b379　　处于 us-east-1d
设备 ⓘ	/dev/sdf

Linux 设备:/dev/sdf through /dev/sdp

图 4-37　连接 EBS 卷参数设置

尽管 EBS 卷已经与 EC2 实例相连，但是 EC2 的操作系统并没有识别出该卷。使用 PUTTY 登录到 EC2 上，对 Linux 的卷进行配置管理。登录用户名为 ec2-user，密码为 ppk 密钥。在命令行窗口中输入 df -h 命令，查看当前系统中的卷使用状况，并没有出现新创建的 EBS 卷。因此，需要在 Linux 系统中完成挂载操作。

```
[ec2-user@ip-172-31-87-124 ~]$ df -h
Filesystem      Size   Used Avail Use% Mounted on
devtmpfs        475M      0  475M   0% /dev
tmpfs           492M      0  492M   0% /dev/shm
tmpfs           492M   392K  492M   1% /run
tmpfs           492M      0  492M   0% /sys/fs/cgroup
/dev/xvda1      8.0G   1.2G  6.9G  15% /
tmpfs            99M      0   99M   0% /run/user/1000
```

在 Linux 中挂载磁盘之前，先要为该卷创建文件系统。利用 mkfs 命令创建卷文件系统，支持 ramfs、ext3、ext3、vfat 等多种文件系统类型。这里将该卷创建为 ext3 类型文件系统，输出显示文件系统具体信息。

```
[ec2-user@ip-172-31-87-124 ~]$ sudo mkfs -t ext3 /dev/sdf
mke2fs 1.42.9（28-Dec-2013）
Filesystem label=
```

```
OS type: Linux
Block size=4096（log=2）
Fragment size=4096（log=2）
Stride=0 blocks, Stripe width=0 blocks
131072 inodes, 524288 blocks
26214 blocks（5.00%）reserved for the super user
First data block=0
Maximum filesystem blocks=536870912
16 block groups
32768 blocks per group, 32768 fragments per group
8192 inodes per group
Superblock backups stored on blocks:
        32768, 98304, 163840, 229376, 294912

Allocating group tables: done
Writing inode tables: done
Creating journal（16384 blocks）: done
Writing superblocks and filesystem accounting information: done
```

Linux 系统挂载卷需要在系统中建立一个挂载点，也就是创建一个挂载目录。利用 mkdir 命令创建/mnt/ebs-test 文件夹作为挂载点。利用 mount 命令将 sdf 卷挂载到/mnt/ebs-test 挂载点。

```
[ec2-user@ip-172-31-87-124 ~]$ sudo mkdir /mnt/ebs-test
[ec2-user@ip-172-31-87-124 ~]$ sudo mount /dev/sdf /mnt/ebs-test
```

新建卷被手动挂载之后都必须把挂载信息写入/etc/fstab 文件中，否则下次开机启动时仍然需要重新挂载。系统开机时会主动读取 fstab 文件中的内容，根据 fstab 文件里面的配置挂载卷。只需要将卷的挂载信息写入 fstab 文件中就不需要每次开机启动之后手动进行挂载了。

```
[ec2-user@ip-172-31-87-124  ~]$  echo  "/dev/sdf     /mnt/ebs-test    ext3
defaults,noatime 1 2" | sudo tee -a /etc/fstab
/dev/sdf   /mnt/ebs-test ext3 defaults,noatime 1 2
```

```
[ec2-user@ip-172-31-87-124 ~]$ cat /etc/fstab
#
UUID=94de7db5-d3f1-476b-8f11-0787eb567c32      /      xfs   defaults,noatime
    1   1
/dev/sdf     /mnt/ebs-test ext3 defaults,noatime 1 2
```

在 Linux 系统完成新建卷挂载之后，在命令行窗口中输入 df -h 命令，再次查看当前系统中的卷使用状况。在输出结果中可以看到/mnt/ebs-test 挂载点上已经出现了容量为 2.0G 的新建卷。

```
[ec2-user@ip-172-31-87-124 ~]$ df -h
Filesystem      Size  Used Avail Use% Mounted on
devtmpfs        475M     0  475M   0% /dev
tmpfs           492M     0  492M   0% /dev/shm
tmpfs           492M  392K  492M   1% /run
tmpfs           492M     0  492M   0% /sys/fs/cgroup
/dev/xvda1      8.0G  1.2G  6.9G  15% /
tmpfs            99M     0   99M   0% /run/user/1000
/dev/xvdf       2.0G  3.1M  1.9G   1% /mnt/ebs-test
```

4.3.3　创建及恢复 EBS 快照

EBS 卷可以像虚拟机一样创建快照，EBS 快照用来为新建卷提供基准或者用于备份。EBS 快照采用增量备份，只保存最近一次快照后更新的数据。因此，创建 EBS 快照所需的时间和存储空间都大大降低。用户可以在任意时间点创建 EBS 快照，快照被保存在 Amazon S3 上，具有很好的持久性。EBS 快照中包含了将原 EBS 卷中数据恢复的所有信息，可以很容易地在新建卷上恢复原始数据。此外，EBS 快照可以在不同 AWS 用户之间进行分享，在不同 AWS 区域之间进行复制，为资源共享提供便利。

这里用 4.3.2 小节中所新建的 EBS 卷创建快照，选中名称为 EBS2 的卷，在"操作"下拉菜单中选择"创建快照"选项，如图 4-38 所示。

图 4-38　创建快照

在"创建快照"对话框中，可以看到要创建快照的 EBS 卷 ID，为快照添加描述 snapshot，如图 4-39 所示。

创建快照

您确定要执行此操作？

卷　vol-0376ae586b29de8b2 ⓘ

描述　snapshot　　　　　　　　　　　　　　　　　　ⓘ

加密　未加密 ⓘ

图 4-39　创建快照对话框

在导航窗格中单击“快照”选项，即可查看快照列表中的信息。当刚刚创建完快照时，快照的状态显示为 pending，说明快照正在创建过程中。当快照创建完成后，快照的状态显示为 completed，说明快照创建完成，如图 4-40 所示。

创建快照
操作
我拥有的
按标签和属性筛选，或者按关键字搜索
Name
快照 ID
大小
描述
状态
My Snapshot
snap-02135ebae05...
2 GiB
snapshot
completed

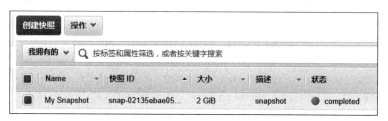

图 4-40　快照创建完成

新建 EBS 卷时，可以恢复已有快照的数据。在“创建卷”页面“快照 ID”文本框中，填入已有快照的 ID。这样，EBS 卷创建完成之后就包含了与原 EBS 卷中相同的数据，如图 4-41 所示。

创建卷
卷类型
通用型 SSD (gp2)
大小 (GiB)
2
(最小值: 1 GiB，最大值: 16384 GiB)
IOPS
100 / 3000
(3 IOPS/GiB 的基准，最小值为 100 IOPS，可突增至 3000 IOPS)
可用区域*
us-east-1d
吞吐量 (MB/s)
不适用
快照 ID
snap-02135ebae0552816c

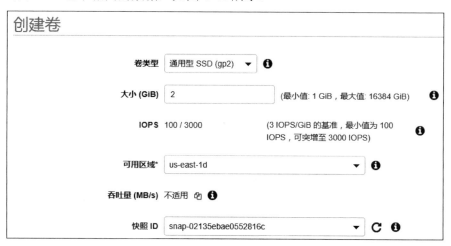

图 4-41　利用已有快照新建 EBS 卷

EBS 快照恢复完成之后，如图 4-42 所示，EBS 列表中会显示出名称为 EBS3 的新建卷，快照 ID 为 snap-02135ebae0552816c，正是前面所创建的快照 ID。

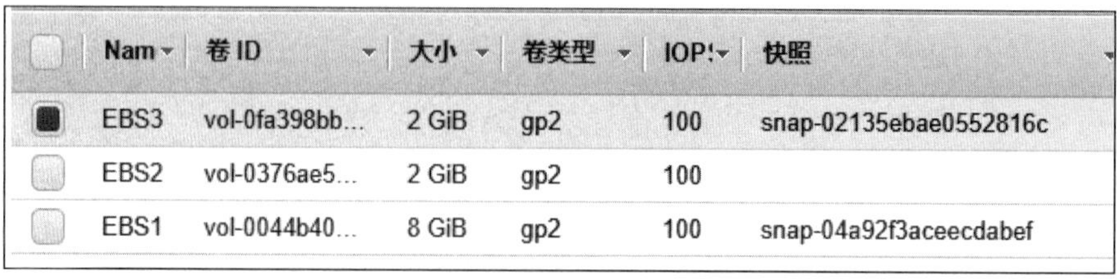

Nam
卷 ID
大小
卷类型
IOP
快照
EBS3
vol-0fa398bb...
2 GiB
gp2
100
snap-02135ebae0552816c
EBS2
vol-0376ae5...
2 GiB
gp2
100
EBS1
vol-0044b40...
8 GiB
gp2
100
snap-04a92f3aceecdabef

图 4-42　完成 EBS 快照恢复

习题

1. 每位用户最多可以创建多少个存储桶？

2. S3 可以用于托管哪些形式的静态内容？

3. 在 S3 中创建文件夹时，可以采用的加密协议有哪些？

4. 如何用 JSON 文件配置存储桶策略？

5. 为什么 Glacier 成本如此低廉？

6. 在设置存储生命周期规则时，对象可以转换为哪些存储类型？

7. 简述可扩展云存储 S3、低成本归档存储 Glacier、弹性块存储 EBS 三种存储服务的区别。

8. 把 EBS 挂载到 Linux 上，支持哪些文件系统类型？

9. 简述什么是 EBS 快照？

参考文献

[1] WITTIG, A，WITTIG. M. AWS 云计算实战[M]. 北京：人民邮电出版社，2018.

[2] 王毅. 亚马逊 AWS 云基础与实战[M]. 北京：清华大学出版社，2017.

第 5 章

数据库服务

数据库（Database，DB）是按照数据结构来组织、存储和管理数据并建立在计算机存储设备上的仓库[6]。

简单来说，数据库本身可视为电子化的文件柜——存储电子文件的处所，用户可以对文件中的数据进行新增、查询、更新、删除等操作。数据管理不再仅仅是存储和管理数据，而转变成用户所需要的各种数据管理的方式。数据库有很多种类型，从最简单的存储有各种数据的表格到能够进行海量数据存储的大型数据库系统都在各个方面得到了广泛应用[6]。

随着云持续降低存储和计算成本，新一代应用程序已经不断涌现，同时对数据库提出了一系列新的要求。这些应用程序需要数据库来存储 TB 到 PB 级的新类型数据，提供对数据的访问（毫秒级延迟），每秒处理数百万个请求，并扩展以支持位于世界上任何地方的数百万用户。为了支持这些要求，用户同时需要关系型数据库和非关系数据库，这些数据库专用于满足应用程序的特定需要。AWS 提供最广泛的数据库选项，能够满足不同的应用程序使用案例要求[1]。

5.1 关系型数据库服务 Amazon RDS

亚马逊关系型数据库（Amazon Relational Database Service，Amazon

RDS）是一项 Web 服务，让用户能够在云中更轻松地设置、操作和扩展关系型数据库。它在自动执行耗时的管理任务（如硬件预置、数据库设置、修补和备份）的同时，可提供经济实用的可调容量。这使用户能够腾出时间专注于应用程序，为它们提供所需的快速性能、高可用性、安全性和兼容性[1]。

Amazon RDS 在多种类型的数据库实例（针对内存、性能或 I/O 进行了优化的实例）上均可使用，并提供了六种常用的数据库引擎供用户选择，包括 Amazon Aurora、PostgreSQL、MySQL、MariaDB、Oracle Database 和 SQL Server。用户可以使用 AWS Database Migration Service 轻松将现有的数据库迁移或复制到 Amazon RDS[1]。

5.1.1 Amazon Aurora 数据库

Amazon Aurora 是一种与 MySQL 和 PostgreSQL 兼容的关系型数据库，专为云而打造，既具有传统企业数据库的性能和可用性，又具有开源数据库的简单性和成本效益[1]。

Amazon Aurora 的速度最高可以达到标准 MySQL 数据库的 5 倍、标准 PostgreSQL 数据库的 3 倍。它可以实现商用数据库的安全性、可用性和可靠性，而成本只有商用数据库的 1/10。Amazon Aurora 由 Amazon Relational Database Service（Amazon RDS）完全托管，Amazon RDS 可以自动执行各种耗时的管理任务，例如硬件预置及数据库设置、修补和备份[1]。

Amazon Aurora 采用一种有容错能力并且可以自我修复的分布式存储系统，这一系统可以把每个数据库实例扩展到最高 64TB。它具备高性能和高可用性，支持最多 15 个低延迟读取副本、时间点恢复、持续备份到 Amazon S3，还支持跨三个可用区（AZ）复制[1]。

1. 创建 Amazon Aurora 数据库集群

（1）通过网址 https://console.aws.amazon.com/rds/ 打开 Amazon RDS 控制台。

（2）中国用户现在可以在 AWS 管理控制台右下角选择中文界面（除了简体中文外，用户还可以选择英文、法文、日文及韩文界面）。

（3）在 AWS 管理控制台的右上角选择创建数据库集群的 AWS 区域。

（4）在 Amazon RDS 控制台单击"创建数据库"按钮以打开创建数据库页面，如图 5-1 所示。

图 5-1　Amazon RDS 控制台

（5）在创建数据库页面上设置以下值。

➢ 引擎类型：Amazon Aurora。

➢ 版本：兼容 MySQL 的 Amazon Aurora。

➢ 数据库引擎版本：Aurora（MySQL）-5.7.12。

➢ 模板：生产。

➢ 数据库集群标识符：aurora-cluster1。

➢ 主用户名：aurora_user1。

➢ 主密码和确认密码：该密码用于登录到用户的数据库。

➢ 数据库实例类：可突增类（包括 t 类）- db.t2.small。

➢ 多可用区部署：否。

➢ Virtual Private Cloud（VPC）：vpc-f354b098。

➢ 子网组：default。

➢ 公开可用性：是。

➢ 可用区：us-east-2a。

➢ VPC 安全组：选择现有 VPC 安全组（default）。

➢ 数据库端口号：3306。

➢ 数据库实例标识符：aurora-instance1。

➢ 数据库名称：test_db。

➢ 加密：禁用加密。

➢ 监控：禁用增强监控。

将其余的值保留为默认值，并选择"创建数据集"以创建数据库集群和主实例。

2. 连接到 Amazon Aurora 数据库集群上的数据库

在 Amazon RDS 配置用户的数据库集群并创建主实例后，可以使用任何标准 SQL 客户端应用程序连接到该数据库集群上的数据库。在下面的示例中，将使用 MySQL 监视器命令连接到 Aurora MySQL 数据库集群上的数据库[1]。

（1）通过网址 https://console.aws.amazon.com/rds/打开 Amazon RDS 控制台。

（2）在导航窗格中选择数据库，然后选择要显示数据库集群详细信息的数据库集群。在详细信息页面上，复制集群终端节点的值，如图 5-2 所示。

图 5-2 数据库集群详细信息页面

（3）使用 MySQL 监视器命令连接到 Amzon Aurora MySQL 数据库集群的数据库上，参数说明如下。

➢ -h：指定数据库主机名，登录本机（localhost 或 127.0.0.1）。

➢ -P：指定数据库端口号（默认端口号：3306）。

➢ -u：登录数据库的用户名。

➢ -p：登录数据库的用户名密码。

```
[root@test ~]# mysql -h aurora-cluster1-1.xxx.us-east-2.rds.amazonaws.com -P
3306 -u aurora_user1 -p
Enter password:
Welcome to the MariaDB monitor.   Commands end with ; or \g.
Your MySQL connection id is 7126
Server version: 5.7.12 MySQL Community Server (GPL)

Copyright (c) 2000, 2018, Oracle, MariaDB Corporation Ab and others.

Type 'help;' or '\h' for help. Type '\c' to clear the current input statement.

MySQL [(none)]>
```

3. 将本地 MySQL 数据库迁移到 Amazon Aurora MySQL 数据库集群

对于将本地数据从现有数据库迁移到 Amazon Aurora MySQL 数据库集群，有多种选择。迁移选项还取决于从中迁移数据的数据库和迁移数据的规模[1]。

有两种不同类型的迁移，物理迁移和逻辑迁移。物理迁移意味着使用数据库文件的物理副本来迁移数据库。逻辑迁移意味着通过应用逻辑数据库更改（如插入、更新和删除）来完成迁移[1]。

物理迁移有以下优势：

➢ 物理迁移比逻辑迁移速度要快，特别是对于大型数据库。

➢ 在进行物理迁移的备份时，数据库性能不会受到影响。

➢ 物理迁移可以迁移源数据库中的所有内容，包括复杂的数据库组件。

物理迁移具有以下限制：

➢ 必须将 innodb_page_size 参数设置为其默认值（16KB）。

➢ 必须使用默认的数据文件名 innodb_data_file_path 配置 "ibdata1"。下面是不允许使用的文件名示例："innodb_data_file_path= ibdata1: 50M; ibdata2:50M:autoextend" 和 "innodb_data_file_path=ibdata01: 50M:autoextend"。

➢ 必须将 innodb_log_files_in_group 参数设置为其默认值（2）。

逻辑迁移有以下优势：

➢ 可以迁移数据库的子集，如特定表或表的若干部分。

➢ 无论物理存储结构如何，都可以迁移数据。

逻辑迁移具有以下限制：

➢ 逻辑迁移通常比物理迁移速度慢。

> ➤ 复杂的数据库组件可能会减慢逻辑迁移的过程。在某些情况下，复杂的数据库组件甚至可以阻止逻辑迁移。

Percona XtraBackup 是开源免费的 MySQL 数据库物理备份软件，支持在线热备份（备份时不影响数据读写）。和 mysqldump 相比， mysqldump 是直接生成 SQL 语句，在恢复的时候执行备份的 SQL 语句实现数据库数据的还原。因此迁移较大 MySQL 数据库到 Aurora 时， mysqldump 的方式效率太低。而 XtraBackup 备份的是数据库的数据和日志，并且文件可以压缩，这样文件更小，因此备份和还原都更快。因此对于大数据库推荐用物理备份（XtraBackup）的方式进行迁移[2]。

下面介绍具体迁移步骤。

（1）安装 Percona XtraBackup 备份软件，对于 MySQL 5.7 迁移，必须使用 Percona XtraBackup 2.4。

```
#安装 Percona 存储库
wget              http://www.percona.com/downloads/percona-release/redhat/0.1-
6/percona-release-0.1-6.noarch.rpm
rpm -ivh percona-release-0.1-6.noarch.rpm
#安装 Percona XtraBackup
yum install -y percona-xtrabackup-24
```

（2）创建具有完全备份所需的最小权限的数据库用户。

```
MariaDB [(none)]> CREATE USER 'bkpuser'@'localhost' IDENTIFIED BY
's3cret';
MariaDB  [(none)]> GRANT RELOAD, LOCK TABLES, PROCESS,
REPLICATION CLIENT ON *.* TO 'bkpuser'@'localhost';
MariaDB [(none)]> FLUSH PRIVILEGES;
```

（3）使用 innobackupex 全量备份。

```
[root@controller ~]# innobackupex -u bkpuser -ps3cret --stream=tar /tmp | gzip -
9 > ./controller_db.tar.gz
…
xtrabackup: Transaction log of lsn (4534532387) to (4534540740) was copied.
190705 09:24:12 completed OK!
```

（4）使用 aws-cli 客户端将备份文件上传到 S3 存储桶。

```
#安装 python-pip
[root@controller ~]# yum install -y python python-pip

#更换 pip 源
[root@controller ~]# mkdir /root/.pip
[root@controller ~]# vi /root/.pip/pip.conf
```

```
[global]
index-url = https://pypi.douban.com/simple
[install]
trusted-host = https://pypi.douban.com


#安装 aws-cli
[root@controller ~]# pip install awscli --upgrade --user
[root@controller ~]# vi /etc/profile
export PATH=/root/.local/bin:$PATH
[root@controller ~]# source /etc/profile
[root@controller ~]# aws --version
aws-cli/1.16.193 Python/2.7.5 Linux/3.10.0-327.el7.x86_64 botocore/1.12.183


#配置 s3 验证，填入访问密钥 ID、私有访问密钥、region、其他设置保持默认，
按回车键
[root@controller ~]# aws configure
AWS Access Key ID [None]: xxx
AWS Secret Access Key [None]: xxx
Default region name [None]: us-east-2
Default output format [None]:


#上传 controller_db.tar.gz 文件到 s3 存储桶
[root@controller ~]# aws s3 cp ./controller_db.tar.gz s3://mysql-backups1
upload: ./controller_db.tar.gz to s3://mysql-backups1/controller_db.tar.gz


#检查文件是否上传成功
[root@controller ~]# aws s3 ls s3://mysql-backups1
2019-07-06 15:45:38         2938457 controller_db.tar.gz
```

（5）通过网址 https://console.aws.amazon.com/rds/ 打开 Amazon RDS 控制台，在导航窗格中选择"数据库"选项，然后单击"从 S3 还原"按钮，如图 5-3 所示。

图 5-3　Amazon RDS 控制台

（6）在选择引擎页面上，选择 Amazon Aurora，选择与 MySQL 兼容的版本，然后单击"下一步"按钮。

（7）在指定源备份的详细信息页面上设置以下值，然后单击"下一步"按钮。

> 源引擎版本号：5.7。
> 选择 S3 存储桶：mysql-backups1。
> 创建新角色：是。
> IAM 角色名称：aurora_s3。
> 允许访问 KMS 密钥：否。

（8）在指定数据库的详细信息页面上设置以下值，然后单击"下一步"按钮。

> Capacity type：Provisioned。
> 数据库引擎版本：Aurora（MySQL）-5.7.12。
> 数据库实例类：db.t2.small – 1 vCPU, 2 GiB RAM。
> 多可用区部署：否。
> 数据库实例标识符：aurora-instance。
> 主用户名：aurora_user。
> 主密码和确认密码：该密码用于登录到用户的数据库。

（9）在配置"高级设置"页面上设置以下值。

> Virtual Private Cloud（VPC）：vpc-f354b098。
> 子网组：default。
> 公开可用性：是。
> 可用区：us-east-2a。
> VPC 安全组：选择现有 VPC 安全组（default）。
> 数据库集群标识符：aurora-cluster。
> 数据库名称：aurora_db。
> 端口号：3306。

将其余的值保留为默认值，并选择创建数据集以创建数据库集群和主实例。

（10）使用 MySQL 监视器命令连接到 Aurora MySQL 数据库集群上的数据库确认数据库还原成功，如图 5-4 所示。

图 5-4　数据库集群详细信息

```
[root@master ~]# mysql -h aurora-cluster.xxx.us-east-2.rds.amazonaws.com -P
3306 -u aurora_user -p
Enter password:
Welcome to the MariaDB monitor.    Commands end with ; or \g.
Your MySQL connection id is 46
Server version: 5.7.12 MySQL Community Server (GPL)

Copyright (c) 2000, 2015, Oracle, MariaDB Corporation Ab and others.

Type 'help;' or '\h' for help. Type '\c' to clear the current input statement.

MySQL [(none)]> show databases;
+--------------------+
| Database           |
+--------------------+
| information_schema |
| aurora_db          |
| mysql              |
| performance_schema |
| sys                |
| zabbix             |
+--------------------+
6 rows in set (0.47 sec)

MySQL [(none)]> select * from zabbix.users_groups;
+----+----------+--------+
| id | usrgrpid | userid |
+----+----------+--------+
|  4 |        7 |      1 |
|  2 |        8 |      2 |
+----+----------+--------+
2 rows in set (0.49 sec)
```

现在已经成功将本地 MySQL 数据库迁移到了 Amazon Aurora MySQL
数据库集群。

5.1.2　MySQL 数据库

MySQL 是世界上最热门的开源关系数据库，而 Amazon RDS 让用户能够在云中轻松设置、操作和扩展 MySQL 部署。借助 Amazon RDS，可以在几分钟内部署可扩展的 MySQL 服务器，不仅经济实惠，而且还可以调整硬件容量的大小[1]。

Amazon RDS MySQL 可以管理备份、软件修补、监控、扩展和复制等耗时的数据库管理任务，让用户能专注于应用程序的开发[1]。

Amazon RDS 支持 5.5、5.6、5.7 和 8.0 版 MySQL Community Edition，这意味着当前使用的代码、应用程序和工具可与 Amazon RDS 搭配使用[1]。

1．创建运行 MySQL 的数据库实例

（1）通过网址 https://console.aws.amazon.com/rds/打开 Amazon RDS 控制台。

（2）在 AWS 管理控制台的右上角选择创建数据库集群的 AWS 区域。

（3）在 Amazon RDS 控制台单击"创建数据库"以打开选择引擎页面，如图 5-5 所示。

图 5-5　Amazon RDS 控制台

（4）在创建数据库页面上设置以下值。

➢　引擎类型：MySQL。

➢　数据库引擎版本：MySQL 5.7.22。

- ➢ 模板：免费套餐。
- ➢ 数据库实例标识符：mysql-instance1。
- ➢ 主用户名：mysql_user1。
- ➢ 主密码和确认密码：该密码用于登录到用户的数据库。
- ➢ 数据库实例类：可突增类（包括 t 类）- db.t2.micro。
- ➢ 存储类型：通用型（SSD）。
- ➢ 分配存储空间：20 GB。
- ➢ 存储自动扩展：不启用。
- ➢ 多可用区部署：否。
- ➢ Virtual Private Cloud（VPC）：vpc-f354b098。
- ➢ 子网组：default。
- ➢ 公开可用性：是。
- ➢ VPC 安全组：选择现有 VPC 安全组（default）。
- ➢ 可用区：us-east-2a。
- ➢ 数据库名称：test_db。
- ➢ 端口号：3306。
- ➢ IAM 数据库身份验证：不启用。
- ➢ 备份：不启用。

将其余的值保留为默认值，并选择创建数据集以创建数据库实例。

2. 连接到运行 MySQL 的数据库实例

在 Amazon RDS 配置用户的数据库实例并创建实例后，可以使用任何标准 SQL 客户端应用程序连接到该数据库实例上的数据库。在下面的示例中，使用 MySQL 监视器命令连接到 Amazon RDS MySQL 数据库实例上的数据库[1]。

（1）通过网址 https://console.aws.amazon.com/rds/打开 Amazon RDS 控制台。

（2）在导航窗格中选择数据库，然后选择要显示数据库实例详细信息的数据库实例。在详细信息页面上，复制实例终端节点的值。

（3）使用 MySQL 监视器命令连接到 Amazon RDS MySQL 数据库实例上的数据库。

参数说明如下。

- ➢ -h：指定数据库主机名，登录本机（localhost 或 127.0.0.1）。
- ➢ -P：指定数据库端口号（默认端口号：3306）。
- ➢ -u：登录数据库的用户名。

> ➤ -p：登录数据库的用户名密码。

```
[root@controller ~]# mysql -h mysql-instance1.xxx.us-east-
2.rds.amazonaws.com -P 3306 -u mysql_user1 -p
Enter password:
Welcome to the MySQL monitor.   Commands end with ; or \g.
Your MySQL connection id is 178
Server version: 5.7.22 Source distribution

Copyright (c) 2000, 2016, Oracle and/or its affiliates. All rights reserved.

Oracle is a registered trademark of Oracle Corporation and/or its
affiliates. Other names may be trademarks of their respective
owners.

Type 'help;' or '\h' for help. Type '\c' to clear the current input statement.

mysql>
```

3. 将数据从本地 MySQL 数据库迁移到 Amazon RDS MySQL 数据库实例

对于将本地数据从现有数据库迁移到 Amazon RDS MySQL 数据库实例，有多种选择。用户的迁移选项还取决于用户从中迁移数据的数据库和迁移数据的规模[1]。

有两种不同类型的迁移：物理迁移和逻辑迁移。物理迁移意味着使用数据库文件的物理副本来迁移数据库。逻辑迁移意味着通过应用逻辑数据库更改（如插入、更新和删除）来完成迁移[1]。

物理迁移有以下优势：

> ➤ 物理迁移比逻辑迁移速度要快，特别是对于大型数据库。

> ➤ 在进行物理迁移的备份时，数据库性能不会受到影响。

> ➤ 物理迁移可以迁移源数据库中的所有内容，包括复杂的数据库组件。

物理迁移具有以下限制：

> ➤ 必须将 innodb_page_size 参数设置为其默认值（16KB）。

> ➤ 必须使用默认的数据文件名 innodb_data_file_path 配置"ibdata1"。下面是不允许使用的文件名示例："innodb_data_file_path=ibdata1:50M; ibdata2:50M:autoextend" 和 "innodb_data_file_path=ibdata01:50M:autoextend"。

> ➤ 必须将 innodb_log_files_in_group 参数设置为其默认值（2）。

逻辑迁移有以下优势：

➤ 可以迁移数据库的子集，如特定表或表的若干部分。

➤ 无论物理存储结构如何，都可以迁移数据。

逻辑迁移具有以下限制：

➤ 逻辑迁移通常比物理迁移速度慢。

➤ 复杂的数据库组件可能会减慢逻辑迁移过程。在某些情况下，复杂的数据库组件甚至可以阻止逻辑迁移。

mysqldump 是 MySQL 数据库自带的一款命令行工具，mysqldump 属于单线程，功能是非常强大的，不仅常被用于执行数据备份任务，甚至还可以用于数据迁移。mysqldump 命令是直接生成 SQL 语句，在恢复的时候执行备份的 SQL 语句实现数据库数据的还原。因此对于小型数据库推荐用逻辑备份（mysqldump）的方式进行迁移，具体操作命令如下。

（1）在本地查看需要迁移的数据库。

```
[root@controller ~]# mysql -u root -p000000
Welcome to the MariaDB monitor.   Commands end with ; or \g.
Your MariaDB connection id is 8
Server version: 10.1.40-MariaDB MariaDB Server

Copyright (c) 2000, 2018, Oracle, MariaDB Corporation Ab and others.

Type 'help;' or '\h' for help. Type '\c' to clear the current input statement.

MariaDB [(none)]> show databases;
+--------------------+
| Database           |
+--------------------+
| information_schema |
| mysql              |
| performance_schema |
| zabbix             |
+--------------------+
4 rows in set (0.01 sec)
```

（2）使用 mysqldump 命令将数据从本地 MySQL 数据库迁移到 Amazon RDS MySQL 数据库实例。

参数说明如下。

➤ -h：指定数据库主机名，登录本机（localhost 或 127.0.0.1）。

➤ -P：指定数据库端口（大写的 P，默认端口号：3306）。

➤ -u：登录数据库的用户名。

➤ -p：登录数据库的用户名密码（小写的 p）。

>   --single-transaction：用于保持数据完整性。

>   --compress：在本地数据库和 Amazon RDS 之间启用压缩传递数据。

>   --order-by-primary：用于减少加载时间，根据主键对每个表中的数据进行排序。

```
[root@controller ~]# mysqldump \
>   -u root -p000000 \
>   --database zabbix \
>   --single-transaction \
>   --compress \
>   --order-by-primary | mysql \
>   -u mysql_user1 -p00000000 \
>   -P 3306 \
>   -h mysql-instance1.xxx.us-east-2.rds.amazonaws.com
```

（3）使用 MySQL 监视器命令连接到 Amazon RDS MySQL 数据库实例上的数据库确认数据库迁移成功。

```
[root@controller      ~]#    mysql    -h    mysql-instance1.xxx.us-east-
2.rds.amazonaws.com -u mysql_user1 -p00000000
Welcome to the MariaDB monitor.   Commands end with ; or \g.
Your MySQL connection id is 968
Server version: 5.7.22 Source distribution

Copyright (c) 2000, 2018, Oracle, MariaDB Corporation Ab and others.

Type 'help;' or '\h' for help. Type '\c' to clear the current input statement.

MySQL [(none)]> show databases;
+--------------------+
| Database           |
+--------------------+
| information_schema |
| innodb             |
| mysql              |
| performance_schema |
| sys                |
| test_db            |
| zabbix             |
+--------------------+
7 rows in set (1.16 sec)

MySQL [(none)]> select * from zabbix.users_groups;
+----+----------+--------+
| id | usrgrpid | userid |
+----+----------+--------+
```

```
|  4|          7|        1|
|  2|          8|        2|
+----+----------+--------+
2 rows in set (0.01 sec)
```

现在已经成功将本地 MySQL 数据库迁移到 Amazon RDS MySQL 数据库实例。

5.1.3 MariaDB 数据库

MariaDB 是 MySQL 的原始开发人员创建的一种常用的开源关系数据库。Amazon RDS 让用户能够在云中轻松设置、执行和扩展 MariaDB 部署。借助 AmazonRDS，可以在几分钟内部署可扩展的 MariaDB 云数据库，不仅经济实惠，而且可以调节硬件能力[1]。

Amazon RDS 通过管理耗时的数据库管理任务（包括备份、软件修补、监控、扩展和复制），让用户能更专注于应用程序开发[1]。

Amazon RDS 支持 10.0、10.1、10.2 和 10.3 版 MariaDB Server，这意味着当前使用的代码、应用程序和工具可与 Amazon RDS 搭配使用[1]。

1. 创建运行 MariaDB 的数据库实例

（1）通过网址 https://console.aws.amazon.com/rds/打开 Amazon RDS 控制台。

（2）在 AWS 管理控制台的右上角选择创建数据库集群的 AWS 区域。

（3）在 Amazon RDS 控制台单击"创建数据库"按钮以打开选择引擎页面，如图 5-6 所示。

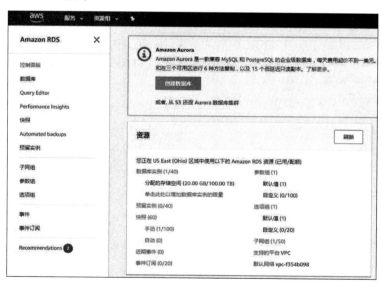

图 5-6　Amazon RDS 控制台

（4）在创建数据库页面上设置以下值。

➢　引擎类型：MariaDB。

➢　版本：MariaDB 10.2.21。

➢　模板：免费套餐。

➢　数据库实例标识符：mariadb-instance1。

➢　主用户名：mariadb_user1。

➢　主密码和确认密码：该密码用于登录到用户的数据库。

➢　数据库实例类：可突增类（包括 t 类）- db.t2.micro。

➢　存储类型：通用型（SSD）。

➢　分配存储空间：20 GB。

➢　存储自动扩展：不启用。

➢　多可用区部署：否。

➢　Virtual Private Cloud（VPC）：vpc-a5eee0cd。

➢　子网组：default。

➢　公开可用性：是。

➢　VPC 安全组：选择现有 VPC 安全组（default）。

➢　可用区：us-east-2a。

➢　端口号：3306。

➢　初始数据名称：test_db。

➢　备份：不启用。

将其余的值保留为默认值，并选择创建数据集以创建数据库实例。

2．连接到运行 MariaDB 的数据库实例

在 Amazon RDS 配置用户的数据库实例并创建实例后，可以使用任何标准 SQL 客户端应用程序连接到该数据库实例上的数据库。在下面的示例中，使用 MySQL 监视器命令连接到 Amazon RDS MariaDB 数据库实例上的数据库[1]。

（1）通过网址 https://console.aws.amazon.com/rds/打开 Amazon RDS 控制台。

（2）在导航窗格中选择数据库，然后选择要显示数据库实例详细信息的数据库实例。在详细信息页面上，复制实例终端节点的值。

（3）使用 MySQL 监视器命令连接到 Amazon RDS MariaDB 数据库实例上的数据库。

参数说明如下。

➢　-h：指定数据库主机名，登录本机（localhost 或 127.0.0.1）。

> ➤ -P：指定数据库端口号（默认端口号：3306）。
> ➤ -u：登录数据库的用户名。
> ➤ -p：登录数据库的用户名密码。

```
[root@controller ~]# mysql -h mariadb-instance1.xxx.us-east-
2.rds.amazonaws.com -u mariadb_user1 -p00000000
Welcome to the MariaDB monitor.   Commands end with ; or \g.
Your MariaDB connection id is 26
Server version: 10.2.21-MariaDB-log Source distribution

Copyright (c) 2000, 2018, Oracle, MariaDB Corporation Ab and others.

Type 'help;' or '\h' for help. Type '\c' to clear the current input statement.

MariaDB [(none)]>
```

5.1.4 PostgreSQL 数据库

PostgreSQL 是一个功能强大的开源数据库系统。经过长达 15 年以上的积极开发和不断改进，PostgreSQL 已在可靠性、稳定性、数据一致性等获得了业内极高的声誉。目前 PostgreSQL 可以运行在所有主流操作系统上，包括 Linux、UNIX（AIX、BSD、HP-UX、SGI IRIX、Mac OS X、Solaris 和 Tru64）和 Windows。PostgreSQL 是完全的事务安全性数据库，完整地支持外键、联合、视图、触发器和存储过程（并支持多种语言开发存储过程）。它支持了大多数的 SQL:2008 标准的数据类型，包括整型、数值型、布尔型、字节型、字符型、日期型、时间间隔型和时间型，它也支持存储二进制的大对象，包括图片、声音和视频。PostgreSQL 对很多高级开发语言有原生的编程接口，如 C/C++、Java、.Net、Perl、Python、Ruby、Tcl 和 ODBC 及其他语言等，也包含各种文档[3]。

PostgreSQL 已成为许多企业开发人员和初创公司的首选开源关系数据库，为领先的商用和移动应用程序提供助力。Amazon RDS 让用户能够在云中轻松设置、操作和扩展 PostgreSQL 部署。借助 Amazon RDS，用户可以在几分钟内完成可扩展的 PostgreSQL 部署，不仅经济实惠，而且可以调整硬件容量。Amazon RDS 可管理复杂而耗时的管理任务，例如 PostgreSQL 软件安装和升级、存储管理、为获得高可用性和高读取吞吐量而进行的复制，以及为灾难恢复而进行的备份[1]。

借助 Amazon RDS for PostgreSQL，可以访问非常熟悉的 PostgreSQL 数据库引擎的功能。这意味着当前用于现有数据库的代码、应用程序和工具也可以用于 Amazon RDS。Amazon RDS 支持 PostgreSQL 主要版本 11，该版本包括对性能、可靠性、事务管理和查询并行性等方面的多项增强[1]。

只需在 AWS 管理控制台中单击几下鼠标，即可使用自动配置的数据库参数部署 PostgreSQL 数据库，以获得最佳性能。Amazon RDS PostgreSQL 数据库既可以按照标准存储模式预置，也可以按照预配置 IOPS 模式配置。预置完成后，可以扩展到 16TB 的存储容量和 40000 IOPS。此外，Amazon RDS PostgreSQL 还支持进行扩展并超出单个数据库部署的容量，以便处理高读取量的数据库工作负载[1]。

1．创建运行 PostgreSQL 的数据库实例

（1）通过网址 https://console.aws.amazon.com/rds/打开 Amazon RDS 控制台。

（2）在 AWS 管理控制台的右上角选择创建数据库集群的 AWS 区域。

（3）在 Amazon RDS 控制台单击"创建数据库"按钮以打开选择引擎页面，如图 5-7 所示。

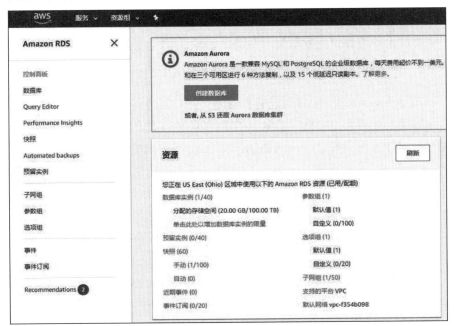

图 5-7　Amazon RDS 控制台

（4）在创建数据库页面上设置以下值。

➢ 引擎类型：PostgreSQL。

➢ 版本：PostgreSQL 10.6-R1。

➢ 套餐：免费套餐。

➢ 数据库实例标识符：postgresql-instance1。

➢ 主用户名：postgresql_user1。

➢ 主密码和确认密码：该密码用于登录到用户的数据库。

➢ 数据库实例类：可突增类（包括 t 类）- db.t2.micro。

➢ 存储类型：通用型（SSD）。

➢ 分配存储空间：20 GB。

➢ 存储自动扩展：不启用。

➢ 多可用区部署：否。

➢ Virtual Private Cloud（VPC）：vpc-a5eee0cd。

➢ 子网组：default。

➢ 公开可用性：是。

➢ VPC 安全组：选择现有 VPC 安全组（default）。

➢ 可用区：us-east-2a。

➢ 端口号：5432。

➢ 初始数据库名称：test_pgdb。

➢ IAM 数据库身份验证：不启用。

➢ 备份：不启用。

将其余的值保留为默认值，并选择创建数据集以创建数据库实例。

2. 连接到运行 PostgreSQL 的数据库实例

在 Amazon RDS 配置用户的数据库实例并创建实例后，可以使用 psql 命令行工具连接到该数据库实例上的数据库。在下面的示例中，需要在用户的客户端计算机上安装 PostgreSQL 或 psql 客户端，然后使用 psql 命令连接到 Amazon RDS PostgreSQL 数据库实例上的数据库[1]。

（1）通过网址 https://console.aws.amazon.com/rds/打开 Amazon RDS 控制台。

（2）在导航窗格中选择数据库，然后选择要显示数据库实例详细信息的数据库实例。在详细信息页面上，复制实例终端节点的值。

（3）使用 psql 命令连接到 Amazon RDS PostgreSQL 数据库实例上的数据库。

参数说明如下。

➢ -h：指定数据库主机名。

➢ -p：指定数据库端口号（默认端口号：5432）。

➢ -U：登录数据库的用户名。

➢ -W：强制密码提示。

➢ -d：指定要连接的数据库名称（默认值：postgres）。

```
-bash-4.2$ psql -h postgresql-instance1.cuj8rbmj6hg8.us-east-2.rds.amazonaws.
com -p 5432 -U postgresql_user1 -W -d test_pgdb
Password for user postgresql_user1:
psql (10.9, server 10.6)
SSL connection (protocol: TLSv1.2, cipher: ECDHE-RSA-AES256-GCM-
SHA384, bits: 256, compression: off)
Type "help" for help.

test_pgdb=>
```

5.1.5　Oracle 数据库

Oracle 数据库是 Oracle 公司开发的一种关系数据库管理系统。Amazon RDS 让用户能够在云中轻松设置、操作和扩展 Oracle Database 部署。借助 Amazon RDS，可以在几分钟内部署 Oracle Database 的多个版本，不仅经济高效，而且还可以调整硬件容量大小。Amazon RDS 可以处理耗时的数据库管理工作，例如预置、备份、软件修补、监控和硬件扩展等，让用户能更专注于应用程序开发[1]。

用户可通过两种不同的许可模式运行 Amazon RDS Oracle，即"附带许可"和"自带许可（BYOL）"。在"附带许可"服务模型中，用户无须单独购买 Oracle 许可，Oracle 数据库软件由 AWS 提供授权许可。"附带许可"的起价为 0.04 美元/小时，其中包含软件、底层硬件资源，以及 Amazon RDS 管理功能。如果已拥有 Oracle Database 许可，可以使用 BYOL 模型在 Amazon RDS 上运行 Oracle 数据库，其起价为 0.025 美元/小时。BYOL 模型设计为面向选择使用现有的 Oracle 数据库许可或直接从 Oracle 购买新许可的客户[1]。

用户可以利用按小时计费的优势，即无须前期投入，也无长期合约。此外，也可以选择按照一年或三年预留期购买预留数据库实例。使用预留数据库实例时，可以为每个数据库实例预先支付较低的一次性费用，而后再支付享受大幅折扣的按小时使用费，净成本最高节约可达 48%[1]。

Amazon RDS Oracle 实例既可以按照标准存储模式配置，也可以按照预配置 IOPS 模式配置。Amazon RDS 预配置 IOPS 是一种可提供快速、可预测和一致的 I/O 性能的存储选项，并且专门针对 I/O 密集型、事务处理型（OLTP）数据库的工作负载进行了优化[1]。

此外，Amazon RDS Oracle 还让用户能够轻松地使用复制功能来增强生产数据库的可用性和可靠性。使用多可用区部署选项，可以执行任务关键的工作负载，并且在发生故障时，能够利用高可用性和内置的自动故障转移功能，从主数据库转移到同步复制的辅助数据库。与所有 Amazon Web

Services 相同，用户无须预先投资，而且只需为所使用的资源付费[1]。

1. 创建运行 Oracle 的数据库实例

（1）通过网址 https://console.aws.amazon.com/rds/ 打开 Amazon RDS 控制台。

（2）在 AWS 管理控制台的右上角选择创建数据库集群的 AWS 区域。

（3）在 Amazon RDS 控制台单击"创建数据库"以打开选择引擎页面，如图 5-8 所示。

图 5-8　Amazon RDS 控制台

（4）在创建数据库页面上设置以下值。

➢ 引擎类型：Oracle。

➢ 版本：Oracle Enterprise Edition。

➢ 引擎版本：Oracle 12.1.0.2.v16。

➢ 模板：免费套餐。

➢ 数据库实例标识符：oracle-instance1。

➢ 主用户名：oracle_user1。

➢ 主密码和确认密码：该密码用于登录到用户的数据库。

➢ 数据库实例类：可突增类（包括 t 类）- db.t2.micro。

➢ 存储类型：通用型（SSD）。

➢ 分配存储空间：20 GB。

➢ 存储自动扩展：不启用。

➢ 多可用区部署：否。

- ➢ Virtual Private Cloud（VPC）：vpc-a5eee0cd。
- ➢ 子网组：default。
- ➢ 公开可用性：是。
- ➢ VPC 安全组：选择现有 VPC 安全组（default）。
- ➢ 可用区：us-east-2a。
- ➢ 端口号：1521。
- ➢ 初始数据库名称：oracledb。
- ➢ 字符集：AL32UTF8。
- ➢ 备份：不启用。

将其余的值保留为默认值，并选择创建数据集以创建数据库实例。

2．连接到运行 Oracle 的数据库实例

在 Amazon RDS 配置用户的数据库实例并创建实例后，可以使用 sqlplus 命令行工具连接到该数据库实例上的数据库。在该示例中，需要在用户的客户端计算机上安装 Oracle 或 sqlplus 客户端，然后使用 sqlplus 命令连接到 Amazon RDS Oracle 数据库实例上的数据库[1]。

（1）通过网址 https://console.aws.amazon.com/rds/ 打开 Amazon RDS 控制台。

（2）在导航窗格中选择数据库，然后选择要显示数据库实例详细信息的数据库实例。在详细信息页面上，复制实例终端节点的值。

（3）使用 sqlplus 命令连接到 Amazon RDS Oracle 数据库实例上的数据库。

参数说明如下。

- ➢ Username（用户名）：oracle_user1。
- ➢ Password（密码）：该密码用于登录到用户的数据库。
- ➢ Hostname（主机名）：oracle-instance1.xxx.us-east-2.rds.amazonaws.com。
- ➢ Port（端口号）：1521。
- ➢ SID：SID 值是创建数据库实例时指定的数据库的名称。

```
[root@controller ~]# sqlplus
'oracle_user1@(DESCRIPTION=(ADDRESS=(PROTOCOL=TCP)(HOST=oracl
e-instance1.xxx.us-east-
2.rds.amazonaws.com)(PORT=1521))(CONNECT_DATA=(SID=oracledb)))'


SQL*Plus: Release 19.0.0.0.0 - Production on Tue Aug 6 19:59:54 2019
Version 19.3.0.0.0
```

```
Copyright (c) 1982, 2019, Oracle.    All rights reserved.

Enter password:

Connected to:
Oracle Database 12c Enterprise Edition Release 12.1.0.2.0 - 64bit Production
With the Partitioning, OLAP, Advanced Analytics and Real Application Testing
options

SQL>
```

5.1.6 Microsoft SQL Server 数据库

SQL Server 是 Microsoft 开发的一种关系型数据库管理系统。Amazon RDS SQL Server 可让用户在云中轻松设置、操作和扩展 SQL Server 部署。借助 Amazon RDS，可以在几分钟内部署多种 SQL Server（2008 R2、2012、2014、2016 和 2017）版本，包括 Express、Web、Standard 和 Enterprise 版，不仅经济实惠，而且可以扩展计算容量。Amazon RDS 可以处理耗时的数据库管理工作，例如预置、备份、软件修补、监控和硬件扩展等，让用户能更专注于应用程序开发[1]。

Amazon RDS SQL Server 支持"附带许可"授权模式。用户不需要单独购买 Microsoft SQL Server 许可证。"附带许可"定价中包含软件、底层硬件资源，以及 Amazon RDS 管理功能。

用户可以利用按小时计费的优势，即无须前期投入，也无长期合约。此外，也可以选择按照一年或三年预留期购买预留数据库实例。使用预留数据库实例时，可以为每个数据库实例预先支付较低的一次性费用，而后再支付享受大幅折扣的按小时使用费率，净成本最高节约可达 65% [1]。

Amazon RDS SQL Server 实例既可以按照标准存储模式配置，也可以按照 Provisioned IOPS 模式配置。Amazon RDS 预配置 IOPS 是一种提供快速、可预测和一致的 I/O 性能的存储选项，并且专门针对 I/O 密集型、事务处理型（OLTP）数据库的工作负载进行了优化[1]。

1．创建运行 SQL Server 的数据库实例

（1）通过网址 https://console.aws.amazon.com/rds/ 打开 Amazon RDS 控制台。

（2）在 AWS 管理控制台的右上角选择创建数据库集群的 AWS 区域。

（3）在 Amazon RDS 控制台单击"创建数据库"以打开选择引擎页面，如图 5-9 所示。

图 5-9　Amazon RDS 控制台

（4）在配置设置页面上设置以下值。

➢　引擎类型：Microsoft SQL Server。

➢　版本：SQL Server Express Edition。

➢　引擎版本：SQL Server 2017 14.00.3049.1.v1。

➢　模板：免费套餐。

➢　数据库实例标识符：sqlserver-instance1。

➢　主用户名：sqlserver_user1。

➢　主密码和确认密码：该密码用于登录到用户的数据库。

➢　数据库实例类：可突增类（包括 t 类）- db.t2.micro。

➢　存储类型：通用型（SSD）。

➢　分配存储空间：20 GB。

➢　存储自动扩展：不启用。

➢　Virtual Private Cloud（VPC）：vpc-a5eee0cd。

➢　子网组：default。

➢　公开可用性：是。

➢　VPC 安全组：选择现有 VPC 安全组（default）。

➢　可用区：us-east-2a。

➢　端口号：1433。

➢　备份：不启用。

将其余的值保留为默认值，并选择创建数据集以创建数据库实例。

2. 连接到运行 SQL Server 的数据库实例

在 Amazon RDS 配置用户的数据库实例并创建实例后，可以使用 Microsoft SQL Server Management Studio 连接到该数据库实例上的数据库。在下面的示例中，需要在用户的客户端计算机上安装 Microsoft SQL Server Management Studio，然后使用 Microsoft SQL Server Management Studio 连接到 Amazon RDS SQL Server 数据库实例上的数据库[1]。

（1）通过网址 https://console.aws.amazon.com/rds/打开 Amazon RDS 控制台。

（2）在导航窗格中选择数据库，然后选择要显示数据库实例详细信息的数据库实例。在详细信息页面上，复制实例终端节点的值。

（3）使用 Microsoft SQL Server Management Studio 连接到 Amazon RDS SQL Server 数据库实例上的数据库，如图 5-10 所示。

参数说明如下。

➢ 服务器类型：数据库引擎。

➢ 服务器名称：输入数据库实例的 DNS 名称和端口号，用逗号隔开。

➢ 身份验证：SQL Server 身份验证。

➢ 登录名：输入数据库实例的主用户名。

➢ 密码：输入数据库实例的密码。

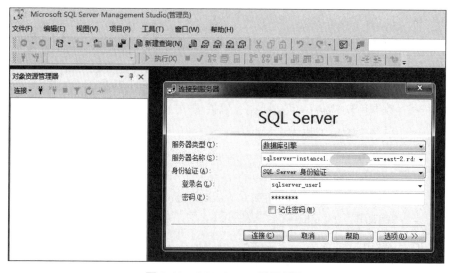

图 5-10　SQL Server 登录界面

（4）现在已经成功连接到运行 SQL Server 的数据库实例，如图 5-11 所示。

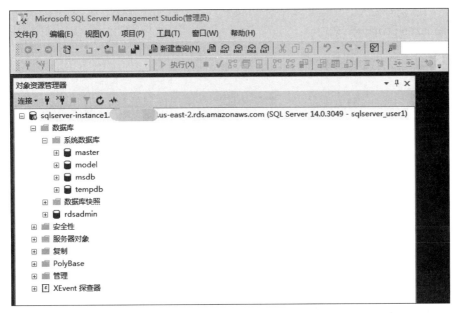

图 5-11　SQL Server 对象资源管理器

5.2　非关系型数据库服务 Amazon DynamoDB

Amazon DynamoDB 是一种完全托管的 NoSQL 数据库服务，提供快速而可预测的性能，能够实现无缝扩展。用户可以使用 Amazon DynamoDB 创建一个数据库表来存储和检索任何大小的数据，并处理任何级别的请求流量。Amazon DynamoDB 可自动将表的数据和流量分布到足够多的服务器中，以处理客户指定的请求容量和数据存储量，同时保持一致的性能和高效的访问[1]。

Amazon DynamoDB 是一个键/值和文档数据库，可以在任何规模的环境中提供个位数的毫秒级性能。它是一个完全托管、多区域多主表的持久数据库，具有适用于 Internet 规模的应用程序的内置安全性、备份和恢复以及内存缓存功能。DynamoDB 每天可处理超过 10 万亿个请求，并可支持每秒超过 2000 万个请求的峰值[1]。

许多全球发展最快的企业，如 Lyft、Airbnb 和 Redfin，以及 Samsung、Toyota 和 Capital One 等，都依靠 Amazon DynamoDB 的规模和性能来支持其关键任务工作负载。

数十万 AWS 客户选择 Amazon DynamoDB 作为键/值和文档数据库，用于其移动、Web、游戏、广告技术、物联网及其他需要任何规模的低延迟数据访问的应用程序。为用户的应用程序创建一个新表，其他的交给 Amazon DynamoDB [1]。

5.2.1 DynamoDB 核心组件

在 DynamoDB 中，表、项目和属性是用户使用的核心组件。表是项目的集合，而每个项目是属性的集合。DynamoDB 使用主键来唯一标识表中的每个项目，并且使用二级索引来提供更大的查询灵活性。用户可以使用 DynamoDB 流捕获 DynamoDB 表中的数据修改事件[1]。

1. 表、项目和属性

以下是基本的 DynamoDB 组件。

➢ 表：类似于其他数据库系统，DynamoDB 将数据存储在表中。表是数据的集合。例如，请参阅名为 People 的示例表，该表可用于存储有关好友、家人或关注的任何其他人的个人联系信息。也可以建立一个 Cars 表，存储有关人们所驾驶的车辆的信息[1]。

➢ 项目：每个表包含零个或更多个项目。项目是一组属性，具有不同于所有其他项目的唯一标识。在 People 表中，每个项目表示一位人员。在 Cars 表中，每个项目代表一种车。DynamoDB 中的项目在很多方面都类似于其他数据库系统中的行、记录或元组。在 DynamoDB 中，对表中可存储的项目数没有限制[1]。

➢ 属性：每个项目包含一个或多个属性。属性是基础的数据元素，无须进一步分解。例如，People 表中的一个项目包含名为 PersonID、LastName、FirstName 等属性。对于 Department 表，项目可能包含 DepartmentID、Name、Manager 等属性。DynamoDB 中的属性在很多方面都类似于其他数据库系统中的字段或列[1]。

图 5-12 是一个名为 Music 的表，该表可用于跟踪音乐精选。

请注意有关 Music 表的以下事项。

➢ Music 的主键包含两个属性（Artist 和 SongTitle）。表中的每个项目必须具有这两个属性。Artist 和 SongTitle 的属性组合用于将表中的每个项目与所有其他内容区分开来[1]。

➢ 与主键不同，Music 表是无架构的，这表示属性及其数据类型都不需要预先定义。每个项目都能拥有其自己的独特属性[1]。

➢ 其中一个项目具有嵌套属性 PromotionInfo，该属性包含其他嵌套属性。DynamoDB 支持最高 32 级深度的嵌套属性[1]。

Music

```
{
    "Artist": "No One You Know",
    "SongTitle": "My Dog Spot",
    "AlbumTitle": "Hey Now",
    "Price": 1.98,
    "Genre": "Country",
    "CriticRating": 8.4
}
```

```
{
    "Artist": "No One You Know",
    "SongTitle": "Somewhere Down The Road",
    "AlbumTitle": "Somewhat Famous",
    "Genre": "Country",
    "CriticRating": 8.4,
    "Year": 1984
}
```

```
{
    "Artist": "The Acme Band",
    "SongTitle": "Still in Love",
    "AlbumTitle": "The Buck Starts Here",
    "Price": 2.47,
    "Genre": "Rock",
    "PromotionInfo": {
        "RadioStationsPlaying": [
            "KHCR",
            "KQBX",
            "WTNR",
            "WJJH"
        ],
        "TourDates": {
            "Seattle": "20150625",
            "Cleveland": "20150630"
        },
        "Rotation": "Heavy"
    }
}
```

```
{
    "Artist": "The Acme Band",
    "SongTitle": "Look Out, World",
    "AlbumTitle": "The Buck Starts Here",
    "Price": 0.99,
    "Genre": "Rock"
}
```

图 5-12 Music 表

2. 主键

创建表时，除表名称外，用户还必须指定表的主键。主键唯一标识表中的每个项目，因此，任意两个项目的主键都不相同[1]。

DynamoDB 支持两种不同类型的主键。

（1）分区键：由一个名为 partitionkey 的属性构成的简单主键。DynamoDB 使用分区键的值作为内部散列函数的输入。来自散列函数的输出决定了项目将存储到的分区（DynamoDB 内部的物理存储）。在只有分区键的表中，任何两个项目都不能有相同的分区键值。表、项目和属性中所述的 People 表是带简单主键（PersonID）的示例表。用户可以直接访问 People 表中的任何项目，方法是提供该项目的 PersonId 值[1]。

（2）分区键和排序键：称为复合主键，此类型的键由两个属性组成。第一个属性是分区键，第二个属性是排序键。

DynamoDB 使用分区键值作为对内部散列函数的输入。来自散列函数的输出决定了项目将存储到的分区（DynamoDB 内部的物理存储）。具有相同分区键值的所有项目按排序键值的排序顺序存储在一起。

在具有分区键和排序键的表中，两个项目可能具有相同的分区键值。但是，这两个项目必须具有不同的排序键值。

表、项目和属性中所述的 Music 表是包含一个复合主键（Artist 和 SongTitle）的表的示例。可以直接访问 Music 表中的任何项目，方法是提供该项目的 Artist 和 SongTitle 值。

在查询数据时，复合主键可让用户获得额外的灵活性。例如，如果用户仅提供了 Artist 的值，则 DynamoDB 将检索该艺术家的所有歌曲。如果仅检索特定艺术家的一部分歌曲，则用户可以提供一个 Artist 值和一系列 SongTitle 值[1]。

项目的分区键也称其为哈希属性。哈希属性一词源自 DynamoDB 中使用的内部哈希函数，以基于数据项目的分区键值实现跨多个分区的数据项目平均分布[1]。

项目的排序键也称为其范围属性。范围属性一词源自 DynamoDB 存储项目的方式，它按照排序键值有序地将具有相同分区键的项目存储在互相紧邻的物理位置[1]。

每个主键属性必须为标量（表示它只能具有一个值）。主键属性唯一允许的数据类型是字符串、数字和二进制。对于其他非主键属性没有任何此类限制[1]。

3．二级索引

用户可以在一个表上创建一个或多个二级索引。利用二级索引，除了可对主键进行查询外，还可使用替代键查询表中的数据。DynamoDB 不需要使用索引，但它们将为用户的应用程序提供数据查询方面的更大的灵活性。

在表中创建二级索引后，可以从索引中读取数据，方法与从表中读取数据大体相同[1]。

DynamoDB 支持以下两种索引。

➢ Global secondary index：一种带有可能与表中不同的分区键和排序键的索引[1]。

➢ 本地二级索引：分区键与表中的相同，但排序键与表中的不同的索引[1]。

DynamoDB 中的每个表具有 20 个全局二级索引（默认限制）和 5 个本地二级索引的限制[1]。

在前面显示的示例 Music 表中，可以按 Artist（分区键）或按 Artist 和 SongTitle（分区键和排序键）查询数据项。如果用户还想要按 Genre 和 AlbumTitle 查询数据，该怎么办呢？若要达到此目的，用户可在 Genre 和 AlbumTitle 上创建一个索引，然后通过与查询 Music 表相同的方式查询索引[1]。

图 5-13 显示的是 Music 表，该表包含一个名为 GenreAlbumTitle 的新索引。在索引中，Genre 是分区键，AlbumTitle 是排序键。

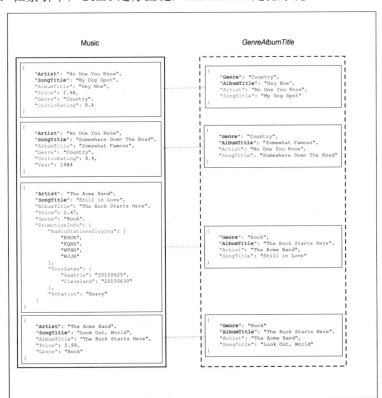

图 5-13　Music 表和索引

请注意有关 GenreAlbumTitle 索引的以下事项：

> 每个索引属于一个表（称为索引的基表）。在上述示例中，Music 是 GenreAlbumTitle 索引的基表[1]。

> DynamoDB 将自动维护索引。当添加、更新或删除基表中的某个项目时，DynamoDB 会添加、更新或删除属于该表的任何索引中的对应项目[1]。

> 当创建索引时，可指定哪些属性将从基表复制或投影到索引。DynamoDB 至少会将键属性从基表投影到索引中。对于 GenreAlbumTitle 也是如此，只不过此时只有 Music 表中的键属性会投影到索引中[1]。

用户可以查询 GenreAlbumTitle 索引以查找某个特定流派的所有专辑（例如，所有 Rock 专辑）。还可以查询索引以查找特定流派中具有特定专辑名称的所有专辑（例如，名称以字母 H 开头的所有 Country 专辑）[1]。

4．DynamoDB 流

DynamoDB 流是一项可选功能，用于捕获 DynamoDB 表中的数据修改事件。有关这些事件的数据将以事件发生的顺序近乎实时地出现在流中[1]。

每个事件由一条流记录表示。如果用户对表启用流，则每当以下事件之一发生时，DynamoDB 流都会写入一条流记录。

> 向表中添加了新项目：流将捕获整个项目的映像，包括其所有属性[1]。

> 更新了项目：流将捕获项目中已修改的任何属性的"之前"和"之后"的映像[1]。

> 从表中删除了项目：流将在整个项目被删除前捕获其映像[1]。

每条流记录还包含表的名称、事件时间戳和其他元数据。流记录具有 24 个小时的生命周期，在此时间过后，它们将从流中自动删除[1]。

用户可以将 DynamoDB 流与 AWS Lambda 结合使用以创建触发器——在流中有用户感兴趣的事件出现时自动执行的代码。例如，假设有一个包含某公司客户信息的 Customers 表，假设用户希望向每位新客户发送一封"欢迎"电子邮件。可对该表启用一个流，然后将该流与 Lambda 函数关联。Lambda 函数将在新的流记录出现时执行，但只会处理添加到 Customers 表的新项目。对于具有 EmailAddress 属性的任何项目，Lambda 函数将调用 Amazon Simple E-mail Service（Amazon SES）以向该地址发送电子邮件[1]，如图 5-14 所示。

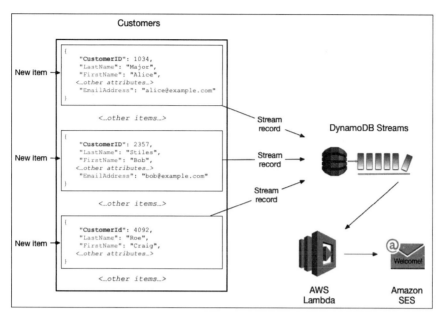

图 5-14 DynamoDB 流

在此示例中，最后一位客户 Craig Roe 将不会收到电子邮件，因为他没有 EmailAddress[1]。

除了触发器之外，DynamoDB 流还提供了强大的解决方案，例如，AWS 区域内和跨 AWS 区域的数据复制、DynamoDB 表中的数据具体化视图、使用 Kinesis 具体化视图的数据分析等[1]。

5.2.2 使用 AWS CLI 访问 DynamoDB 数据库

下面的示例是在 Amazon EC2 上使用 AWS Command Line Interface（AWS CLI）访问 DynamoDB 数据库。

用户可以使用 AWS Command Line Interface（AWS CLI）从命令行管理多个 AWS 服务并通过脚本自动执行这些服务。用户可以使用 AWS CLI 进行临时操作，如创建表。还可以使用它在实用工具脚本中嵌入 DynamoDB 操作[1]。

1. 创建 IAM 角色

（1）通过网址 https://console.aws.amazon.com/iam/打开 AWS 管理控制台。

（2）在导航窗格中，选择"角色"，然后单击"创建角色"按钮。

（3）在创建角色页面上设置以下值，然后单击"下一步"按钮。

➢ 选择受信任实体的类型：AWS 产品。

➢ 选择将使用此角色的服务：EC2。

（4）在"Attach 权限策略"页面上，选中"AmazonDynamoDBFullAccess"复选框，设置"权限边界"使用默认设置，然后单击"下一步：标签"按钮，如图 5-15 所示。

图 5-15 Attach 权限策略

（5）在"添加标签"页面上，输入以下键、值，然后单击"下一步"按钮。

➤ 键：name。

➤ 值：DynamoDBRole。

（6）在"审核"页面上，输入以下"角色名称*"，然后单击"创建角色"按钮，如图 5-16 所示。

➤ 角色名称：DynamoDBRole。

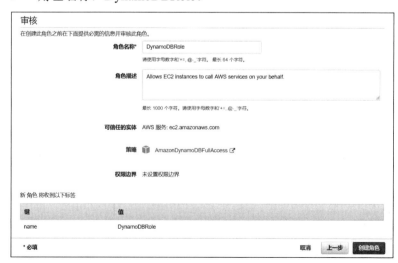

图 5-16 "审核"页面

2．将 IAM 角色附加到 Amazon EC2 实例

（1）通过网址 https://console.aws.amazon.com/ec2/打开 Amazon EC2 管理控制台。

（2）在导航窗格中，选择实例，然后选择要附加 IAM 角色的 Amazon EC2 实例，最后选择操作→实例设置→附加/替换 IAM 角色，如图 5-17 所示。

图 5-17　Amazon EC2 管理控制台

（3）在"附加/替换 IAM 角色"页面上，"IAM 角色"选择 DynamoDB Role，然后单击"应用"按钮，如图 5-18 所示。

图 5-18　"附加/替换 IAM 角色"页面

3. 配置 AWS CLI

（1）使用 SSH 连接到 Amazon EC2 实例。

（2）配置 AWS CLI

```
[root@ip-172-31-16-61 ~]# aws configure
AWS Access Key ID [None]:                  #回车
AWS Secret Access Key [None]:              #回车
Default region name [None]: us-east-2      #输入用户的 DynamoDB 表所在的区
域的名称
Default output format [None]:              #回车
```

在系统提示输入 AWS 访问密钥 ID 和 AWS 私有访问密钥时，按 Enter 键。用户无须提供这些密钥，因为用户将使用实例 IAM 角色与 AWS 服务连接。

（3）运行 list-tables 命令来确认可以在 AWS CLI 上运行 DynamoDB 命令。

```
[root@ip-172-31-16-61 ~]# aws dynamodb list-tables
{
    "TableNames": []
}
```

5.2.3 AWS DynamoDB 基础使用

在开始使用 Amazon DynamoDB 之前，请确认用户可以在 AWS CLI 上运行 DynamoDB 命令。

```
[root@ip-172-31-16-61 ~]# aws dynamodb list-tables
{
    "TableNames": []
}
```

1. 创建表

在下面的示例中，将在 Amazon DynamoDB 中创建一个 Music 表。该表具有以下详细信息。

➢ 分区键：Artist。

➢ 排序键：SongTitle。

（1）使用 create-table 创建一个新的 Music 表，并指定参数，如下所示[1]：

```
[root@ip-172-31-16-61 ~]# aws dynamodb create-table \
>       --table-name Music \
```

```
>       --attribute-definitions \
>           AttributeName=Artist,AttributeType=S \
>           AttributeName=SongTitle,AttributeType=S \
>       --key-schema \
>           AttributeName=Artist,KeyType=HASH \
>           AttributeName=SongTitle,KeyType=RANGE \
> --provisioned-throughput \
>           ReadCapacityUnits=10,WriteCapacityUnits=5

#下面是返回的结果
{
    "TableDescription": {
        "TableArn": "arn:aws:dynamodb:us-east-2:856570066987:table/Music",
        "AttributeDefinitions": [
            {
                "AttributeName": "Artist",
                "AttributeType": "S"
            },
            {
                "AttributeName": "SongTitle",
                "AttributeType": "S"
            }
        ],
        "ProvisionedThroughput": {
            "NumberOfDecreasesToday": 0,
            "WriteCapacityUnits": 5,
            "ReadCapacityUnits": 10
        },
        "TableSizeBytes": 0,
        "TableName": "Music",
        "TableStatus": "CREATING",
        "TableId": "13e4c391-696f-4469-8829-3d135c31ab4e",
        "KeySchema": [
            {
                "KeyType": "HASH",
                "AttributeName": "Artist"
            },
            {
                "KeyType": "RANGE",
                "AttributeName": "SongTitle"
            }
        ],
        "ItemCount": 0,
        "CreationDateTime": 1566205410.417
    }
}
```

（2）查询 DynamoDB 已创建的表[1]。

```
[root@ip-172-31-16-61 ~]# aws dynamodb list-tables
{
    "TableNames": [
        "Music"
    ]
}
```

（3）使用 describe-table 命令验证 DynamoDB 是否已完成创建 Music 表[1]。

```
[root@ip-172-31-16-61 ~]# aws dynamodb describe-table --table-name Music |
grep TableStatus
        "TableStatus": "ACTIVE",
```

2．将数据写入表

使用 put-item 在 Music 表中创建两个新项目[1]。

```
[root@ip-172-31-16-61 ~]# aws dynamodb put-item \
>       --table-name Music   \
>       --item \
>       '{"Artist": {"S": "No One You Know"}, "SongTitle": {"S": "Call Me Today"},
"AlbumTitle": {"S": "Somewhat Famous"}, "Awards": {"N": "1"}}'

[root@ip-172-31-16-61 ~]# aws dynamodb put-item \
>       --table-name Music \
>       --item \
>       '{"Artist": {"S": "Acme Band"}, "SongTitle": {"S": "Happy Day"}, "AlbumTitle":
{"S": "Songs About Life"}, "Awards": {"N": "10"} }'
```

3．读取数据

使用 get-item 从 Music 表中读取项目[1]。

DynamoDB 的默认行为是最终一致性读取。下面使用的 consistent-read 参数用于演示强一致性读取[1]。

```
[root@ip-172-31-16-61 ~]# aws dynamodb get-item --consistent-read \
>       --table-name Music \
>       --key '{ "Artist": {"S": "No One You Know"}, "SongTitle": {"S": "Call Me
Today"}}'

#下面是返回的结果
{
    "Item": {
        "AlbumTitle": {
```

```
                "S": "Somewhat Famous"
            },
            "Awards": {
                "N": "1"
            },
            "SongTitle": {
                "S": "Call Me Today"
            },
            "Artist": {
                "S": "No One You Know"
            }
        }
    }
}
```

4. 修改表中的数据

使用 update-item 修改 Music 表中的项目[1]。

```
[root@ip-172-31-16-61 ~]# aws dynamodb update-item \
>       --table-name Music \
>       --key '{ "Artist": {"S": "Acme Band"}, "SongTitle": {"S": "Happy Day"}}' \
>       --update-expression "SET AlbumTitle = :newval" \
>       --expression-attribute-values '{":newval":{"S":"Updated Album Title"}}' \
>       --return-values ALL_NEW

#下面是返回的结果
{
    "Attributes": {
        "AlbumTitle": {
            "S": "Updated Album Title"
        },
        "Awards": {
            "N": "10"
        },
        "SongTitle": {
            "S": "Happy Day"
        },
        "Artist": {
            "S": "Acme Band"
        }
    }
}
```

5. 查询数据

使用 query 查询 Music 表中的项目[1]。

```
[root@ip-172-31-16-61 ~]# aws dynamodb query \
>       --table-name Music \
>       --key-condition-expression "Artist = :name" \
```

```
>       --expression-attribute-values   '{":name":{"S":"Acme Band"}}'

#下面是返回的结果
{
    "Count": 1,
    "Items": [
        {
            "AlbumTitle": {
                "S": "Updated Album Title"
            },
            "Awards": {
                "N": "10"
            },
            "SongTitle": {
                "S": "Happy Day"
            },
            "Artist": {
                "S": "Acme Band"
            }
        }
    ],
    "ScannedCount": 1,
    "ConsumedCapacity": null
}
```

6. 删除表

（1）使用 delete-table 删除 Music 表[1]。

```
[root@ip-172-31-16-61 ~]# aws dynamodb delete-table --table-name Music
{
    "TableDescription": {
        "TableArn": "arn:aws:dynamodb:us-east-2:856570066987:table/Music",
        "ProvisionedThroughput": {
            "NumberOfDecreasesToday": 0,
            "WriteCapacityUnits": 5,
            "ReadCapacityUnits": 10
        },
        "TableSizeBytes": 0,
        "TableName": "Music",
        "TableStatus": "DELETING",
        "TableId": "13e4c391-696f-4469-8829-3d135c31ab4e",
        "ItemCount": 0
    }
}
```

（2）使用 list-tables 查询 Music 表是否已删除。

```
[root@ip-172-31-16-61 ~]# aws dynamodb list-tables
{
    "TableNames": []
}
```

5.3 缓存服务 Amazon ElastiCache

Amazon ElastiCache 提供完全托管 Redis 和 Memcached。无缝部署、操作和扩展热门开放源代码兼容的内存数据存储。通过从高吞吐量和低延迟的内存数据存储中检索数据，构建数据密集型应用程序或提升现有应用程序的性能。Amazon ElastiCache 是游戏、广告技术、金融服务、医疗保健和物联网应用程序的热门选择[1]。

Amazon ElastiCache 可让用户在 AWS 云中轻松设置、管理和扩展分布式内存中的缓存环境。它可以提供高性能、可调整大小且符合成本效益的内存缓存，同时消除部署和管理分布式缓存环境产生的相关复杂性[1]。

5.3.1 MemCache 缓存服务

Amazon MemCache 是一个自由、源码开放、高性能、分布式的分布式内存对象缓存系统，用于动态 Web 应用以减轻数据库的负载。它通过在内存中缓存数据和对象来减少读取数据库的次数，从而提高了网站访问的速度。Amazon MemCache 是一个存储键/值对的 HashMap，在内存中对任意的数据（比如字符串、对象等）所使用的 key-value 存储，数据可以来自数据库调用、API 调用，或者页面渲染的结果。MemCache 的设计理念就是小而强大，它简单的设计促进了快速部署、易于开发并解决面对大规模的数据缓存的许多难题，而所开放的 API 使得 Amazon MemCache 能用于 Java、C、C++、C#、Perl、Python、PHP、Ruby 等大部分流行的程序语言[4]。

Amazon ElastiCache Memcached 是一种与 Memcached 兼容的内存中键/值存储服务，可用作缓存或数据存储。它提供了 Memcached 的性能，包括易用性和简单性。Amazon ElastiCache MemCache 是完全托管、可扩展和安全的，使其成为频繁访问的数据必须在内存中的用例的理想选择。它是 Web、移动应用程序、游戏、Ad-Tech 和电子商务等用例的热门选择[1]。

1．创建 Memcached 集群

（1）通过网址 https://console.aws.amazon.com/elasticache/ 打开 Amazon ElastiCache 控制台。

（2）在 ElastiCache 控制台的右上角选择创建 ElastiCache 集群的 AWS 区域。

（3）在 ElastiCache 控制台选择 Memcached，然后选择创建。

（4）在"创建用户的 Amazon ElastiCache 集群"页面上设置以下值，然后单击"创建"，如图 5-19 所示。

➢ 集群引擎：Amazon Memcached。

➢ 名称：memcache-cluster1。

➢ 引擎版本兼容性：1.5.10。

➢ 端口号：11211。

➢ 参数组：default.memcached1.5。

➢ 节点类型：cache.t2.micro（0.5 GiB）。

➢ 节点数量：1。

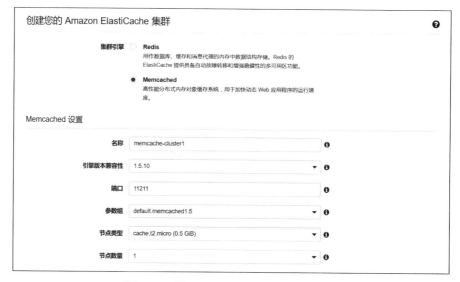

图 5-19   配置 Amazon ElastiCache 集群

2. 连接到 MemCache 集群

（1）通过网址 https://console.aws.amazon.com/elasticache/打开 ElastiCache 控制台。

（2）在 ElastiCache 控制台选择 MemCache，然后选择要显示 MemCache 集群详细信息的 MemCache 集群。在详细信息页面上，复制终端节点的值。

（3）在用户的 Amazon EC2 实例命令提示符中输入下面的命令来安装 Telnet 实用工具。

```
[root@ip-172-31-44-2 ~]# sudo yum install -y telnet
...
```

```
Installed:
  telnet-1:0.17-73.el8.x86_64

Complete!
```

（4）在用户的 Amazon EC2 实例命令提示符中输入下面的命令来测试连接。

```
[root@ip-172-31-44-2 ~]# telnet memcache-
cluster1.nuhhew.cfg.use2.cache.amazonaws.com 11211
Trying 172.31.38.152...
Connected to memcache-cluster1.nuhhew.cfg.use2.cache.amazonaws.com.
Escape character is '^]'.

add new_key 0 30 10    #往内存增加一条数据，0 是键/值对的整型参数，30 是
缓存过期时间（以秒为单位），10 是存储的字节数。
data_value        #存储的值
STORED           # STORED 表示成功

get new_key           #读取缓存
VALUE new_key 0 10
data_value
END
```

5.3.2　Redis 缓存服务

Redis 是一个开源（BSD 许可）的内存存储的数据结构存储系统，可用作数据库、高速缓存和消息队列代理。它支持字符串、哈希表、列表、集合、有序集合，位图，hyperloglog 等数据类型。内置复制、Lua 脚本、LRU 收回、事务以及不同级别磁盘持久化功能，同时通过 Redis Sentinel 提供高可用、通过 Redis Cluster 提供自动分区功能[5]。

Amazon ElastiCache Redis 是速度超快的内存数据存储，能够提供亚毫秒级延迟来支持 Internet 范围内的实时应用程序。适用于 Redis 的 ElastiCache 基于开源 Redis 构建，可与 Redis API 兼容，能够与 Redis 客户端配合工作，并使用开放的 Redis 数据格式来存储数据。自我管理型 Redis 应用程序可与适用于 Redis 的 ElastiCache 无缝配合使用，无须更改任何代码。适用于 Redis 的 ElastiCache 兼具开源 Redis 的速度、简单性和多功能性与 Amazon 的可管理性、安全性和可扩展性，能够在游戏、广告技术、电子商务、医疗保健、金融服务和物联网领域支持要求最严苛的实时应用程序[1]。

1. 创建 Redis 集群

（1）通过网址 https://console.aws.amazon.com/elasticache/打开 ElastiCache 控制台。

（2）在 ElastiCache 控制台的右上角选择创建 ElastiCache 集群的 AWS 区域。

（3）在 ElastiCache 控制台选择 Redis，然后选择创建。

（4）在"创建 Amazon ElastiCache 集群"页面上设置以下值，如图 5-20 所示。

> ➢ 集群引擎：Redis。
> ➢ 名称：redis-cluster1。
> ➢ 引擎版本兼容性：5.0.4。
> ➢ 端口号：6379。
> ➢ 参数组：default.redis5.0。
> ➢ 节点类型：cache.t2.micro(0.5 GiB)。
> ➢ 副本数量：2。

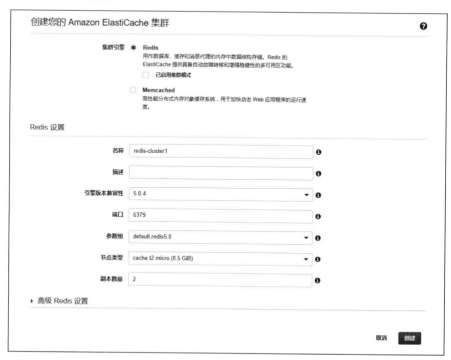

图 5-20 配置 Amazon ElastiCache 集群

将其余的值保留为默认值，并选择创建以创建 Redis 集群。

2．连接到 Redis 集群

（1）通过网址 https://console.aws.amazon.com/elasticache/打开 ElastiCache 控制台。

（2）在 ElastiCache 控制台选择 Redis，然后选择要显示 Redis 集群详细信息的 Redis 集群。在详细信息页面上，复制终端节点的值。

（3）在 Amazon EC2 实例命令行提示符中输入下面的命令来安装 redis-cli 实用工具。

```
#安装 gcc 编译器
[root@ip-172-31-44-2 ~]# sudo yum install -y gcc gcc-c++ automake autoconf
libtool make wget

#下载并编译 redis-cli 工具
[root@ip-172-31-44-2 ~]# wget http://download.redis.io/redis-stable.tar.gz
[root@ip-172-31-44-2 ~]# tar zxf redis-stable.tar.gz
[root@ip-172-31-44-2 ~]# cd redis-stable
[root@ip-172-31-44-2 redis-stable]# make distclean
[root@ip-172-31-44-2 redis-stable]# make
cd src && make all
..
Hint: It's a good idea to run 'make test' ;)

make[1]: Leaving directory '/root/redis-stable/src'
```

（4）在 Amazon EC2 实例命令提示符中输入下面的命令来测试连接。

```
[root@ip-172-31-44-2 redis-stable]# cd /root/redis-stable/src/

# -c：启用集群模式，-h：指定服务器主机名，-p：指定服务器端口
[root@ip-172-31-44-2 src]# ./redis-cli -c -h redis-
cluster1.nuhhew.ng.0001.use2.cache.amazonaws.com -p 6379

#设置指定 key 的值
redis-cluster1.nuhhew.ng.0001.use2.cache.amazonaws.com:6379>    set    test
"hello world"
OK

#获取指定 key 的值
redis-cluster1.nuhhew.ng.0001.use2.cache.amazonaws.com:6379> get test
"hello world"
```

5.4 数据仓库服务 Amazon Redshift

Amazon Redshift 是一种快速、完全托管的 PB 级数据仓库服务,它使得用现有商业智能工具对用户的所有数据进行高效分析变得简单而实用。它为从几百吉字节到 1PB 或更大的数据集而优化,且每年每 TB 花费不到 1000 美元,为最传统数据仓库存储解决方案成本的 1/10。Redshift Spectrum 扩展了 Redshift 的能力,无须将数据加载到 Redshift 即可查询 S3 中的非结构化数据。Redshift 和 Redshift Spectrum 可以分析几乎任何规模的数据,并可提供极快的查询速度表现。用户可以使用目前已在使用的基于 SQL 的工具和商业智能应用程序。只需在 AWS 管理控制台中单击几下即可启动 Redshift 集群,并开始分析用户的数据[1]。

通过以下方式,可实现更快的性能,且易于设置、部署和管理。

➢ 大规模并行:Amazon Redshift 在数据集(大小从数 GB 级到数 EB 级)上提供快速查询性能。Redshift 使用列式存储、数据压缩和区域映射来降低执行查询所需的 I/O 数量。它使用大规模并行处理(MPP)数据仓库架构来并行执行和分配 SQL 操作,以便利用所有可用资源。底层硬件支持高性能数据处理,使用本地连接的存储以便尽可能增大 CPU 与驱动器之间的吞吐量,同时使用高带宽网络以便尽可能增大节点之间的吞吐量[1]。

➢ 机器学习:Amazon Redshift 使用机器学习来提供高吞吐量,不受用户的工作负载或并发使用情况的影响。Redshift 利用复杂的算法来预测传入查询的运行时间,并将其分配给最佳队列,以尽可能提升处理速度。例如,具有高并行要求的控制面板和报告等查询会路由到高速查询,以便立即进行处理。随着并发量的进一步增加,Amazon Redshift 将预测何时开始排队并通过并发扩展功能自动部署瞬态资源,以始终保持快速性能,不受集群中需求变化的影响[1]。

➢ 结果缓存:Amazon Redshift 使用结果缓存来为重复查询,提供亚秒级响应时间。执行重复查询的控制面板、可视化和商业智能工具带来了性能的大幅提升。在执行查询时,Redshift 会对缓存进行搜索,看看是否有之前运行的查询的缓存结果。如果找到缓存结果且数据没有变化,将立即返回缓存结果,而不会重新运行查询[1]。

➢ 自动预置:Amazon Redshift 易于设置和操作。用户只需在 AWS 控制台中单击几下即可部署新的数据仓库,并且 Redshift 会为用户自动预置基础设施。大多数管理任务可自动执行,例如备份和复制,因此用户可以专注于自己的数据,而不是管理。当用户想要进行控制时, Redshift 会提供相应选项来帮助自己对特定工作负载进行调整。新功能公开发布, 消除了计划和应用升级和修补的需要[1]。

➢ 自动备份: Amazon Redshift 会自动持续地将用户的数据备份到 Amazon S3。Redshift 能够将用户的快照异步复制到另一个区域中的 S3, 以实现灾难恢复。用户可通过 AWS 管理控制台或 Redshift API 使用任何系统快照或用户快照来恢复用户的集群。系统元数据恢复后, 用户的集群就可供使用, 并且可在用户数据在后台输出时开始运行查询[1]。

➢ 容错: Amazon Redshift 拥有多种可提高数据仓库集群可靠性的功能。Redshift 会持续监控集群的运行状况, 并自动从出故障的驱动器重新复制数据, 同时根据需要替换节点以实现容错[1]。

➢ 灵活查询: Amazon Redshift 支持在控制台中快速灵活地进行查询, 或者连接用户喜欢的 SQL 客户端工具、库或商业智能工具。AWS 控制台上的查询编辑器提供了一个强大界面, 用于在 Redshift 集群上执行 SQL 查询, 并查看与用户的查询接近的查询结果和查询执行计划 (在计算节点上执行的查询) [1]。

➢ 与第三方工具集成: 使用行业领先的工具并与专家合作以对数据进行加载、转换和可视化, 从而改进 Amazon Redshift。我们的大量合作伙伴已认证他们的解决方案可与 Amazon Redshift 搭配使用[1]。

5.4.1　开始使用 Amazon Redshift 数据仓库服务

使用 Amazon Redshift 数据仓库服务步骤如下。

（1）通过网址 https://console.aws.amazon.com/ 打开 AWS 管理控制台。

（2）中国用户现在可以在 AWS 管理控制台右下角选择中文界面（除了简体中文外, 用户还可以选择英文、法文、日文及韩文界面）。

（3）在 AWS 管理控制台的右上角选择创建数据仓库服务的 AWS 区域。

5.4.2　创建 IAM 角色

IAM 角色 是可在账户中创建的一种具有特定权限的 IAM 身份。IAM 角色类似于 IAM 用户, 因为它是一个 AWS 身份, 该身份具有确定其在 AWS 中可执行和不可执行的操作的权限策略。但是, 角色旨在让需要它的任何人代入, 而不是只与某个人员关联。此外, 角色没有关联的标准长期凭证（如密码或访问密钥）。相反, 当代入角色时, 它会为用户提供角色会话的临时安全凭证[1]。

对于任何访问其他 AWS 资源上的数据的操作, 用户的集群需要具有权限才能代表自己访问该资源和该资源上的数据。例如，使用 COPY 命令从 Amazon S3 加载数据，通过使用 AWS Identity and Access Management（IAM）提供这些权限。有两种办法来提供这些权限，一是通过附加到集群的 IAM 角色；二是通过为拥有必要权限的 IAM 用户提供 AWS 访问密钥[1]。

为了最妥善地保护用户的敏感数据和 AWS 访问凭证，我们建议创建 IAM 角色并将其附加到用户的集群[1]。具体操作如下。

（1）通过网址 https://console.aws.amazon.com/iam/打开 AWS 管理控制台。

（2）在导航窗格中，选择角色，然后选择创建角色。

（3）在创建角色页面上设置以下值，然后选择下一步。

➢ 选择受信任实体的类型：AWS 产品。

➢ 选择将使用此角色的服务：Redshift。

➢ 选择用户的使用实例：Redshift – Customizable。

（4）在"Attach 权限策略"页面上，选中"AmazonS3ReadOnlyAccess 复选框"，设置权限边界使用默认设置，然后单击"下一步：标签"按钮，如图 5-21 所示。

图 5-21　Attach 权限策略

（5）在"添加标签（可选）"页面上，填入以下键、值，然后单击"下一步：审核"按钮，如图 5-22 所示。

➢ 键：name。

➢ 值：RedshiftRole。

图 5-22 添加标签

（6）在"审核"页面上，填入"角色名称*"，然后单击"创建角色"按钮，如图 5-23 所示。

➢ 角色名称：RedshiftRole

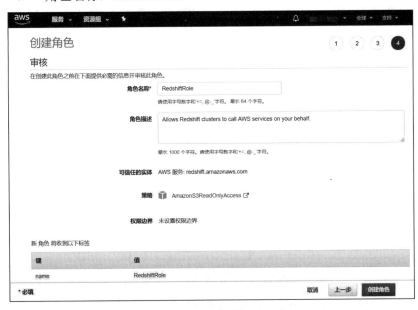

图 5-23 "审核"页面

（7）选择刚才创建角色的角色名称，将角色 ARN 复制到剪贴板，此值是刚刚创建的角色的 Amazon 资源名称（ARN）。当用户使用 COPY 命令加载数据时，要用到该值。

现在用户已创建新角色，下一步是将其附加到用户的集群。用户可以在启动新集群时附加该角色，也可以将其附加到现有集群。

5.4.3 启动 Amazon Redshift 集群

（1）通过网址 https://console.aws.amazon.com/redshift/ 打开 Amazon Redshift 控制台。

（2）在 Amazon Redshift 控制面板上，选择快速启动集群。

（3）在启动用户的 Amazon Redshift "集群" 快速启动页面上设置以下值，然后选择启动集群，如图 5-24 所示。

➢ 节点类型：dc2.large。

➢ Nodes（计算节点数量）：2。

➢ 集群标识符：redshift-cluster1。

➢ 数据库名称：testdb。

➢ 数据库端口号：5439。

➢ 主用户名：redshift_user1。

➢ 主用户密码：该密码用于登录到用户的数据仓库。

➢ 可用 IAM 角色：选择 RedshiftRole。

图 5-24 配置 Amazon Redshift 集群

5.4.4 连接到 Amazon Redshift 集群

使用查询编辑器是在 Amazon Redshift 集群托管的数据库上运行查询的最简单方法。创建集群后，可以使用 Amazon Redshift 控制台上的查询编辑器立即运行查询[1]。

以下是集群节点类型支持的查询编辑器：

➢ DC1.8xlarge。

➢ DC2.large。

➢ DC2.8xlarge。

➢ DS2.8xlarge。

使用查询编辑器可以执行以下操作：

➢ 运行单个 SQL 语句查询。

➢ 将大小为 100 MB 的结果集下载到一个逗号分隔值（CSV）文件。

➢ 保存查询以供重用。用户无法在欧洲（巴黎）区域 或 亚太区域（大阪当地）中保存查询。

➢ 查看用户定义表的查询执行详细信息。

1. 启用对查询编辑器的访问权限

要访问查询编辑器，需要相应权限。要启用访问权限，请将 AWS Identity and Access Management（IAM）的 AmazonRedshiftQueryEditor 和 AmazonRedshiftReadOnlyAccess 策略附加到用户用于访问集群的 AWS IAM 用户上[1]。

如果已创建了 IAM 用户来访问 Amazon Redshift，则可以将 AmazonRedshiftQueryEditor 和 AmazonRedshiftReadOnlyAccess 策略附加到该用户上。如果尚未创建 IAM 用户，则可以创建一个，然后将策略附加到 IAM 用户[1]。

2. 创建 IAM 用户并附加查询编辑器所需的 IAM 策略

AWS Identity and Access Management（IAM）的"身份"方面可帮助用户解决问题"该用户是谁？"（通常称为身份验证）。用户可以在账户中创建与组织中的用户对应的各 IAM 用户，而不是与他人共享用户的根用户凭证。IAM 用户不是单独的账户，它们是用户账户中的用户。每个用户都可以有自己的密码以用于访问 AWS 管理控制台。用户还可以为每个用户创建单独的访问密钥，以便用户可以发出编程请求以使用账户中的资源[1]。

AWS Identity and Access Management（IAM）的访问管理部分帮助定义委托人实体可在账户内执行的操作。委托人实体是指使用 IAM 实体（用户或角色）进行身份验证的人员或应用程序。访问管理通常称为授权。用户在 AWS 中通过创建策略并将其附加到 IAM 身份（用户、用户组或角色）或 AWS 资源来管理访问权限。策略是 AWS 中的对象，在与身份或资源相关联时，策略定义它们的权限。在委托人使用 IAM 实体（如用户或角色）发出请求时，AWS 将评估这些策略。策略中的权限确定是允许还是拒绝请求。

大多数策略在 AWS 中存储为 JSON 文档[1]。

（1）通过网址 https://console.aws.amazon.com/iam 打开 AWS 管理控制台。

（2）在导航窗格中，选择用户，然后选择添加用户。

（3）在"添加用户"页面上设置以下值，然后单击"下一步：权限"按钮，如图 5-25 所示。

➢ 用户名：redshiftuser。

➢ 访问类型：编程访问。

图 5-25　设置用户详细信息

（4）选中 AmazonRedshiftQueryEditor 和 AmazonRedshiftReadOnlyAccess，设置权限边界使用默认设置，然后单击"下一步：标签"按钮，如图 5-26 所示。

图 5-26　设置权限

（5）在"审核"页面上，选择创建用户，然后在用户列表里面就可以看到刚刚创建的用户了。

3．使用查询编辑器查询数据库

（1）通过网址 https://console.aws.amazon.com/redshift/ 打开 Amazon Redshift 控制台。

（2）在导航窗格中，选择 Query editor，在"凭据"页面输入数据库、数据库用户名、密码，然后单击"连接"按钮，如图 5-27 所示。

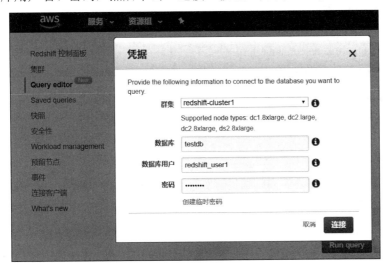

图 5-27　凭据

（3）对于 Schema，选择 public 以基于该 Schema 创建新表，如图 5-28 所示。

图 5-28　Query editor

（4）在查询编辑器中输入以下内容，然后单击"Run query"按钮以创建新表。

```
create table student(
name varchar(10),
gender varchar(10),
class varchar(10));
```

（5）单击"清除"，在查询编辑器中输入以下命令，然后单击"Run query"按钮以向表中添加行。

```
insert into student values
('zhangsan','male','yun01'),
('lisi','female','yun02');
```

（6）单击"清除"，在查询编辑器中输入以下命令，然后单击"Run query"按钮以查询新表。

```
select * from student;
```

用户应该看到以下输出结果，如图 5-29 所示。

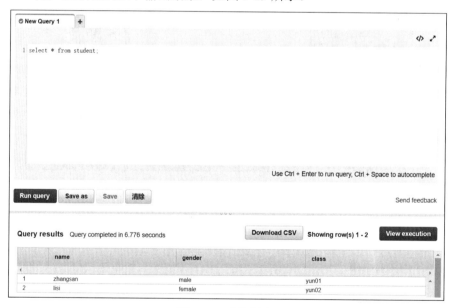

图 5-29　查询新表

5.5　数据库迁移服务

AWS Database Migration Service 是一种 Web 服务，可用于将数据从本地数据库、Amazon Relational Database Service（Amazon RDS）数据库实例

上的数据库或 Amazon Elastic Compute Cloud（Amazon EC2）实例上的数据库迁移到 AWS 服务上的数据库。这些服务可以包括 Amazon RDS 上的数据库或 Amazon EC2 实例上的数据库。还可以将数据库从 AWS 服务迁移到本地数据库。用户可以在异构和同构数据库引擎之间迁移数据[1]。

AWS Database Migration Service 可帮助用户快速安全地将数据库迁移至 AWS。源数据库在迁移过程中可继续正常运行，从而最大限度地减少依赖该数据库的应用程序的停机时间。AWS Database Migration Service 可以在广泛使用的开源商业数据库之间迁移用户的数据[1]。

AWS Database Migration Service 支持同构迁移（例如从 Oracle 迁移至 Oracle），以及不同数据库平台之间的异构迁移（例如从 Oracle 或 Microsoft SQL Server 迁移至 Amazon Aurora）。借助 AWS Database Migration Service，可以持续地以高可用性复制数据，并通过将数据流式传输到 Amazon Redshift 和 Amazon S3，将数据库整合到 PB 级的数据仓库中[1]。

5.5.1 AWS DMS 工作原理

要执行数据库迁移，AWS DMS 将连接到源数据存储，读取源数据并设置数据格式以供目标数据存储使用。然后，它会将数据加载到目标数据存储中。此处理大部分在内存中进行，不过大型事务可能需要部分缓冲到磁盘。缓存事务和日志文件也会写入磁盘[1]。

概括来说，使用 AWS DMS 时用户需要执行以下操作：

➢ 创建复制服务器。

➢ 创建源和目标终端节点，它们具有数据存储的连接信息。

➢ 创建一个或多个迁移任务以在源和目标数据存储之间迁移数据。

任务可能包括三个主要阶段：

➢ 完全加载现有数据。

➢ 应用缓存的更改。

➢ 持续复制。

在完全加载迁移过程中，源中的现有数据将移动到目标数据库，AWS DMS 会将源数据存储上的表中的数据加载到目标数据存储上的表。在完全加载进行期间，对所加载表进行的更改将缓存到复制服务器上，这些是缓存的更改。请务必注意，在启动给定表的完全加载后，AWS DMS 才会捕获该表的更改。换句话说，对于每个单独的表，开始捕获更改的时间点是不同的[1]。

在指定表的完全加载完成时，AWS DMS 立即开始应用该表的缓存更改。所有表加载之后，AWS DMS 开始收集更改作为持续复制阶段的事务。AWS DMS 应用所有缓存更改之后，表处于事务一致的状态。此时，AWS

DMS 转向持续复制阶段，将更改作为事务进行应用[1]。

持续复制阶段开始之后，积压的事务通常会导致源数据库与目标数据库之间的一些滞后。在处理完这些积压事务之后，迁移最终进入稳定状态。此时，可以关闭应用程序，允许任何剩余的事务应用到目标，然后启动应用程序，现在指向目标数据库[1]。

AWS DMS 创建执行迁移所需的目标架构对象，不过，AWS DMS 采用极简方法，仅创建有效迁移数据所需的那些对象。换而言之，AWS DMS 创建表、主键和（在某些情况下）唯一索引，但它不会创建有效迁移源中的数据时不需要的任何其他对象。例如，它不会创建二级索引、非主键约束或数据默认值[1]。

在大多数情况下，执行迁移时，还要迁移大部分或所有源架构。如果执行同构迁移（在相同引擎类型的两个数据库之间），则可以使用引擎的本机工具导出和导入架构本身而无须任何数据，以此来迁移架构[1]。

如果执行异构迁移（在使用不同引擎类型的两个数据库之间），可以使用 AWS Schema Conversion Tool（AWS SCT）生成一个完整的目标架构。如果使用该工具，则需要在迁移的“完全加载”和“缓存的更改应用”阶段禁用表之间的任何依赖项，例如，外键约束。如果出现性能问题，则在迁移过程中删除或禁用辅助索引会有帮助[1]。

5.5.2　开始使用 AWS DMS 数据库迁移服务

（1）通过网址 https://console.aws.amazon.com/dms/ 打开 AWS DMS 管理控制台。

（2）中国用户现在可以在 AWS DMS 管理控制台右下角选择中文界面。除了简体中文外，用户还可以选择英文、法文、日文及韩文界面。

（3）在 AWS DMS 管理控制台的右上角选择创建数据仓库服务的 AWS 区域。

5.5.3　创建复制实例

数据库迁移过程中的第一个任务是创建一个复制实例，该实例具有足够的存储和处理能力来执行用户分配的任务并将数据从源数据库迁移至目标数据库。此实例的所需大小是变化的，具体取决于需迁移的数据量和需要实例执行的任务数[1]。

（1）在 AWS DMS 管理控制台中选择创建复制实例。

（2）在“复制实例配置”页面上设置以下值，如图 5-30 所示。

➢　名称：mysql-instance1。

➤ 实例类：dms.t2.micro。

➤ 分配的存储空间：10 GB。

➤ VPC：vpc-a5eee0cd。

图 5-30　复制实例配置

将其余的值保留为默认值，并选择创建以创建复制实例。

5.5.4　指定源终端节点和目标终端节点

在本次演示中，源终端节点是 EC2 实例中的 MariaDB 数据库，目标终端节点是 Amazon RDS MariaDB 数据库实例。

（1）首先，创建源终端节点。在 AWS DMS 管理控制台左侧导航栏中选择"终端节点"，然后单击"创建终端节点"按钮，如图 5-31 所示。

图 5-31　配置终端节点

（2）在"终端节点配置"页面上设置以下值，如图 5-32 所示；然后单击"创建终端节点"按钮，如图 5-33 所示。

➤ 终端节点类型：源终端节点。

➤ 终端节点标识符：ec2-mariadb。

➤ 源引擎：mariadb。

➤ 服务器名称：3.16.124.113。

➤ 端口号：3306。

➤ 安全套接字层（SSL）模式：none。

➤ 用户名：root。

➤ 密码：该密码用于登录到用户的数据库。

图 5-32　配置源终端节点（1）

图 5-33　配置源终端节点（2）

（3）接下来，创建目标终端节点。在"创建终端节点"页面上设置以下值，如图 5-34 所示；最后单击"创建终端节点"按钮以创建目标终端节点，如图 5-35 所示。

- ➤ 终端节点类型：目标终端节点（选中 RDS 数据库实例）。
- ➤ RDS 实例：mariadb-instance1。
- ➤ 终端节点标识符：mariadb-instance1。
- ➤ 目标引擎：mariadb。
- ➤ 服务器名称：mariadb-instance1.cuj8rbmj6hg8.us-east-2.rds.amazonaws.com。
- ➤ 端口号：3306。
- ➤ 安全套接字层（SSL）模式：none。
- ➤ 用户名：mariadb_user1。
- ➤ 密码：该密码用于登录到用户的数据库。

图 5-34 配置目标终端节点（1）

5.5.5 创建任务

创建一个任务以指定要迁移的表，使用目标架构映射数据并在目标数据库上创建新表。在创建任务的过程中，可以选择的迁移类型包括迁移现有数据、迁移现有数据并复制持续更改或仅复制数据更改[1]。

借助 AWS DMS，可以指定源数据库和目标数据库之间的准确数据映射。在指定映射之前，请确保查看有关源数据库和目标数据库之间的数据类型映射的文档部分[1]。

图 5-35　配置目标终端节点（2）

（1）在 AWS DMS 管理控制台左侧导航栏中选择"数据库迁移任务"，然后单击"创建任务"按钮。

（2）在"创建数据迁移任务"页面设置以下值，如图 5-36 所示；然后单击"创建任务"按钮以创建数据迁移任务，如图 5-37 所示。

➢　任务标识符：mariadb-task。

➢　复制实例：mysql-instance1 - vpc-a5eee0cd。

➢　源数据库终端节点：ec2-mariadb。

➢　目标数据库终端节点：mariadb-instance1。

➢　迁移类型：迁移现有数据。

图 5-36　配置数据迁移任务

图 5-37　创建任务

（3）在"选择规则"页面，设置以下值，单击"添加新选择规则"按钮
（如图 5-38 所示）。

➢ 架构：输入架构。

➢ 架构名称：test（需要迁移的数据库）。

➢ 表名称：%（使用 % 字符作为通配符来选择所有的表）。

图 5-38　选择规则

5.5.6　查看数据库迁移任务

（1）在 AWS DMS 管理控制台中选择数据库迁移任务，查看数据库迁
移任务，如图 5-39 所示。

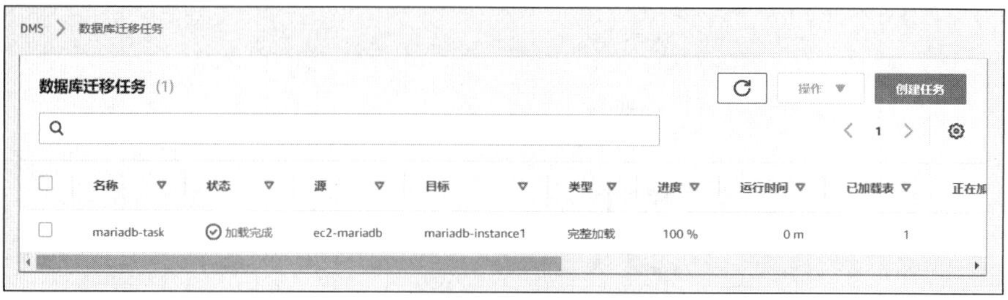

图 5-39　数据库迁移任务

（2）连接到目标终端节点验证数据库是否成功迁移。

```
[root@ip-172-31-44-2 ~]# mysql -h
mariadb-instance1.cuj8rbmj6hg8.us-east-2.rds.amazonaws.com -u
mariadb_user1 -p
Enter password:
Welcome to the MariaDB monitor.   Commands end with ; or \g.
Your MariaDB connection id is 88
Server version: 10.2.21-MariaDB-log Source distribution

Copyright (c) 2000, 2018, Oracle, MariaDB Corporation Ab and others.

Type 'help;' or '\h' for help. Type '\c' to clear the current input statement.

MariaDB [(none)]> use test;
Reading table information for completion of table and column names
You can turn off this feature to get a quicker startup with -A

Database changed
MariaDB [test]> show tables;
+----------------+
| Tables_in_test |
+----------------+
| name           |
+----------------+
1 row in set (0.002 sec)

MariaDB [test]> select * from test.name;
+----------+--------+
| name     | gender |
+----------+--------+
| zhangsan | male   |
| lisi     | female |
+----------+--------+
2 rows in set (0.001 sec)
```

现在 EC2 实例中 MariaDB 数据库的数据已经成功迁移到 Amazon RDS MariaDB 数据库实例。

习题

1. 什么是关系型数据库?
2. 关系型数据库和非关系型数据库有什么区别?
3. 关系型数据库的优点是什么?
4. 关系型数据库的缺点是什么?
5. 什么是非关系型数据库?
6. 非关系型数据库和关系型数据库有什么区别?
7. 非关系型数据库的优点是什么?
8. 非关系型数据库的缺点是什么?
9. 什么是内存缓存?
10. 内存缓存的优点是什么?
11. 内存缓存的缺点是什么?
12. 什么是数据仓库?
13. 数据仓库的优点是什么?
14. 数据仓库的缺点是什么?
15. 什么是复制实例?
16. 什么是源终端节点?
17. 什么是目标终端节点?
18. 什么是任务?

参考文献

[1] 亚马逊云科技.亚马逊云科技文档[EB/OL].[2021-5-28]. https://docs.amazonaws.cn/.

[2] 亚马逊. 亚马逊 AWS 官方博客[EB/OL].[2021-5-28]. https://aws.amazon.com/cn/blogs/china/.

[3] PostgreSQL 中文社区.了解 PostgreSQL[EB/OL].[2021-5-28]. http://www.postgres.cn/.

[4] Memcached 官网.关于 Memcached[EB/OL].[2021-5-28]. http://www.memcached.org/.

[5] Redis 中文网. Redis 简介[EB/OL]. [2021-5-28]. https://www.redis.net.cn/.

[6] 博客园.文件系统与数据库系统比较 [EB/OL].[2021-5-28]. https://www.cnblogs.com/SofuBlue/p/8146011.html.

第6章

网络服务

AWS 网络服务是通过 AWS VPC（virtual Private Cloud）来控制并实现的，VPC 允许用户在 Amazon AWS 云中预置配置出一个采用逻辑隔离的部分，在自定义的虚拟网络中启动 AWS 资源，能完全掌控虚拟网络环境，包括选择自己的 IP 地址范围、创建子网，以及配置路由表和网关[1]。VPC 是 AWS 里用户拥有完全控制的私有网络[1]。使用 VPC 能够控制路由、子网、ACL 及通往互联网的网关或者通过 VPN 与公司的网络和数据中心进行通信。用户可以自定义 AWS VPC 的网络配置，并利用安全组和网络访问控制列表 ACL 等安全手段，实现对子网中的 EC2 实例的访问控制。

6.1　VPC 基础

VPC 是 AWS 用来隔离用户的网络与其他客户网络的虚拟网络服务。在一个 VPC 里面，用户的数据会在逻辑上与其他 AWS 租户分离，用以保障数据安全。VPC 允许用户在已定义的虚拟网络内启动 AWS 资源。这个虚拟网络与用户在数据中心中运行的传统网络极其相似，并会为用户提供使用 AWS 的可扩展基础设施的优势[1]。AWS 系统默认创建了两个公有子网的 VPC，如图 6-1 所示。

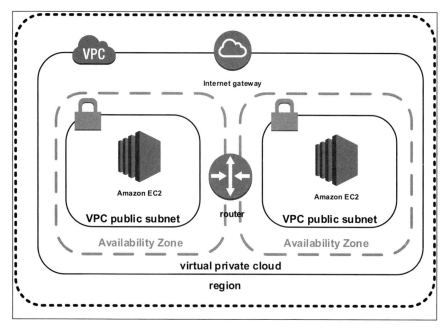

图 6-1 默认 VPC 网络结构

6.1.1 基础概念

在注册并使用 AWS 的时候，AWS 创建了一个默认 VPC（Virtual Private Cloud）。如图 6-2 所示，efault VPC 选项设置为 Yes，表示此 VPC 是系统默认创建的。

图 6-2 默认 VPC

在 VPC 中应掌握并理解以下内容。

1．区域

根据地理位置把某个地区的基础设施服务集合称为一个区域（Region）。通过 AWS 的区域，一方面可以使得 AWS 云服务在地理位置上更加靠近用户，另一方面使得用户可以选择不同的区域存储他们的数据以满足法规遵循方面的要求。

2．可用区

AWS 的每个区域一般由多个可用区（Availability Zone，AZ）组成，而一个可用区一般是由多个数据中心组成。AWS 引入可用区设计主要是为了提升用户应用程序的高可用性。因为可用区与可用区之间在设计上是相互独立的，也就是说它们会有独立的供电、独立的网络等，这样假如一个可用区出现问题时也不会影响另外的可用区。在一个区域内，可用区与可用区之间是通过高速网络连接，从而保证有很低的延时。

3. VPC

可以简单地理解为一个 VPC（Amazon Virtual Private Cloud）就是一个虚拟的数据中心，在这个虚拟数据中心内我们可以创建不同的子网（公有网络和私有网络），搭建我们的网页服务器、应用服务器、数据库服务器等服务。一个 VPC 可以跨越多个可用区，一个子网只能在一个可用区内。

4. 子网

VPC 里可以创建一个或多个子网（Subnetwork），在每一个子网上可以分配自己规划的 IP 地址，IP 地址需要符合 CIDR 块的要求。VPC 子网可以分为公有子网和私有子网，区别在于公有子网能够通过 Internet 网关（IGW）直接访问互联网。私有子网不能直接访问互联网，必须通过 NAT 网关才能访问互联网。公有子网与私有子网的根本区别在于是否有默认的 IGW 的网关，公有子网通常放置，私有子网通常不放置，以保证安全。公有子网的 EC2 实例可以直接分配公网 IP 地址，可以使外网直接访问 EC2 主机。默认 VPC 里自动创建了公有子网，有一条访问 IGW 网关的路由。

5. CIDR 块

IETF RFC1918 定义了私有网络的地址范围，这些私有网络一般仅用于企业和集团内部，并且这些地址在互联网上是不能路由的。在我们进行 VPC 的网络设置及子网的设置时，都必须使用这些私有网络地址。VPC 的子网掩码范围限制只能是从/16 到/28，在 VPC 子网中一个标准的/24 掩码除去网络地址和广播地址及保留地址，能够使用的地址是 251 个。最新的系统允许在使用 100.64.0.0/10 到 198.19.0.0/16 范围内的附加 IPv4 CIDR 块分配地址在 VPC 中创建集群

6. 路由表

当创建 VPC 时，系统会自动生成主路由表。主路由表负责整个 VPC 内部路由，主路由表的初始默认状态路由指向 Local。除了默认路由表之外，VPC 还可以有自定义路由表。常用的配置有 IGW 默认路由 0.0.0.0/0，还可以配置子网之间的路由及对等网络的路由，自定义路由灵活的配置保证了 VPC 内部及 VPC 之间、各子网的通信。

7. 网络访问控制列表 (ACL)

网络访问控制列表（ACL）是 VPC 的一个可选安全层，可以作为虚拟防火墙来控制进出一个或多个子网的流量。VPC 自动带有可修改的默认网络 ACL，在默认情况下，自动创建的网络 ACL 允许所有入站和出站流量。可以通过自定义的方式创建自定义网络 ACL 并将其与子网相关联，每个自定义网络 ACL 默认都拒绝所有入站和出站流量，可以通过修改或添加规则以改变入站和出站的流量限制。每个网络 ACL 还包含一个规则编号是星号的规则，此规则确保在数据包不匹配任何其他编号规则时拒绝该数据包。

8. 安全组

安全组是在主机（实例 EC2）层面的应用。安全组在实例级别运行，而不是子网级别，安全组控制实例以虚拟防火墙的方式控制入站和出站流量。可以指定允许规则，但不可指定拒绝规则，也可以为入站和出站流量指定单独规则。在默认情况下，安全组包含允许所有出站流量的出站规则，入站规则只允许本安全组内的 EC2 实例通信。

9. Internet 网关 IGW

Internet 网关是一种横向扩展、支持冗余且高度可用的 VPC 组件，可实现 VPC 中的实例与 Internet 之间的通信。因此它不会对网络流量造成可用性风险或带宽限制。Internet 网关有两个用途，一个是在 VPC 路由表中为 Internet 可路由流量提供目标，另一个是为已经分配了公有 IPv4 地址的实例执行网络地址转换（NAT）。Internet 网关支持 IPv4 和 IPv6 流量。

要使创建的公有子网能够访问互联网，需要将 Internet 网关附加到 VPC。确保子网的路由表指向 Internet 网关；确保用户的子网中的实例具有全局唯一 IP 地址（公有 IPv4 地址、弹性 IP 地址或 IPv6 地址）；确保用户的网络访问控制和安全组规则允许相关流量在用户的实例中流入和流出。

6.1.2 默认 VPC 的配置

以所掌握的基本知识点对默认 VPC 进行介绍，先删除默认 VPC 后再创建默认 VPC。

（1）删除默认 VPC。默认 VPC 是系统自动创建的，默认 VPC 可以删除并重新创建，此例先从删除默认 VPC 开始讲解。

在 VPC 控制面板中找到用户的 VPC 选项并单击，在右侧内容框中可以看到系统已创建的默认 VPC，默认已选中此 VPC，单击操作→Delete VPC，显示出确认删除框，选中"I acknowledge that I want to delete my default VPC"复选框并单击 Delete VPC，将默认 VPC 删除。确认默认 VPC 已删除，过程如图 6-3 所示。

图 6-3　删除默认 VPC

（2）创建默认 VPC。在 VPC 控制面板里选择 用户的 VPC→操作→创建默认 VPC，如图 6-4 所示。

图 6-4　创建默认 VPC 选项

在"创建默认 VPC"界面，单击"创建"按钮。默认 VPC 里的子网、Internet 网关、路由表都由 AWS 系统自动创建，如图 6-5 所示。

图 6-5 创建默认 VPC

创建成功提示页面，如图 6-6 所示。

图 6-6 创建默认 VPC 成功提示页面

创建完成后默认 VPC 状态页面，如图 6-7 所示。

图 6-7 创建默认 VPC 完成页面

6.1.3 默认 VPC 配置讲解

在 AWS 里默认 VPC 的 Name 没有设置，可以单击 Name 选项，当出现 图标时，单击可以修改 VPC 的 Name，修改默认 Name 为 Demo_VPC，VPC 的 Name 最长为 255 个字符，如图 6-8 所示。

图 6-8 修改 VPC 的 Name

1. VPC ID

VPC 的唯一标识符，是与子网、路由关联连接的唯一标记。此例默认 VPC ID 为 vpc_0e6b7618a33fe72af。

➤ State(状态)：表示 VPC 是否可用，默认的 VPC 是可用（available）。

➤ CIDR 块：此例 Cidr 块系统自动分配了 172.31.0.0/16 的范围。

➤ IPv6：虽然 AWS 支持 IPv6 地址范围创建 VPC，但默认使用了 IPv4 地址，没有使用 IPv6 地址

2. 子网

在 VPC 控制面板单击"子网"选项，右侧显示默认 VPC 里创建的子网信息。默认创建了两个子网 subnet-08aeb92c2f3677c68 和 subnet-0f76b2836f6aeebd9，两个子网状态都为可用（available），所属 VPC 为默认创建的 vpc-0e6b7618a33fe72af | Default_VPC，自动产生的两个子网的 IPv4 CIDR 为 172.31.0.0/20 和 172.31.16.0/20，可用 IPv4 地址 4090 个，可用区域分别是 ap-northeast-2a 和 ap-northeast-2c，区域是 apne2-az1 和 apne2-az3，默认产生的路由表为 rtb-0aee3140dea7cfd53，网络 ACL 是 acl-0f444f848c353caac，两个子网都是默认子网，都可以自动分配公有 IPv4 地址，如图 6-9 所示。

	Name	子网 ID	状态	VPC	IPv4 CIDR	可用 IPv4 地址
		subnet-08aeb92c2f3677c68	available	vpc-0e6b7618a33fe72af	Default_VPC	172.31.0.0/20	4090
		subnet-0f76b2836f6aeebd9	available	vpc-0e6b7618a33fe72af	Default_VPC	172.31.16.0/20	4090

图 6-9　创建默认 VPC 子网

3. 路由表

在 VPC 控制面板上单击"路由表"选项，右侧显示默认 VPC 里创建的路由信息，默认创建了一条主路由 rtb-0aee3140dea7cfd53，此默认路由的信息包含了两条路由条目，一条主路由 172.31.0.0/16 用来维护本 VPC 内部的通信；另一条系统默认产生的 Internet 网关（IGW）路由 0.0.0.0/0 使 VPC 内的子网可以通过 IGW（igw-09772030aae548ed3）访问互联网。此路由关联两个子网，使两个子网都可以通过 IGW 访问互联网，都属于公有子网，路由信息如图 6-10 所示。

图 6-10　默认路由关联子网

4. 网络 ACL

在 VPC 控制面板上单击"网络 ACL"选项，右侧显示默认 VPC 里创建的网络 ACL 信息，默认创建了一条网络 ACL：acl-0f444f848c353caac，并关联了两个默认子网。默认网络 ACL 的配置让所有流量流进和流出与其关联的子网。此例的默认网络 ACL 配置默认所有的入站和出站流量都通过，如图 6-11 所示。

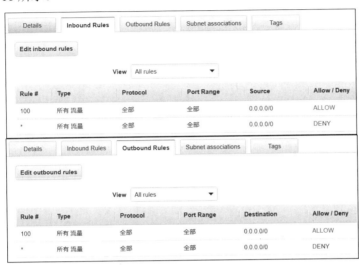

图 6-11　创建默认的网络 ACL

5．安全组

在 VPC 控制面板上单击"安全组"选项，右侧显示默认 VPC 里创建的安全组信息，默认创建了一个安全组 sg-08ab4117b274b4aae，默认的安全组允许所有出站网络规则，入站规则为本安全组内的流量，如图 6-12 所示。

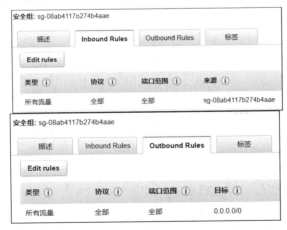

图 6-12　创建默认的安全组

6．租赁（Tenancy）

创建并使用 VPC 的方式，有默认和专线两种方式，专线的方式更可靠安全，但会产生额外的费用。默认 VPC 使用的是租赁（Tenancy）方式。

6.1.4 默认 VPC 部分配置 AWS CLI 输出

1. 默认 VPC 配置信息

AWS CLI：aws ec2 describe-vpcs
输出：

```
{
    "Vpcs": [
        {
            "VpcId": "vpc-0e6b7618a33fe72af",
            "InstanceTenancy": "default",
            "Tags": [
                {
                    "Value": "Default_VPC",
                    "Key": "Name"
                }
            ],
            "CidrBlockAssociationSet": [
                {
                    "AssociationId": "vpc-cidr-assoc-0452b27ab133c3cf3",
                    "CidrBlock": "172.31.0.0/16",
                    "CidrBlockState": {
                        "State": "associated"
                    }
                }
            ],
            "State": "available",
            "DhcpOptionsId": "dopt-93f92bf8",
            "OwnerId": "645908624953",
            "CidrBlock": "172.31.0.0/16",
            "IsDefault": true
        }
    ]
}
```

2. 默认 VPC 子网配置信息

```
{
    "Subnets": [
        {
            "MapPublicIpOnLaunch": true,
            "AvailabilityZoneId": "apne2-az3",
            "AvailableIpAddressCount": 4091,
```

```
        "DefaultForAz": true,
        "SubnetArn":
"arn:aws:ec2:ap-northeast-2:645908624953:subnet/subnet-
0f76b2836f6aeebd9",
        "Ipv6CidrBlockAssociationSet": [],
        "VpcId": "vpc-0e6b7618a33fe72af",
        "State": "available",
        "AvailabilityZone": "ap-northeast-2c",
        "SubnetId": "subnet-0f76b2836f6aeebd9",
        "OwnerId": "645908624953",
        "CidrBlock": "172.31.16.0/20",
        "AssignIpv6AddressOnCreation": false
    },
    {
        "MapPublicIpOnLaunch": true,
        "AvailabilityZoneId": "apne2-az1",
        "AvailableIpAddressCount": 4091,
        "DefaultForAz": true,
        "SubnetArn":
"arn:aws:ec2:ap-northeast-2:645908624953:subnet/subnet-
08aeb92c2f3677c68",
        "Ipv6CidrBlockAssociationSet": [],
        "VpcId": "vpc-0e6b7618a33fe72af",
        "State": "available",
        "AvailabilityZone": "ap-northeast-2a",
        "SubnetId": "subnet-08aeb92c2f3677c68",
        "OwnerId": "645908624953",
        "CidrBlock": "172.31.0.0/20",
        "AssignIpv6AddressOnCreation": false
    }
  ]
}
```

⚠ 6.2 向导创建 VPC

根据 AWS 向导创建一个具有 IPv4 CIDR 块的带单个公有子网的 VPC。通过向导创建 VPC 过程中将自动创建一个公有子网、Internet 网关、默认安全组和网络 ACL。在 VPC 子网中启动的实例可直接访问 Internet，并且可以通过实例分配的公网 IPv4 地址或分配的弹性 IP 地址使用 SSH(如果用户的实例为 Linux 实例)或远程桌面(如果用户的实例为 Windows 实例)从本地计算机访问自己的实例。通过安全组和网络访问控制列表对 VPC 中实例和网络的入站和出站网络流量提供严格控制。单个公有子网 VPC 网络结构如图 6-13 所示。

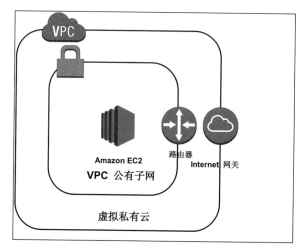

图 6-13　单个公有子网结构

6.2.1　VPC 及子网创建

通过向导选择单个公有子网的 VPC，将创建一个具有 IPv4 CIDR 块为/16、公有子网 IPv4 CIDR 为/24 的网络。"VPC 名称"命名为 Public，"可用区"为默认（由 AWS 自动选择可用区，也可以手动选择可用区），"子网名称"默认为公有子网，公有子网实例使用弹性 IP 或公有 IP 访问 Internet，配置向导如图 6-14 所示。

步骤 2: 带单个公有子网的 VPC	
IPv4 CIDR 块:*	10.0.0.0/16　　(65531 个可用 IP 地址)
IPv6 CIDR 块:	◉ 无 IPv6 CIDR 块
	○ Amazon 提供的 IPv6 CIDR 块
VPC 名称:	public
公有子网的 IPv4 CIDR:*	10.0.0.0/24　　(251 个可用 IP 地址)
可用区:*	无首选项　▼
子网名称:	公有子网
	AWS 创建 VPC 以后，您可以添加更多子网。
服务终端节点	
	添加终端节点
启用 DNS 主机名:*	◉ 是 ○ 否
硬件租赁:*	默认　▼

图 6-14　带单个公有子网的 VPC 向导

选择创建后，将自动创建单个公有子网的 VPC，同时也自动创建了 VPC 里的子网，主路由表、子网关联路由表、Internet 网关、访问控制列表 ACL 和安全组。

VPC、公有子网信息如图 6-15、图 6-16 所示。

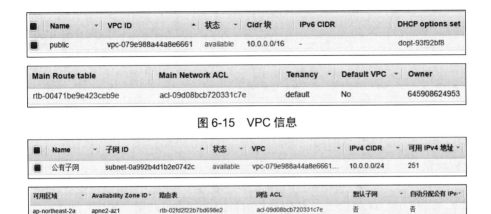

Name	VPC ID	状态	Cidr 块	IPv6 CIDR	DHCP options set
public	vpc-079e988a44a8e6661	available	10.0.0.0/16	-	dopt-93f92bf8

Main Route table	Main Network ACL	Tenancy	Default VPC	Owner
rtb-00471be9e423ceb9e	acl-09d08bcb720331c7e	default	No	645908624953

图 6-15　VPC 信息

Name	子网 ID	状态	VPC	IPv4 CIDR	可用 IPv4 地址
公有子网	subnet-0a992b4d1b2e0742c	available	vpc-079e988a44a8e6661...	10.0.0.0/24	251

可用区域	Availability Zone ID	路由表	网络 ACL	默认子网	自动分配公有 IPv...
ap-northeast-2a	apne2-az1	rtb-02fd2f22b7bd698e2	acl-09d08bcb720331c7e	否	否

图 6-16　公有子网信息

6.2.2　路由表及 Internet 网关创建

路由表信息如图 6-17 所示。

Name	路由表 ID	显式关联对象	主路由表	VPC ID
	rtb-00471be9e423ceb9e	-	是	vpc-079e988a44a8e6661 | public
	rtb-02fd2f22b7bd698e2	subnet-0a992b4d1b2e0742c	否	vpc-079e988a44a8e6661 | public

图 6-17　路由表信息

其中，路由表 ID 为 rtb-00471be9e423ceb9e 是主路由，负责子网内部路由，未与子网关联。路由表 ID 为 rtb-02fd2f22b7bd698e2 是系统创建自定义路由表，并与子网关联，路由出口目标为互联网网关 igw-id，负责与连接互联网访问。如图 6-18～图 6-20 所示。

摘要　路由　子网关联　路由传播　标签

编辑路由

查看　所有规则

Destination	Target	Status	Propagated
10.0.0.0/16	local	active	No
0.0.0.0/0	igw-07faa14cee52f333b	active	No

图 6-18　自定义路由信息

摘要　路由　子网关联　路由传播

编辑子网关联

Subnet ID	IPv4 CIDR
subnet-0a992b4d1b2e0742c | 公有子网	10.0.0.0/24

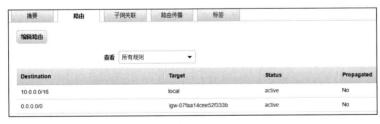

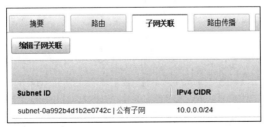

图 6-19　路由关联子网信息

Internet 网关 igw-id 与所创建的 VPC|public 关联，为 VPC 中的实例提供互联网访问。

图 6-20 Internet 网关信息

6.2.3 ACL 及安全组创建

网络 ACL 与 subnet-id、vpc-id 关联，负责子网的入站、出站访问控制。AWS 向导创建的 ACL 出入站规则为所有流量、协议及端口允许，如图 6-21 所示。

图 6-21 ACL 配置信息

AWS 向导创建的安全组为默认安全组（组名：default，描述：default vpc security group），与所创建的 vpc-id 关联，控制启动在该 vpc-id 实例的入站和出站流量，信息如图 6-22 所示。

图 6-22 安全组配置信息

对于安全组和网络 ACL 分别对应 VPC 中的实例和子网控制,可手动改变安全组和网络 ACL 条目用于控制符合生产环境的要求。

6.2.4 AWS CLI 命令下配置输出

1. VPC 配置输出

```
{
    "Vpcs": [
        {
            "VpcId": "vpc-079e988a44a8e6661",
            "InstanceTenancy": "default",
            "Tags": [
                {
                    "Value": "public",
                    "Key": "Name"
                }
            ],
            "CidrBlockAssociationSet": [
                {
                    "AssociationId": "vpc-cidr-assoc-025a504c69a1f6ddd",
                    "CidrBlock": "10.0.0.0/16",
                    "CidrBlockState": {
                        "State": "associated"
                    }
                }
            ],
            "State": "available",
            "DhcpOptionsId": "dopt-93f92bf8",
            "OwnerId": "645908624953",
            "CidrBlock": "10.0.0.0/16",
            "IsDefault": false
        }
    ]
}
```

2. 子网配置输出

```
{
    "Subnets": [
        {
            "MapPublicIpOnLaunch": false,
            "AvailabilityZoneId": "apne2-az1",
            "Tags": [
                {
                    "Value": "公有子网",
```

```
                              "Key": "Name"
                      }
              ],
              "AvailableIpAddressCount": 251,
              "DefaultForAz": false,
              "SubnetArn":
"arn:aws:ec2:ap-northeast-2:645908624953:subnet/subnet-
0a992b4d1b2e0742c",
              "Ipv6CidrBlockAssociationSet": [],
              "VpcId": "vpc-079e988a44a8e6661",
              "State": "available",
              "AvailabilityZone": "ap-northeast-2a",
              "SubnetId": "subnet-0a992b4d1b2e0742c",
              "OwnerId": "645908624953",
              "CidrBlock": "10.0.0.0/24",
              "AssignIpv6AddressOnCreation": false
        }
    ]
}
```

3. 路由表配置输出

```
{
    "RouteTables": [
        {
            "Associations": [
                {
                      "RouteTableAssociationId": "rtbassoc-
049d565633d811dd9",
                      "Main": true,"RouteTableId": "rtb-00471be9e423ceb9e"
                }
            ],
            "RouteTableId": "rtb-00471be9e423ceb9e",
            "VpcId": "vpc-079e988a44a8e6661",
            "PropagatingVgws": [],
            "Tags": [],
            "Routes": [
                {
                      "GatewayId": "local",
                      "DestinationCidrBlock": "10.0.0.0/16",
                      "State": "active",
                      "Origin": "CreateRouteTable"
                }
            ],
            "OwnerId": "645908624953"
        },
```

```
{
        "Associations": [
            {
                "SubnetId": "subnet-0a992b4d1b2e0742c",
                "RouteTableAssociationId":
"rtbassoc-0754e5579c41fbd7e",
                "Main": false,
                "RouteTableId": "rtb-02fd2f22b7bd698e2"
            }
        ],
        "RouteTableId": "rtb-02fd2f22b7bd698e2",
        "VpcId": "vpc-079e988a44a8e6661",
        "PropagatingVgws": [],
        "Tags": [],
        "Routes": [
            {
                "GatewayId": "local",
                "DestinationCidrBlock": "10.0.0.0/16",
                "State": "active",
                "Origin": "CreateRouteTable"
            },
            {
                "GatewayId": "igw-07faa14cee52f333b",
                "DestinationCidrBlock": "0.0.0.0/0",
                "State": "active",
                "Origin": "CreateRoute"
            }
        ],
        "OwnerId": "645908624953"
    }
  ]
}
```

4. 安全组配置输出

```
{
    "SecurityGroups": [
        {
            "IpPermissionsEgress": [
                {
                    "IpProtocol": "-1",
                    "PrefixListIds": [],
                    "IpRanges": [
                        {
                            "CidrIp": "0.0.0.0/0"
                        }
```

```
                    ],
                    "UserIdGroupPairs": [],
                    "Ipv6Ranges": []
                }
            ],
            "Description": "default VPC security group",
            "IpPermissions": [
                {
                    "IpProtocol": "-1",
                    "PrefixListIds": [],
                    "IpRanges": [],
                    "UserIdGroupPairs": [
                        {
                            "UserId": "645908624953",
                            "GroupId": "sg-09dcba6a16c867e3d"
                        }
                    ],
                    "Ipv6Ranges": []
                }
            ],
            "GroupName": "default",
            "VpcId": "vpc-079e988a44a8e6661",
            "OwnerId": "645908624953",
            "GroupId": "sg-09dcba6a16c867e3d"
        }
    ]
}
```

5. 网络 ACL 配置输出

```
{
    "NetworkAcls": [
        {
            "Associations": [
                {
                    "SubnetId": "subnet-0a992b4d1b2e0742c",
                    "NetworkAclId": "acl-09d08bcb720331c7e",
                    "NetworkAclAssociationId":
"aclassoc-0477e2628fdea788c"
                }
            ],
            "NetworkAclId": "acl-09d08bcb720331c7e",
            "VpcId": "vpc-079e988a44a8e6661",
            "Tags": [],
            "Entries": [
                {
```

```
                "RuleNumber": 100,
                "Protocol": "-1",
                "Egress": true,
                "CidrBlock": "0.0.0.0/0",
                "RuleAction": "allow"
            },
            {
                "RuleNumber": 32767,
                "Protocol": "-1",
                "Egress": true,
                "CidrBlock": "0.0.0.0/0",
                "RuleAction": "deny"
            },
            {
                "RuleNumber": 100,
                "Protocol": "-1",
                "Egress": false,
                "CidrBlock": "0.0.0.0/0",
                "RuleAction": "allow"
            },
            {
                "RuleNumber": 32767,
                "Protocol": "-1",
                "Egress": false,
                "CidrBlock": "0.0.0.0/0",
                "RuleAction": "deny"
            }
        ],
        "OwnerId": "645908624953",
        "IsDefault": true
    }
  ]
}
```

6.3 自定义创建 VPC

通过向导创建 VPC，我们了解了 VPC 的工作过程和配置内容及基本方法，本节内容将介绍自定义方式创建 VPC，创建的内容包括一个公有子网和一个私有子网，其中私有子网通过 NAT-id 网关与 Internet 通信，公有子网通过 Igw-id 网关与 Internet 通信，如图 6-23 所示。为了对 AWS 网络有更深入的理解本节操作步骤附带了所需的 AWS CLI 命令实现方式。

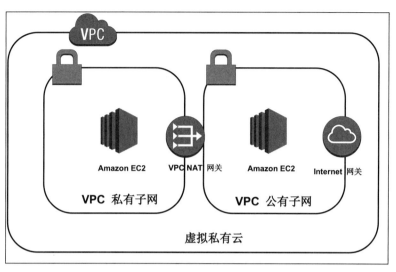

图 6-23 公有、私有子网 VPC 结构

6.3.1 子网创建

（1）VPC 创建，在 Create VPC 页面 IPv4 CIDR block 输入框中输入 10.0.0.0/16，创建 VPC，如图 6-24 所示。

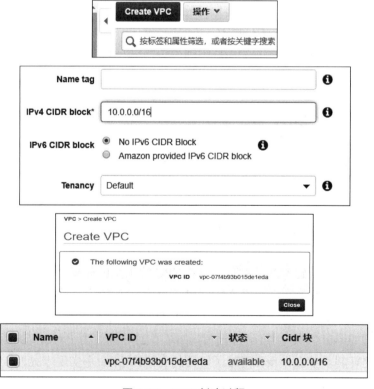

图 6-24 VPC 创建过程

AWS CLI 命令实现：

```
aws ec2 create-vpc --cidr-block 10.0.0.0/16
```

（2）第一个子网（公有子网）创建，如图 6-25 所示。

创建子网

以 CIDR 格式指定子网的 IP 地址块；例如，10.0.0.0/24。IPv4 块的大小必须介于 /16 网络掩码和 /28 网络掩码之间，可与您的 VPC 大小相同。IPv6 CIDR 块必须是 /64 CIDR 块。

名称标签	公有子网	
VPC*	vpc-07f4b93b015de1eda	

VPC CIDR	CIDR	Status	Status Reason
	10.0.0.0/16	associated	

可用区域	ap-northeast-2a
IPv4 CIDR 块*	10.0.0.0/24

图 6-25　公有子网创建过程

AWS CLI 命令实现：

```
aws ec2 create-subnet --vpc-id vpc-07f4b93b015de1eda --cidr-block 10.0.0.0/24
```

（3）第二个子网（私有子网）创建，如图 6-26 所示。

创建子网

以 CIDR 格式指定子网的 IP 地址块；例如，10.0.0.0/24。IPv4 块的大小必须介于 /16 网络掩码和 /28 网络掩码之间，可与您的 VPC 大小相同。IPv6 CIDR 块必须是 /64 CIDR 块。

名称标签	私有子网	
VPC*	vpc-07f4b93b015de1eda	

VPC CIDR	CIDR	Status	Status Reason
	10.0.0.0/16	associated	

可用区域	ap-northeast-2c
IPv4 CIDR 块*	10.0.1.0/24

图 6-26　私有子网创建过程

AWS CLI 命令实现：

```
aws ec2 create-subnet --vpc-id vpc-07f4b93b015de1eda --cidr-block 10.0.1.0/24
```

公有子网、私有子网创建完成，如图 6-27 所示。

图 6-27　子网创建完成

6.3.2　Igw 网关创建

在自定义创建 VPC 过程中系统自动产生了内部的主路由，路由信息如图 6-28 所示。

图 6-28　主路由信息

接着首先需要创建 Igw-id，并配置公有子网路由指向 Igw-id 出口，再配置 NAT 网关，并配置私有子网路由信息。

（1）创建 Igw-id 网关，如图 6-29 所示。

图 6-29　创建 Igw-id 网关

AWS CLI 命令实现：

```
aws ec2 create-internet-gateway
```

（2）需要将创建的 Igw-id 附加到 VPC，并与之关联，如图 6-30 所示。

图 6-30 Igw-id 附加到 VPC

AWS CLI 命令实现：

```
aws ec2 attach-internet-gateway --vpc-id "vpc-07f4b93b015de1eda" --internet-gateway-id "Igw-09514336075ef14b1" //Igw 网关附加到 VPC
```

（3）创建路由表，添加路由条目出口指向 Igw-id 网关，并与公有子网关联，如图 6-31 所示。

创建路由表

路由表指定在 VPC、Internet 和 VPN 连接内的子网之间转发数据包的方式。

名称标签   public

VPC*   vpc-07f4b93b015de1eda

编辑路由

目标	目标	状态	已传播
10.0.0.0/16	local	active	否
0.0.0.0/0	igw-09514336075ef14b1		否

按标签和属性筛选，或者按关键字搜索

	Name	路由表 ID	显式关联对象	主路由表
■	public	rtb-01fab91e7073fc940	subnet-0d66344f5b2779666	否
		rtb-0ac4ab314a2686592	-	是

编辑路由

查看   所有规则

Destination	Target	Status
10.0.0.0/16	local	active
0.0.0.0/0	igw-09514336075ef14b1	active

图 6-31 公有子网路由信息

AWS CLI 命令实现:

```
aws ec2 create-route-table --vpc-id vpc-07f4b93b015de1eda //创建路由表并与
VPC 关联
aws ec2 create-route --route-table-id rtb-01fab91e7073fc940 --destiNATion-cidr-
block
0.0.0.0/0 --gateway-id Igw-09514336075ef14b1 //添加路由条目,出口指向 Igw-id
网关
aws ec2 associate-route-table --subnet-id subnet-0d66344f5b2779666 --route-
table-id rtb-01fab91e7073fc940 //所创建的路由表与公有子网相关联
```

6.3.3　NAT 网关创建

(1)请求弹性 IP 地址并分配所要创建的 NAT-id 网关,如图 6-32 所示。

图 6-32　请求弹性 IP 地址

AWS CLI 命令实现:

```
aws ec2 allocate-address
```

创建 NAT-id 网关,子网与私有子网 subnet-id 关联,如图 6-33 所示。
AWS CLI 命令实现:

```
aws ec2 create-NAT-gateway --subnet-id subnet-096272194cf273748 --
allocation-id eipalloc-0fed3ab2e1e0dd6ce //创建 NAT 网关(子网与弹性 IP 关联)
aws ec2 associate-address --allocation-id eipalloc-0fed3ab2e1e0dd6ce --
network-interface-id eni-0d2a284ac34001e14 //弹性 IP 地址与网络接口相关联
```

(2)编辑路由表,为私有网络添加 NAT-id 网关,如图 6-34 所示。

图 6-33 创建 NAT-id 网关

图 6-34 编辑路由表

保存路由后返回路由页面，目标 0.0.0.0/0 NAT-id 路由已添加，如图 6-35 所示。

图 6-35 完成 NAT-id 网关路由的添加

（3）在公有子网和私有子网中分别启动 EC2 实例，并通过公有子网中实例中分配的公有 IP 地址远程连接两个实例，信息如图 6-36 所示。

Name	实例 ID	实例类型	可用区	实例状态	状态检查	警报状态
	i-0d814c946b408b180	t2.micro	ap-northeast-2a	running	2/2 的检查...	无
	i-0fb9fcb952cd83d84	t2.micro	ap-northeast-2c	running	2/2 的检查...	无

```
          Hostname : WIN-DO4RIJ87252
       Instance ID : i-0d814c946b408b180
 Public IP Address : 54.180.141.167
Private IP Address : 10.0.0.15
 Availability Zone : ap-northeast-2a
     Instance Size : t2.micro
      Architecture : AMD64
```

```
          Hostname : WIN-5E9IGMS2K4S
       Instance ID : i-0fb9fcb952cd83d84
Private IP Address : 10.0.1.221
 Availability Zone : ap-northeast-2c
     Instance Size : t2.micro
      Architecture : AMD64
```

图 6-36　EC2 实例连接

6.3.4　AWS CLI 配置输出

1. VPC 配置输出

```
{
    "Vpcs": [
        {
            "VpcId": "vpc-07f4b93b015de1eda",
            "InstanceTenancy": "default",
            "CidrBlockAssociationSet": [
                {
                    "AssociationId": "vpc-cidr-assoc-0abe062dd45aa2907",
                    "CidrBlock": "10.0.0.0/16",
                    "CidrBlockState": {
                        "State": "associated"
                    }
                }
            ],
            "State": "available",
            "DhcpOptionsId": "dopt-01a52cc18e7888e09",
            "OwnerId": "645908624953",
```

```
            "CidrBlock": "10.0.0.0/16",
            "IsDefault": false
        }
    ]
}
```

2. NAT 网关输出

```
{
    "NATGateways": [
        {
            "NATGatewayAddresses": [
                {
                    "PublicIp": "15.164.187.231",
                    "NetworkInterfaceId": "eni-0d2a284ac34001e14",
                    "AllocationId": "eipalloc-0fed3ab2e1e0dd6ce",
                    "PrivateIp": "10.0.1.45"
                }
            ],
            "VpcId": "vpc-07f4b93b015de1eda",
            "Tags": [],
            "State": "available",
            "NATGatewayId": "NAT-06e0d58eb8daa6bd6",
            "SubnetId": "subnet-096272194cf273748",
            "CreateTime": "2019-07-18T15:48:01.000Z"
        }
    ]
}
```

3. Igw 网关输出

```
{
    "InternetGateways": [
        {
            "OwnerId": "645908624953",
            "Tags": [],
            "Attachments": [
                {
                    "State": "available",
                    "VpcId": "vpc-07f4b93b015de1eda"
                }
            ],
            "InternetGatewayId": "Igw-09514336075ef14b1"
        }
    ]
}
```

4．子网输出

```
"Subnets": [
    {
        "MapPublicIpOnLaunch": false,
        "AvailabilityZoneId": "apne2-az1",
        "Tags": [
            {
                "Value": "公有子网",
                "Key": "Name"
            }
        ],
        "AvailableIpAddressCount": 250,
        "DefaultForAz": false,
        "SubnetArn":
"arn:aws:ec2:ap-northeast-2:645908624953:subnet/subnet-0d66344f5b2779666",
        "Ipv6CidrBlockAssociationSet": [],
        "VpcId": "vpc-07f4b93b015de1eda",
        "State": "available",
        "AvailabilityZone": "ap-northeast-2a",
        "SubnetId": "subnet-0d66344f5b2779666",
        "OwnerId": "645908624953",
        "CidrBlock": "10.0.0.0/24",
        "AssignIpv6AddressOnCreation": false
    },
    {
        "MapPublicIpOnLaunch": false,
        "AvailabilityZoneId": "apne2-az3",
        "Tags": [
            {
                "Value": "私有子网",
                "Key": "Name"
            }
        ],
        "AvailableIpAddressCount": 249,
        "DefaultForAz": false,
        "SubnetArn":
"arn:aws:ec2:ap-northeast-2:645908624953:subnet/subnet-096272194cf273748",
        "Ipv6CidrBlockAssociationSet": [],
        "VpcId": "vpc-07f4b93b015de1eda",
        "State": "available",
        "AvailabilityZone": "ap-northeast-2c",
        "SubnetId": "subnet-096272194cf273748",
        "OwnerId": "645908624953",
        "CidrBlock": "10.0.1.0/24",
```

```
            "AssignIpv6AddressOnCreation": false
        }
    ]
}
```

5. 实例输出

```
{
    "InstanceStatuses": [
        {
            "InstanceId": "i-0d814c946b408b180",
            "InstanceState": {
                "Code": 16,
                "Name": "running"
            },
            "AvailabilityZone": "ap-northeast-2a",
            "SystemStatus": {
                "Status": "ok",
                "Details": [
                    {
                        "Status": "passed",
                        "Name": "reachability"
                    }
                ]
            },
            "InstanceStatus": {
                "Status": "ok",
                "Details": [
                    {
                        "Status": "passed",
                        "Name": "reachability"
                    }
                ]
            }
        },
        {
            "InstanceId": "i-0fb9fcb952cd83d84",
            "InstanceState": {
                "Code": 16,
                "Name": "running"
            },
            "AvailabilityZone": "ap-northeast-2c",
            "SystemStatus": {
                "Status": "ok",
                "Details": [
                    {
```

```
                    "Status": "passed",
                    "Name": "reachability"
                }
            ]
        },
        "InstanceStatus": {
            "Status": "ok",
            "Details": [
                {
                    "Status": "passed",
                    "Name": "reachability"
                }
            ]
        }
    }
    ]
}
```

6.4　创建对等连接

VPC 是相对隔离的网络环境,但有时希望在 VPC 之间及子网之间能够进行相互通信,这时候就需要使用 AWS 里的对等连接来实现,网络结构如图 6-37 所示。

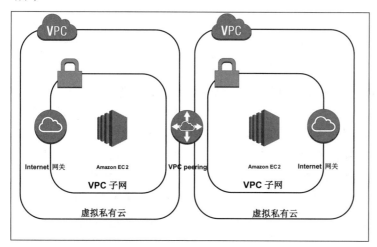

图 6-37　对等连接 VPC 结构

6.4.1　创建两个公有子网 VPC

使用向导创建两个带单个公有子网的 VPC,demo1 和 demo2,Cidr 块分别为 10.0.0.0/16 和 10.1.0.0/16,如图 6-38 所示。

图 6-38   创建两个带公有子网的 VPC

6.4.2   配置对等连接

（1）发起方创建 VPC 对等连接请求，此例使用 demo1 为发起请求方，demo2 为接受方，如图 6-39 所示。

图 6-39   对等连接发起请求配置

（2）demo2 接受 VPC 对等连接请求，如图 6-40 所示。

（3）在两个 VPC 路由表中分别添加 demo1 和 demo2 的目的路由条目，目标指向对等连接产生的 pcx-id，如图 6-41 所示。

（4）要使不同 VPC 内的不同子网能够通信，需要允许接受者 VPC 将请求者 VPC 主机的 DNS 解析为私有 IP，同时还需要允许请求者 VPC 将接受者 VPC 主机的 DNS 解析为私有 IP，配置如图 6-42 所示。

完成以上配置后两个 VPC 的对等连接已建立，可以分别启动 VPC 内的实例进行通信。

6.4.3   对等连接配置 AWS CLI 输出

1. VPC 配置信息

```
{
    "Vpcs": [
```

```
{
    "VpcId": "vpc-027509fbe9c8c0c16",
    "InstanceTenancy": "default",
    "Tags": [
        {
            "Value": "demo2",
            "Key": "Name"
        }
    ],
    "CidrBlockAssociationSet": [
        {
            "AssociationId": "vpc-cidr-assoc-06514b9a020786302",
            "CidrBlock": "10.1.0.0/16",
            "CidrBlockState": {
                "State": "associated"
            }
        }
    ],
    "State": "available",
    "DhcpOptionsId": "dopt-01a52cc18e7888e09",
    "OwnerId": "645908624953",
    "CidrBlock": "10.1.0.0/16",
    "IsDefault": false
},
{
    "VpcId": "vpc-07278f518f668615e",
    "InstanceTenancy": "default",
    "Tags": [
        {
            "Value": "demo1",
            "Key": "Name"
        }
    ],
    "CidrBlockAssociationSet": [
        {
            "AssociationId": "vpc-cidr-assoc-0907d7267012357b5",
            "CidrBlock": "10.0.0.0/16",
            "CidrBlockState": {
                "State": "associated"
            }
        }
    ],
    "State": "available",
```

```
        "DhcpOptionsId": "dopt-01a52cc18e7888e09",
        "OwnerId": "645908624953",
        "CidrBlock": "10.0.0.0/16",
        "IsDefault": false
    }
  ]
}
```

对等连接	状态	请求者 VPC	接受方 VPC
pcx-058c2c53a5d082918	正在处理接受	vpc-07278f518f668615e | demo1	vpc-027509fbe9c8c0c16 | demo2

接受 VPC 对等连接请求

您确实要接受此 VPC 对等连接请求 (pcx-058c2c53a5d082918)?

请求者账户 ID	645908624953 (此账户)	接受方账户 ID	645908624953 (此账户)
请求者 VPC ID	vpc-07278f518f668615e	接受方 VPC ID	vpc-027509fbe9c8c0c16
请求方 VPC 区域	ap-northeast-2	接受方 VPC 区域	ap-northeast-2
请求方 VPC CIDR	10.0.0.0/16	接受方 VPC CIDR	-

取消　　是，接受

对等连接	状态	请求者 VPC	接受方 VPC	请求方 CIDR	接受方 CIDR
pcx-058c2c53a5d082918	活动	vpc-07278f518f668615e | demo1	vpc-027509fbe9c8c0c16 | demo2	10.0.0.0/16	10.1.0.0/16

请求方 VPC 所有者	645908624953	接受方 VPC 所有者	645908624953
请求者 VPC ID	vpc-07278f518f668615e	接受方 VPC ID	vpc-027509fbe9c8c0c16
请求方 VPC 区域	首尔 (ap-northeast-2)	接受方 VPC 区域	首尔 (ap-northeast-2)
请求方 VPC CIDR	10.0.0.0/16	接受方 VPC CIDR	10.1.0.0/16
VPC 对等连接	pcx-058c2c53a5d082918	对等连接状态	Active
过期时间	-		

图 6-40　接受对等连接请求

Destination	Target	Status
10.0.0.0/16	local	active
10.1.0.0/16	pcx-058c2c53a5d082918	active

Destination	Target	Status
10.1.0.0/16	local	active
10.0.0.0/16	pcx-058c2c53a5d082918	active

图 6-41　添加对等连接路由条目

下面的设置可控制对等 VPC 与 DNS 解析配合运行的方式

VPC 对等连接　pcx-058c2c53a5d082918

DNS 解析　☑ 允许接受者 VPC (vpc-027509fbe9c8c0c16) 将请求者 VPC (vpc-07278f518f668615e) 主机的 DNS 解析为私有 IP

Accepter DNS resolution　☑ 允许请求者 VPC (vpc-07278f518f668615e) 将接受方 VPC (vpc-027509fbe9c8c0c16) 主机的 DNS 解析为私有 IP

图 6-42　更改 DNS 配置解析

2. 对等连接配置信息输出

```json
{
    "VpcPeeringConnections": [
        {
            "Status": {
                "Message": "Active",
                "Code": "active"
            },
            "Tags": [],
            "AccepterVpcInfo": {
                "PeeringOptions": {
                    "AllowEgressFromLocalVpcToRemoteClassicLink": false,
                    "AllowDnsResolutionFromRemoteVpc": false,
                    "AllowEgressFromLocalClassicLinkToRemoteVpc": false
                },
                "VpcId": "vpc-027509fbe9c8c0c16",
                "Region": "ap-northeast-2",
                "OwnerId": "645908624953",
                "CidrBlockSet": [
                    {
                        "CidrBlock": "10.1.0.0/16"
                    }
                ],
                "CidrBlock": "10.1.0.0/16"
            },
            "VpcPeeringConnectionId": "pcx-058c2c53a5d082918",
            "RequesterVpcInfo": {
                "PeeringOptions": {
                    "AllowEgressFromLocalVpcToRemoteClassicLink": false,
                    "AllowDnsResolutionFromRemoteVpc": false,
                    "AllowEgressFromLocalClassicLinkToRemoteVpc": false
                },
                "VpcId": "vpc-07278f518f668615e",
                "Region": "ap-northeast-2",
                "OwnerId": "645908624953",
                "CidrBlockSet": [
                    {
                        "CidrBlock": "10.0.0.0/16"
                    }
                ],
                "CidrBlock": "10.0.0.0/16"
            }
        }
    ]
}
```

⬩ 习题

1. 区域和可用区是什么关系？
2. AWS 系统默认创建的 VPC 中包含的子网特点有哪些？
3. 路由表中的主路由与自定义路由的区别是什么？
4. Internet 网关的作用是什么？
5. 简述路由表与 Internet 网关的关系。
6. 简述 VPC 中的 CIDR 块与子网的 CIDR 块的关系。
7. 自定义 VPC 中如何区别所创建的子网是公有子网还是私有子网？
8. Internet 网关与 NAT 网关的区别是什么？
9. 简述公有子网与私有子网的主路由和自定义路由的关系。
10. 什么是对等连接，在什么情况下使用对等连接？
11. 对等连接的路由需要添加的路由条目是什么？
12. 对等连接中 DNS 修改的内容是什么？

⬩ 参考文献

[1] Amazon Web Services, Inc. AWS 官方文档[EB/OL]. [2021-3]. https://docs.amazonaws.cn/vpc/index.html.

第 7 章

安全防护

安全防护是网络安全领域的一项重要手段，对于网络发达的今天，企业的安全防护工作显得尤为重要，如何做好网络安全的防护工作，使得企业级业务能够处在安全的网络环境中是永恒不变的话题。

AWS 提供了账号级别的安全策略、企业级网络环境的安全策略、安全工具服务等安全手段，帮助客户解决云上的安全问题，提供全套的安全服务体系。

7.1 账户安全

7.1.1 IAM 管理

AWS 身份和访问管理（AWS Identity and Access Management ,IAM）是一项 Web 服务，使 AWS 的客户能在 AWS 中管理用户和用户权限。该服务主要针对拥有多用户或多系统且使用 AWS 产品（例如 Amazon EC2、Amazon SimpleDB 及 AWS 管理控制台）的组织。借助 IAM，用户可以集中管理用户、安全证书（如访问密钥），以及控制用户可访问哪些 AWS 资源的权限。

AWS 身份和访问管理（IAM）可用于以下情形。

➢ 管理 IAM 用户及其访问权限：IAM 帮助使用者创建用户并为其分配单独的安全凭据（访问密钥、密码和多重身份验证设备）。可以管理用户权限以控制用户可以执行的操作。

➢ 管理 IAM 角色及其权限：IAM 角色与用户类似，具有权限策略的 AWS 身份，用于确定在 AWS 中"可以做什么"和"不能做什么"。角色不是与一个人唯一关联，而是由任何需要它的人来假设。

➢ 管理联盟用户及其权限：IAM 的 root 账户可以启用身份联合，以允许企业中的现有用户访问 AWS 管理控制台，调用 AWS API 和访问资源，而无须为每个身份创建 IAM 用户。

AWS 中的 IAM 工作原理图如图 7-1 所示。

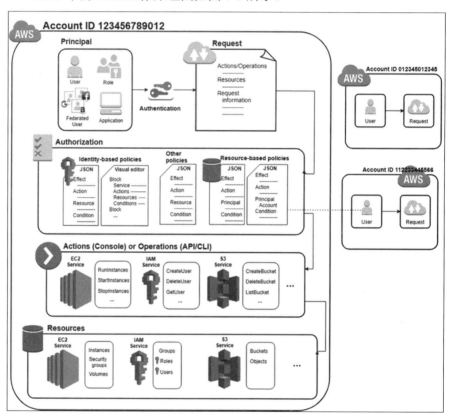

图 7-1　IAM 工作原理图

在授权期间，AWS 执行代码使用请求上下文中的值来检查匹配的策略，并确定是允许还是拒绝请求。AWS 会检查适用于请求上下文的每个策略。如果单个策略拒绝该请求，AWS 将拒绝整个请求并停止评估策略，这称为显式拒绝。由于默认情况下请求被拒绝，因此只有在适用的策略允许用户的请求的每个部分时，IAM 才会授权用户的请求。单个账户中的请求的评估逻辑遵循以下规则。

➤ 在默认情况下，所有请求都被隐式拒绝。或者，在默认情况下，AWS 账户 root 用户具有完全访问权限。

➤ 基于身份或基于资源的策略中的显式允许会覆盖此默认值。

➤ 如果存在权限边界，组织 SCP 或会话策略，则可能会使用隐式拒绝覆盖允许。

➤ 任何策略中的显式拒绝都会覆盖任何允许。

在用户的请求经过身份验证和授权后，AWS 会批准该请求。如果需要在其他账户中发出请求，则其他账户中的策略必须允许用户访问该资源。此外，用于发出请求的 IAM 实体必须具有允许该请求的基于身份的策略。[1]

7.1.2 IAM 用户权限设置

AWS 身份和访问管理（IAM）的访问管理部分可帮助用户定义允许主体实体在账户中执行的操作。主体实体是使用 IAM 实体（用户或角色）进行身份验证的个人或应用程序。访问管理通常称为授权。用户可以通过创建策略并将其附加到 IAM 身份（用户，用户组或角色）或 AWS 资源来管理 AWS 中的访问。策略是 AWS 中的一个对象，当与身份或资源关联时，定义其权限。当主体使用 IAM 实体（用户或角色）发出请求时，AWS 会评估这些策略。策略中的权限确定是允许还是拒绝请求。

1. IAM 角色

IAM 角色与用户非常相似，因为它是具有权限策略的标识，用于确定身份在 AWS 中可以做什么和不能做什么。但是，角色没有与之关联的任何凭据（密码或访问密钥）。一个角色可以被任何需要它的人所假设，而不是与一个人唯一关联。IAM 用户可以承担临时为特定任务承担不同权限的角色。可以将角色分配给联合用户使用外部身份提供者而不是 IAM 登录。AWS 使用身份提供程序传递的详细信息来确定将哪个角色映射到联合用户。

2. 临时证书

临时凭证主要用于 IAM 角色，但也有其他用途。用户可以请求具有比标准 IAM 用户更受限制的权限集的临时凭证。这可以防止意外执行更受限制的凭据不允许的任务。临时凭证的好处是它们会在一段时间后自动过期。可以控制凭据有效的持续时间。

那么何时创建 IAM 用户（而不是角色）。由于 IAM 用户只是账户中具有特定权限的标识，因此可能不需要为需要凭据的每个场合创建 IAM 用户。

在许多情况下，用户可以利用 IAM 角色及其临时安全凭证，而不是使用与 IAM 用户关联的长期凭据。

下面分如下假定场景描述。

（1）用户创建了一个 AWS 账户，并且是唯一在自己的账户中工作的人。

可以使用 AWS 账户的 root 用户凭据与 AWS 合作，但不建议这样做。相反，强烈建议用户自己创建 IAM 用户，并在使用 AWS 时使用该用户的凭据。

（2）用户组中的其他人需要在用户的 AWS 账户中工作，而用户的组不使用其他身份机制。

为需要访问 AWS 资源的个人创建 IAM 用户，为每个用户分配适当的权限，并为每个用户提供他或她自己的凭据。强烈建议用户永远不要在多个用户之间共享凭据。

（3）用户希望使用命令行界面（CLI）来使用 AWS。

CLI 需要可用于调用 AWS 的凭据。创建 IAM 用户并授予该用户运行所需 CLI 命令的权限。然后在计算机上配置 CLI 以使用与该 IAM 用户关联的访问密钥凭据。

3. 政策和账户

如果用户在 AWS 中管理单个账户，则可以使用策略在该账户中定义权限；如果管理多个账户的权限，则管理用户的权限会更加困难。可以使用 IAM 角色，基于资源的策略或访问控制列表（ACL）来实现跨账户权限。但是，如果用户拥有多个账户，建议用户使用 AWS Organizations 服务来帮助管理这些权限。

4. 政策和用户

IAM 用户是服务中的身份。创建 IAM 用户时，在用户授予其权限之前，他们无法访问用户账户中的任何内容。可以通过创建基于身份的策略为用户授予权限，该策略是附加到用户或用户所属组的策略。以下示例显示了一个 JSON 策略，该策略允许用户在 Region 中的账户中 dynamodb:*的 Books 表上执行所有 Amazon DynamoDB 操作。

```
{
  "Version": "2012-10-17",
  "Statement": {
    "Effect": "Allow",
    "Action": "dynamodb:*",
    "Resource": "arn:aws:dynamodb:us-east-2:123456789012:table/Books"
```

```
    }
}
```

将此策略附加到 IAM 用户后，该用户仅具有这些 DynamoDB 权限。大多数用户都有多个策略，它们共同代表该用户的权限。

在默认情况下，拒绝未明确允许的操作或资源。例如，如果前面的策略是附加到用户的唯一策略，则允许该用户仅对 Books 表执行 DynamoDB 操作。禁止对所有其他表执行操作。同样，不允许用户在 Amazon EC2、Amazon S3 或任何其他 AWS 服务中执行任何操作。原因是策略中不包含使用这些服务的权限。

IAM 控制台包括策略摘要表，用于描述策略中每个服务允许或拒绝的访问级别、资源和条件。策略汇总在三个表中，策略摘要、服务摘要和操作摘要。该政策汇总表包括服务的列表，在那里选择一项服务以查看服务摘要，此摘要表包括所选服务的操作和相关权限的列表。可以从该表中选择一个操作来查看操作摘要，该表包括所选操作的资源和条件列表，策略汇总表关系图如图 7-2 所示。

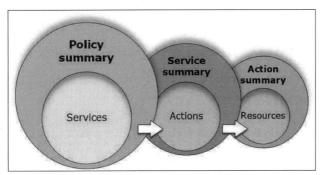

图 7-2　政策汇总表

可以在"用户"页面上查看附加到该用户的所有策略（托管和内联）的策略摘要。查看所有托管策略的"策略"页面上的摘要。

例如，AWS 管理控制台中汇总了以前的策略，如图 7-3 所示。

Service ▾	Access level	Resource	Request condition
Allow (1 of 102 services) Show remaining 101			
DynamoDB	Full access	TableName = Books	None

图 7-3　策略摘要

5. 政策和小组

可以将 IAM 用户组织到 IAM 组中，并将策略附加到组。在这种情况下，单个用户仍具有自己的凭据，但组中的所有用户都具有附加到该组的权限。使用组可以更轻松地进行权限管理，IAM 组结构如图 7-4 所示。

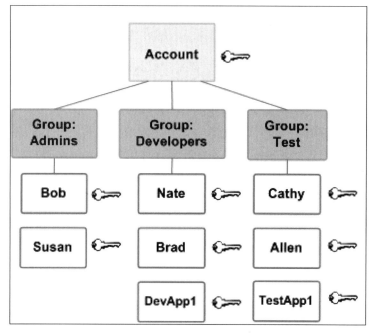

图 7-4　IAM 组

　　用户或组可以附加多个授予不同权限的策略。在这种情况下，用户的权限是根据策略组合计算的。但基本原则仍然适用，如果未授予用户对操作和资源的显式权限，则该用户没有这些权限。

6. 联合用户和角色

　　联合用户在 AWS 账户中没有 IAM 用户的永久身份。要为联合用户分配权限，用户可以创建一个称为角色的实体 并定义该角色的权限。当联合用户登录 AWS 时，该用户与该角色关联，并被授予该角色中定义的权限。

7. 基于身份和基于资源的策略

　　基于身份的策略是附加到 IAM 身份的权限策略，例如 IAM 用户、组或角色。基于资源的策略是附加到资源（如 Amazon S3 存储桶或 IAM 角色信任策略）的权限策略。

　　（1）基于身份的策略用来控制身份可以执行的操作，包括在哪些资源上及在什么条件下执行。基于身份的策略可以进一步分为以下两类。

　　➤　托管策略：是可以附加到 AWS 账户中多个用户、组和角色的基于身份的独立策略。用户可以使用两种类型的托管策略，AWS 托管策略和客户托管策略。

　　AWS 托管策略是由 AWS 创建和管理的托管策略。如果不熟悉使用策略，则建议首先使用 AWS 托管策略。

客户托管策略是在 AWS 账户中创建和管理的托管策略。与 AWS 托管策略相比，客户托管策略可以更精确地控制用户的策略。可以在可视编辑器中创建和编辑 IAM 策略，也可以直接创建 JSON 策略文档。

> 内联策略：用户创建和管理并直接嵌入单个用户、组或角色的策略。在大多数情况下，不建议使用内联策略。

（2）IAM 服务仅支持一种称为角色信任策略的基于资源的策略，该策略附加到 IAM 角色。由于 IAM 角色既是标识，也是支持基于资源的策略的资源，因此必须将信任策略和基于身份的策略都附加到 IAM 角色。信任策略定义哪些主体实体（账户，用户，角色和联合用户）可以担任该角色。

7.1.3 IAM 角色管理

AWS 身份和访问管理（IAM）是一项出色的服务，可在 AWS 云上提供用户访问管理和安全性。角色是 IAM 的自动化和第三方服务集成的关键部分。角色与用户类似，因为它们允许基于附加到它们的策略访问资源。

在简单系统中，如果应用程序需要访问 AWS 资源，用户可以通过让应用程序使用已分配给 IAM 用户的访问密钥（Aocess Key）和安全密钥（Security Key）运行来实现此目的。但对于大型系统来说，这是不安全的，且难以管理。IAM 角色无论管理还是安全性方面，都要更好一些，所以让我们探讨它们的用途及为什么它们更好。

1. EC2 VM 的角色

角色最常见的用途是让 VM 在大型系统中自动执行操作，尤其是在 DevOps 世界中。角色授予 EC2 VMs 使用其他 AWS 资源的权限，无须任何用户或密码/密钥。

例如，在需要访问 S3 进行备份或其他目的的 EC2 实例上运行的应用程序可以执行此操作，并且安全性会自动发生。无须为 S3 创建特殊用户，无须将密钥放在 VM 上或保护等。并且没有人可以窃取这些凭据，因为它们永久地与 VM 本身绑定。

另一个例子是在 EC2 实例上运行部署工具。角色绝对可以提供安全执行此操作的能力，因为 EC2 上没有可以被利用的密钥。此外，使用键，当旋转键时，在每个实例上更新它们都很有挑战性。角色通过内置方式解决所有这些问题，以持续保护用户的应用程序。

其他功能强大的基于实例的角色用例包括 HA 或故障转移，其中 VM 可以向 ELB 添加或从 ELB 中删除自身，可以对其自己的磁盘进行快照以进行备份等。

但请记住，在启动实例时，角色只能附加到 EC2 实例。以后无法向该实例添加角色。这是一个严重的限制，因此最佳做法是在启动时（通常通过层或函数）为所有新实例赋予一些没有权限的角色。然后，可以稍后为该角色添加或定义 IAM 访问策略。

2．第三方服务的角色

AWS 建议通过角色授予对外部第三方服务的访问权限。例如，对于外部安全审计服务，应提供角色以授予临时访问权限。第三方服务可以使用 Assume Role 函数并通过 API 获取临时凭证，然后执行 Role 的权限已定义的内容。

角色还可以用于通过以与上述类似的方式与外部身份提供者集成来设置身份联合。

3．跨账户访问的角色

角色还可用于允许来自一个 AWS 账户的 AWS 用户访问另一个 AWS 账户中的资源。作为 MSP，使用这种方式集中安全地管理所有员工的账户。使用控制台的账户中的用户可以切换到角色临时使用客户控制台中角色的权限。

每个人都应该了解有关 IAM 角色的更多信息，并将其作为强大的主动安全功能用于用户的 AWS 部署中，下面解决如何管理 IAM 角色和 IAM 的访问方式。

（1）管理 IAM 角色。有时，需要修改或删除已创建的角色。要更改角色，可以执行以下任何操作。

➢ 修改与角色关联的策略。

➢ 更改可以访问该角色的人员。

➢ 编辑角色授予用户的权限。

➢ 更改使用 AWS CLI 或 API 假定的角色的最大会话持续时间设置。

还可以删除不再需要的角色。可以从 AWS 管理控制台，AWS CLI 和 API 管理角色。

（2）IAM 访问方式。可以通过以下任何方式使用 AWS Identity and Access Management。

➢ AWS 管理控制台是基于浏览器的界面，用于管理 IAM 和 AWS 资源。

➢ 用户可以使用 AWS 命令行工具在系统的命令行中发出命令，以执行 IAM 和 AWS 任务。使用命令行可以比控制台更快、更方便。如果要构建执行 AWS 任务的脚本，命令行工具也很有用。

AWS 提供了两组命令行工具，AWS 命令行界面（AWS CLI）和适用于 WindowsPowershell 的 AWS 工具。

> AWS 提供 SDK（软件开发工具包），包括各种编程语言和平台（Java、Python、Ruby、.NET 及 iOS、Android 等）的库和示例代码。SDK 提供了一种创建 IAM 和 AWS 编程访问的便捷方式。SDK 负责处理任务，例如加密签名请求、管理错误及自动重试请求。

> 可以使用 IAM HTTPS API 以编程的方式访问 IAM 和 AWS，从而可以直接向服务发出 HTTPS 请求。使用 HTTPS API 时，必须包含使用凭据对请求进行数字签名的代码。

7.2 网络环境安全

在之前的章节已经介绍了 Amazon Virtual Private Cloud（Amazon VPC）可以在 AWS 云中预置一个逻辑隔离的部分，从而在自己定义的虚拟网络中启动 AWS 资源。可以完全掌控自己的虚拟联网环境，包括选择自己的 IP 地址范围、创建子网及配置路由表和网络网关。在 VPC 中可以使用 IPv4 和 IPv6，轻松安全地访问资源和应用程序。因此也要确保网络环境（Amazon VPC）的安全性。

Amazon Virtual Private Cloud 提供四种功能，以供我们用来提高和监控 Amazon 网络环境的安全性。

> 网络访问控制列表（ACL）：用作关联的子网的防火墙，在子网级别同时控制入站和出站流量。

> 安全组：用作关联 Amazon EC2 实例的防火墙，在实例级别同时控制入站和出站流量。

> 网关设置：Internet 网关是一种横向扩展、支持冗余且高度可用的 VPC 组件，可实现 VPC 中的实例与 Internet 之间的通信。它不会对网络流量造成可用性风险或带宽限制。

> NAT 实例设置：使用 NAT 设备允许私有子网中的实例连接到 Internet（例如，为了进行软件更新）或其他 AWS 服务，但阻止 Internet 发起与实例的连接。NAT 设备将来自私有子网中实例的流量转发到 Internet 或其他 AWS 服务，然后将响应发回给实例。当流量流向 Internet 时，源 IPv4 地址替换为 NAT 设备的地址，同样，当响应流量流向这些实例时，NAT 设备将地址转换为这些实例的私有 IPv4 地址。NAT 设备不支持 IPv6 流量，而是改用仅出口 Internet 网关。

当在 VPC 中启动一项实例时，可以为其关联一个或多个已经创建的安全组。在 VPC 中的每项实例都可能属于不同的安全组集合。如果在启动实例时未指定安全组，则实例会自动归属到 VPC 的默认安全组。[2]

可以仅利用安全组来确保 VPC 实例的安全，也可以添加网络 ACL 作为附加防御层。

可以通过创建 VPC、子网或单独的网络接口的流日志来监控传入和传出实例的已接受的 IP 流量和已拒绝的 IP 流量。流日志数据将发布到 CloudWatch Logs，这可帮助用户诊断过于严格或过于宽松的安全组和网络 ACL 规则。

可以使用 AWS Identity and Access Management 来控制可以创建和管理安全组、网络 ACL 和流日志的组织成员。例如，可以仅授予用户的网络管理员此许可，而非将许可授予需要启动实例的人员。

Amazon 安全组和网络 ACL 不筛选在链路本地地址（169.254.0.0/16）或 AWS 预留的 IPv4 地址间往返的流量，它们是该子网的前四个 IPv4 地址（包括用于该 VPC 的 Amazon DNS 服务器地址）。同样，流日志不捕获在这些地址间往返的 IP 流量。这些地址支持以下服务：域名服务（DNS）、动态主机配置协议（DHCP）、Amazon EC2 实例元数据、密钥管理服务器（KMS 用于 Windows 实例的许可管理）和子网中的路由。可以在实例中实施额外的防火墙解决方案，以阻断与本地链接地址间的网络通信。

7.2.1 ACL 管理设置

网络访问控制列表（ACL）是 VPC 的一个可选安全层，可用作防火墙来控制进出一个或多个子网的流量。用户可以设置网络 ACL，使其规则与用户的安全组相似，以便为用户的 VPC 添加额外安全层。

1. 网络 ACL 基本信息

（1）用户的 VPC 自动带有可修改的默认网络 ACL。在默认情况下，它允许所有入站和出站 IPv4 流量及 IPv6 流量（如果适用）。

（2）用户可以创建自定义网络 ACL 并将其与子网相关联。在默认情况下，每个自定义网络 ACL 都拒绝所有入站和出站流量，直至添加规则。

（3）用户的 VPC 中的每个子网都必须与一个网络 ACL 相关联。如果没有明确地将子网与网络 ACL 相关联，则子网将自动与默认网络 ACL 关联。

（4）用户可以将一个网络 ACL 与多个子网关联，但是，一个子网一次只能与一个网络 ACL 关联。当用户将一个网络 ACL 与一个子网关联时,将删除之前的关联。

网络 ACL 包含规则的编号列表,以供我们按顺序评估(从编号最小的规则开始)以判断流量是否被允许进入或离开任何与网络 ACL 关联的子网。可以使用的最高规则编号为 32766。建议用户开始先以增量方式创建规则(例如,以 10 或 100 的增量增加),这样用户可以在稍后需要时插入新的规则。

网络 ACL 有单独的入站和出站规则,每项规则都或是允许或是拒绝数据流。

网络 ACL 没有任何状态,对允许入站数据流的响应会随着出站数据流规则的变化而改变,反之亦然。

2. 网络 ACL 规则

用户可以在默认网络 ACL 中添加或删除规则,或为用户的 VPC 创建额外网络 ACL。当用户在网络 ACL 中添加或删除规则时,更改也会自动应用到与其相关联的子网。

以下为部分网络 ACL 规则。

- ➤ 规则编号:规则评估从编号最低的规则起开始进行。只要有一条规则与流量匹配,即应用该规则,并忽略与之冲突的任意更高编号的规则。
- ➤ 类型:流量的类型,例如 SSH。用户也可以指定所有流量或自定义范围。
- ➤ 协议:可以指定任何有标准协议编号的协议。如果指定 ICMP 协议,则可以指定任意或全部 ICMP 类型和代码。
- ➤ 端口范围:流量的侦听端口或端口范围。例如,80 用于 HTTP 流量。
- ➤ 源:流量的源,仅限入站规则(CIDR 范围)。
- ➤ 目标:流量的目标,仅限出站规则(CIDR 范围)。
- ➤ 允许/拒绝:允许或拒绝指定的流量。

3. 默认网络 ACL

默认网络 ACL 配置为让所有流量流进和流出与其关联的子网。每个网络 ACL 还包含一个规则编号是星号的规则。此规则确保在数据包不匹配任何其他编号规则时拒绝该数据包。用户可以修改或删除此规则。表 7-1 是一个仅支持 IPv4 的 VPC 默认网络 ACL 的示例。

表 7-1 仅支持 IPv4 的 VPC 默认网络 ACL 的示例

入站					
规则 #	类型	协议	端口范围	源地址	允许/拒绝
100	所有 IPv4 流量	全部	全部	0.0.0.0/0	允许
*	所有 IPv4 流量	全部	全部	0.0.0.0/0	拒绝
出站					
规则 #	类型	协议	端口范围	目的地址	允许/拒绝
100	所有 IPv4 流量	全部	全部	0.0.0.0/0	允许
*	所有 IPv4 流量	全部	全部	0.0.0.0/0	拒绝

如果创建具有 IPv6 CIDR 块的 VPC 或将 IPv6 CIDR 块与现有 VPC 关联，则我们会自动添加允许所有 IPv6 流量流入和流出用户的子网的规则。我们还会添加规则编号为星号的规则，该规则可确保拒绝与任何其他编号规则不符的数据包。用户不能修改或删除这些规则。表 7-2 是一个支持 IPv4 和 IPv6 的 VPC 默认网络 ACL 的示例。

> 注意：如果用户修改了用户的默认网络 ACL 的入站规则，那么在用户将 IPv6 块与用户的 VPC 关联时，我们不会为入站 IPv6 流量自动添加 ALLOW 规则。同样，如果用户修改了出站规则，那么我们不会为出站 IPv6 流量自动添加 ALLOW 规则。

表 7-2 支持 IPv4、IPv6 的 VPC 默认网络 ACL 的示例

入站					
规则 #	类型	协议	端口范围	源	允许/拒绝
100	所有 IPv4 流量	全部	全部	0.0.0.0/0	允许
101	所有 IPv6 流量	全部	全部	::/0	允许
*	所有流量	全部	全部	0.0.0.0/0	拒绝
*	所有 IPv6 流量	全部	全部	::/0	拒绝
出站					
规则 #	类型	协议	端口范围	目的地	允许/拒绝
100	所有流量	全部	全部	0.0.0.0/0	允许

续表

出站					
规则 #	类型	协议	端口范围	目的地	允许/拒绝
101	所有 IPv6 流量	全部	全部	::/0	允许
*	所有流量	全部	全部	0.0.0.0/0	拒绝
*	所有 IPv6 流量	全部	全部	::/0	拒绝

4. 自定义网络 ACL

表 7-3 和表 7-4 显示了一个仅支持 IPv4 的 VPC 的自定义网络 ACL 示例。其中包括允许 HTTP 和 HTTPS 数据流进入的规则（入站规则 100 和 110）。存在相应的出站规则，以允许响应入站数据流（出站规则 120，适用于临时端口 32768-65535）。

网络 ACL 还包括允许 SSH 和 RDP 数据流进入子网的入站规则。出站规则 120 允许离开子网的响应。

网络 ACL 出站规则（100 和 110）允许离开子网的 HTTP 和 HTTPS 数据流。存在相应的入站规则，以允许响应出站数据流（入站规则 140，适用于临时端口 32768-65535）。

> **注意**：每个网络 ACL 都包含一个默认规则，其规则编号是星号。此规则会确保在数据包不匹配任何其他规则时拒绝此数据包，用户可以修改或删除此规则。

表 7-3　自定义网络 ACL 入站规则

入站						
规则 #	类型	协议	端口范围	源地址	允许/拒绝	注释
100	HTTP	TCP	80	0.0.0.0/0	允许	允许来自任意 IPv4 地址的入站 HTTP 流量
110	HTTPS	TCP	443	0.0.0.0/0	允许	允许来自任意 IPv4 地址的入站 HTTPS 流量
120	SSH	TCP	22	192.0.2.0/24	允许	允许来自家庭网络的公有 IPv4 地址范围的入站 SSH 流量（通过 Internet 网关）

续表

入站						
规则 #	类型	协议	端口范围	源地址	允许/拒绝	注释
130	RDP	TCP	3389	192.0.2.0/24	允许	允许从家庭网络的公有 IPv4 地址范围到 Web 服务器的入站 RDP 流量（通过 Internet 网关）
140	自定义 TCP	TCP	32768-65535	0.0.0.0/0	允许	允许来自 Internet 的入站返回 IPv4 流量）即源自子网的请求）
*	所有流量	全部	全部	0.0.0.0/0	拒绝	拒绝所有未经前置规则（不可修改）处理的入站 IPv4 流量

表 7-4 自定义网络 ACL 出站规则

出站						
规则 #	类型	协议	端口范围	目的地	允许/拒绝	注释
100	HTTP	TCP	80	0.0.0.0/0	允许	允许出站 IPv4 HTTP 流量从子网流向 Internet
110	HTTPS	TCP	443	0.0.0.0/0	允许	允许出站 IPv4 HTTPS 流量从子网流向 Internet
120	自定义 TCP	TCP	32768-65535	0.0.0.0/0	允许	允许对 Internet 客户端的出站 IPv4 响应（例如，向访问子网中的 Web 服务器的人员提供网页）
*	所有流量	全部	全部	0.0.0.0/0	拒绝	拒绝所有未经前置规则（不可修改）处理的出站 IPv4 流量

随着数据包流向子网，我们会根据与子网关联的 ACL 的进入规则评

估数据包（从规则列表的顶端开始向下移动）。当数据包目标为 SSL 端口
（443）时，数据包不匹配第一项评估规则（规则 100）。它匹配第二条规则
（110），即允许数据包进入子网。如果数据包的目的地已经指定为端口 139
（NetBIOS），则它与任何规则均不匹配，而且*规则最终会拒绝这个数据包。

在需要开放一系列端口且同时在此部分端口内用户想拒绝部分窗口，
用户可能希望添加一项拒绝规则。用户只需确保将拒绝规则放在表的较前
端，先于一系列的端口数据流的规则。

> **注意：** 借助 Elastic Load Balancing，如果用户的后端实例的子网有一个
> 网络 ACL，并且用户在其中针对源为 0.0.0.0/0 或子网的 CIDR
> 的所有流量添加了 DENY 规则，则用户的负载均衡器将无法对
> 这些实例执行运行状况检查。

表 7-5、表 7-6 显示了关联有 IPv6 CIDR 块的 VPC 的自定义网络
ACL 的相同示例。此网络 ACL 包含适用于所有 IPv6 HTTP 和 HTTPS
流量的规则。在本例中，新规则插入在 IPv4 流量的现有规则之间，不过，
用户也可以在 IPv4 规则之后添加编号更高的规则。IPv4 和 IPv6 流量是
独立的。因此，所有 IPv4 流量规则都不适用于 IPv6 流量。

表 7-5 IPv6 CIDR 块的 VPC 的自定义网络 ACL 入站规则示例

入站						
规则 #	类型	协议	端口范围	源地址	允许/拒绝	注释
100	HTTP	TCP	80	0.0.0.0/0	允许	允许来自任意 IPv4 地址的入站 HTTP 流量
105	HTTP	TCP	80	::/0	允许	允许来自任意 IPv6 地址的入站 HTTP 流量
110	HTTPS	TCP	443	0.0.0.0/0	允许	允许来自任意 IPv4 地址的入站 HTTPS 流量
115	HTTPS	TCP	443	::/0	允许	允许来自任意 IPv6 地址的入站 HTTPS 流量
120	SSH	TCP	22	192.0.2.0/24	允许	允许来自家庭网络的公有 IPv4 地址范围的入站 SSH 流量（通过 Internet 网关）

续表

入站						
规则 #	类型	协议	端口范围	源地址	允许/ 拒绝	注释
130	RDP	TCP	3389	192.0.2.0 /24	允许	允许从家庭网络的公有 IPv4 地址范围到 Web 服务器的 入站 RDP 流量（通过 Internet 网关）
140	自定义 TCP	TCP	32768- 65535	0.0.0.0/0	允许	允许来自 Internet 的入站返 回 IPv4 流量（即源自子网的 请求）
145	自定义 TCP	TCP	32768- 65535	::/0	允许	允许来自 Internet 的入站返 回 IPv6 流量（即源自子网的 请求）
*	所有 流量	全部	全部	0.0.0.0/0	拒绝	拒绝所有未经前置规则（不可 修改）处理的入站 IPv4 流量
*	所有 流量	全部	全部	::/0	拒绝	拒绝所有未经前置规则（不可 修改）处理的入站 IPv6 流量

表 7-6 IPv6 CIDR 块的 VPC 的自定义网络 ACL 出站规则示例

出站						
规则 #	类型	协议	端口范围	目的地	允许/ 拒绝	注释
100	HTTP	TCP	80	0.0.0.0/0	允许	允许出站 IPv4 HTTP 流量从 子网流向 Internet
105	HTTP	TCP	80	::/0	允许	允许出站 IPv6 HTTP 流量从 子网流向 Internet
110	HTTPS	TCP	443	0.0.0.0/0	允许	允许出站 IPv4 HTTPS 流量 从子网流向 Internet
115	HTTPS	TCP	443	::/0	允许	允许出站 IPv6 HTTPS 流量 从子网流向 Internet

续表

出站						
规则 #	类型	协议	端口范围	目的地	允许/拒绝	注释
120	自定义 TCP	TCP	32768-65535	0.0.0.0/0	允许	允许对 Internet 客户端的出站 IPv4 响应（例如，向访问子网中的 Web 服务器的人员提供网页）
125	自定义 TCP	TCP	32768-65535	::/0	允许	允许对 Internet 客户端的出站 IPv6 响应（例如，向访问子网中的 Web 服务器的人员提供网页）
*	所有流量	全部	全部	0.0.0.0/0	拒绝	拒绝所有未经前置规则（不可修改）处理的出站 IPv4 流量
*	所有流量	全部	全部	::/0	拒绝	拒绝所有未经前置规则（不可修改）处理的出站 IPv6 流量

5. 临时端口

上一个部分中的网络 ACL 实例使用了临时端口范围 32768-65535。但是，用户可能需要根据自己使用的或作为通信目标的客户端的类型为网络 ACL 使用不同的范围。

发起请求的客户端会选择临时端口范围。根据客户端的操作系统不同，范围也随之更改。许多 Linux 内核（包括 Amazon Linux 内核）使用端口 32768-61000，生成自 Elastic Load Balancing 的请求使用端口 1024-65535。Windows 操作系统通过 Windows Server 2003 使用端口 1025-5000，Windows Server 2008 及更高版本使用端口 49152-65535，NAT 网关使用端口 1024-65535。例如，如果一个来自 Internet 上的 Windows 客户端的请求到达用户的 VPC 中的 Web 服务器，则用户的网络 ACL 必须有相应的出站规则，以支持目标为端口 1025-5000 的数据流。

如果用户的 VPC 中的一个实例是发起请求的客户端，则用户的网络 ACL 必须有入站规则来支持发送到实例类型（Amazon Linux、Windows Server 2008 等）特有的临时端口的数据流。

在实际中，为使不同客户端类型可以启动流量进入用户 VPC 中的公有实例，用户可以开放临时端口 1024-65535。但是，用户也可以在 ACL 中添加规则以拒绝任何在此范围内的来自恶意端口的数据流。请务必将 DENY 规则放在表的较前端，先于开放一系列临时端口的 ALLOW 规则。

6．网络 ACL

以下任务展示如何使用 Amazon VPC 控制台来处理网络 ACL。

（1）确定网络 ACL 关联，用户可以使用 Amazon VPC 控制台来确定与某个子网关联的网络 ACL。网络 ACL 可与多个子网关联，因此，用户还可以确定与某个网络 ACL 关联的子网。

确定与某个子网关联的网络 ACL，步骤如下。

① 打开 AmazonVPC 控制台。

② 在导航窗格中，选择 Subnets，然后选择子网。

③ NetworkACL（网络 ACL）中已包含与子网相关联的网络 ACL 及网络 ACL 的规则。

④ 判断与网络 ACL 关联的特定子网。

⑤ 打开 AmazonVPC 控制台。

⑥ 在导航窗格中，选择 NetworkACL。Associated With 列指示每个网络 ACL 的关联子网的数目。

⑦ 选择网络 ACL。

⑧ 在详细信息窗格中，选择 Subnet Associations 可显示与网络 ACL 关联的子网。

（2）正在创建网络 ACL，用户可以为 VPC 创建自定义网络 ACL。在默认情况下，创建的网络 ACL 将阻止所有入站和出站流量（直到用户添加规则），且不与任何子网关联（直到用户为其显式关联子网）。

创建网络 ACL，步骤如下。

① 打开 Amazon VPC 控制台。

② 在导航窗格中，选择 Network ACLs。

③ 选择 Create Network ACL。

④ 在 Create Network ACL 对话框中，可以选择为用户的网络 ACL 命名，从 VPC 列表中选择 VPC 的 ID，然后选择 Yes, Create。

（3）正在添加和删除规则，当在网络 ACL 中添加或删除规则时，与其相关联的子网也会随之更改。用户不需要在子网中终止和重新启动实例，更改将稍后生效。

如果用户使用的是 Amazon EC2 API 或命令行工具，则无法修改规则，用户只能添加和删除规则。如果用户使用的是 Amazon VPC 控制台，则可以修改现有规则的条目（该控制台删除该规则并为用户添加新规则）。如果用户需要更改 ACL 中的规则顺序，则用户必须添加有新规则编号的新规则，并随后删除最初的规则。

为网络 ACL 添加规则，步骤如下。

① 打开 Amazon VPC 控制台。

② 在导航窗格中，选择 Network ACLs。

③ 在详细信息窗格中，根据需要添加的规则的类型，选择 Inbound Rules 或 Outbound Rules 选项卡，然后选择 Edit。

④ 在 Rule #中输入一个规则编号（例如 100），而且规则编号必须不是存在于网络 ACL 中。我们会按顺序处理规则，以编号最低的规则开始。

> **注意：**我们建议用户使用跳跃的规则编号（例如 100、200、300）而不是使用顺序编号（例如 101、102、103）。这会让添加新规则变得更加简单，无须对现有规则重新编号。

添加规则分为以下几种方式。

➤ 从 Type 列表中选择规则。例如，要为 HTTP 添加规则，请选择 HTTP。如需添加规则以允许所有 TCP 流量，请选择 All TCP。对于部分选项（例如 HTTP）我们会在端口中为用户提供。如需使用未列出的规则，请选择 Custom Protocol Rule。

➤ （可选）如果要创建自定义协议规则，则请从 Protocol 列表中选择协议的编号和名称。有关更多信息，请参阅 IANA List of Protocol Numbers。

➤ （可选）如果用户已经选定的协议要求提供端口号，用户可以输入由连字符分隔的端口号或端口范围（例如 49152-65535）。

➤ 在 Source 或 Destination 字段中（根据是入站规则还是出站规则），输入规则适用的 CIDR 范围。

从 Allow/Deny（允许/拒绝）列表中，选择 ALLOW（允许）以允许指定数据流，或选择 DENY（拒绝）以拒绝指定数据流。

➤ （可选）要添加其他规则，请选择 Add another rule，然后根据需要重复以上步骤。

⑤ 完成此操作后，单击 Save 按钮保存即可。

从网络 ACL 删除规则，步骤如下。

① 打开 Amazon VPC 控制台。

② 在导航窗格中，选择 Network ACLs，然后选择网络 ACL。

③ 在详细信息窗格中，选择 Inbound Rules 或 Outbound Rules 选项卡，然后选择 Edit。为要删除的规则选择 Remove，然后选择 Save。

④ 正在将子网与网络 ACL 关联,如需对特定子网应用特定的网络 ACL 规则,必须首先将子网与网络 ACL 关联。可以将一个网络 ACL 与多个子网关联,但是,一个子网仅可以与一个网络 ACL 关联。任何未与特定 ACL 关联的子网都与会默认与默认网络 ACL 关联。

将子网与网络 ACL 关联,步骤如下。

① 打开 Amazon VPC 控制台。

② 在导航窗格中,选择 Network ACLs,然后选择网络 ACL。

③ 在详细信息窗格中的 Subnet Associations 选项卡上,选择 Edit。选中要与网络 ACL 关联的子网的 Associate 复选框,然后单击 Save 按钮保存。

解除网络 ACL 与子网的关联,步骤如下。

用户可以解除自定义网络 ACL 与子网的关联。解除关联后,该子网将自动关联到默认网络 ACL。

① 打开 Amazon VPC 控制台。

② 在导航窗格中,选择 Network ACLs,然后选择网络 ACL。

③ 在详细信息窗格中,选择 Subnet Associations 选项卡。

④ 选择 Edit,然后取消选中子网的 Associate 复选框。选择 Save。

⑤ 更改子网的网络 ACL,用户可以更改与某个子网关联的网络 ACL。例如,当创建一个子网时,这个子网会最初与主路由表关联。相反,可能需要将其与用户创建的自定义网络 ACL 相关联。

在更改子网的网络 ACL 之后,用户不需要终止和重新启动子网中的实例,用户的更改会在稍后生效。

更改子网的网络 ACL 关联,步骤如下。

① 打开 Amazon VPC 控制台。

② 在导航窗格中,选择 Subnets,然后选择子网。

③ 选择 Network ACL 选项卡,然后单击 Edit。

④ 从 Change to 列表中选择要与子网关联的网络 ACL,然后单击 Save。

删除网络 ACL,步骤如下。

只可以删除未与任何子网关联的网络 ACL,无法删除默认网络 ACL。

① 打开 Amazon VPC 控制台。

② 在导航窗格中,选择 Network ACLs。

③ 选择网络 ACL,然后单击 Delete。

④ 在确认对话框中,选择 Yes, Delete。

以下示例为控制对子网中实例的访问。

如图 7-5 所示,子网中的任意两个实例可相互通信,并可从受信任的远程计算机访问它们。远程计算机可以是本地网络中的计算机、另一个子网中的实例或用于连接实例以执行管理任务的 VPC。安全组规则和网络 ACL 规则允许从远程计算机（172.31.1.2/32）的 IP 地址进行访问，来自 Internet 或其他网络的所有其他流量会被拒绝。

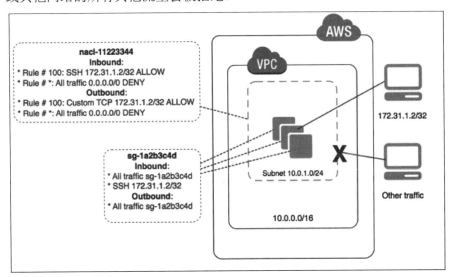

图 7-5　具有 ACL 规则的子网架构图

所有实例使用同一个安全组（sg-1a2b3c4d），均遵守以下规则，如表 7-7 所示。

表 7-7　sg-1a2b3c4d 安全组规则

入站规则				
协议类型	协议	端口范围	源	注释
所有流量	全部	全部	sg-1a2b3c4d	允许关联到同一个安全组的实例相互通信
SSH	TCP	22	172.31.1.2/32	允许远程计算机进行入站 SSH 访问。如果实例是 Windows 计算机，则该规则必须对端口 3389 改用 RDP

出站规则				
协议类型	协议	端口范围	目的地	注释
所有流量	全部	全部	sg-1a2b3c4d	允许关联到同一个安全组的实例相互通信

该子网关联到具有以下规则的网络 ACL,如表 7-8 所示。

表 7-8 子网关联的规则

入站规则						
规则#	类型	协议	端口范围	源地址	允许/拒绝	注释
100	SSH	TCP	22	172.31.1.2/32	允许	允许远程计算机的入站流量。如果实例是 Windows 计算机,则该规则必须对端口 3389 改用 RDP
*	所有流量	全部	全部	0.0.0.0/0	拒绝	拒绝与前一条规则不符的所有其他入站流量

出站规则						
规则#	类型	协议	端口范围	目的地	允许/拒绝	注释
100	自定义 TCP	TCP	1024-65535	172.31.1.2/32	允许	允许到远程计算机的出站响应。网络 ACL 是无状态的,因此需要该规则才能允许针对入站请求的响应流量
*	所有流量	全部	全部	0.0.0.0/0	拒绝	拒绝不匹配前一条规则的所有其他出站流量

该方案让用户能够灵活地更改实例的安全组或安全组规则,并使用网络 ACL 作为备份防御层。该网络 ACL 规则应用到子网中的所有实例,因此,就算用户不小心设置了过于宽松的安全组规则,网络 ACL 规则也会继续生效,只允许来自单一 IP 地址的访问。例如,表 7-9 规则比之前的规则更加宽松,它允许来自任意 IP 地址的入站 SSH 访问。

表 7-9 较为宽松的规则

入站规则				
类型	协议	端口范围	源地址	注释
所有流量	全部	全部	sg-1a2b3c4d	允许关联到同一个安全组的实例相互通信
SSH	TCP	22	0.0.0.0/0	允许来自任意 IP 地址的 SSH 访问

续表

出站规则				
类型	协议	端口范围	目的地	注释
所有流量	全部	全部	0.0.0.0/0	允许所有出站流量

但是，只有该子网中的其他实例和用户的远程计算机能够访问该实例。网络 ACL 规则仍会阻止到该子网的所有入站流量，当然，用户的远程计算机除外。

7.2.2　安全组设置

安全组充当实例的虚拟防火墙以控制入站和出站流量。当用户在 VPC 中启动实例时，用户可以为该实例最多分配 5 个安全组。安全组在实例级别运行，而不是子网级别。因此，在用户的 VPC 子网中的每项实例都归属于不同的安全组集合。如果在启动时没有指定具体的安全组，实例会自动归属到 VPC 的默认安全组。

对于每个安全组，用户可以添加规则以控制到实例的入站数据流，以及另外一套单独规则以控制出站数据流。此部分描述了用户需要了解的有关 VPC 的安全组及其规则的基本信息。

用户可以设置网络 ACL，使其规则与用户的安全组相似，以便为用户的 VPC 添加额外安全层。下面我们对比一下安全组与网络 ACL 的差异，如表 7-10 所示。

表 7-10　安全组与网络 ACL 的比较

安全组	网络 ACL
在实例级别运行	在子网级别运行
仅支持允许规则	支持允许规则和拒绝规则
有状态，返回数据流会被自动允许，不受任何规则的影响	无状态，返回数据流必须被规则明确允许
在决定是否允许数据流前评估所有规则	我们会在决定是否允许数据流时按照数字顺序处理所有规则
只有在启动实例的同时指定安全组，或稍后将安全组与实例关联的情况下，操作才会被应用到实例	自动应用到关联子网内的所有实例（因此用户不需要依靠用户指定安全组）

图 7-6 展示了由安全组和网络 ACL 提供的安全层。例如，来自 Internet

网关的数据流会通过路由表中的路径被路由到合适的子网。与子网相关的网络 ACL 规则控制允许进入子网的数据流。与实例相关的安全组规则控制允许进入实例的数据流。

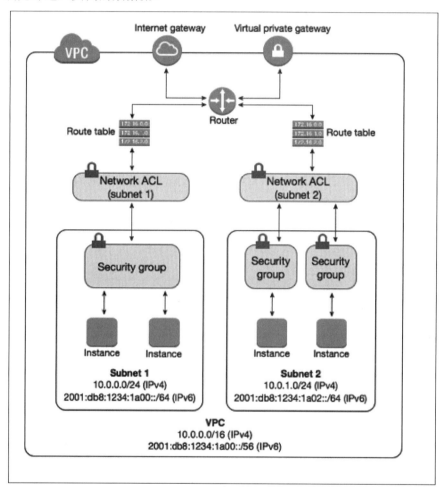

图 7-6　具有安全组和 ACL 的安全子网

1. 安全组基本信息

以下是 VPC 安全组的基本特征。

（1）系统对用户为每个 VPC 创建的安全组数、向每个安全组添加的规则数及与网络接口关联的安全组数设有限制。

（2）用户可以指定允许规则，但不可指定拒绝规则。

（3）用户可以为入站和出站流量指定单独规则。

（4）当用户创建一个安全组时，它没有入站规则。因此，在用户向安全组添加入站规则之前，不允许来自另一台主机的入站流量传输到用户的实例。

（5）在默认情况下，安全组包含允许所有出站流量的出站规则。用户可以删除该规则并添加只允许特定出站流量的出站规则。如果用户的安全组没有出站规则，则不允许来自用户的实例的出站流量。

（6）安全组是有状态的，如果用户从实例发送一个请求，则无论入站安全组规则如何，都将允许该请求的响应流量流入。如果是为响应已允许的入站流量，则该响应可以出站，此时可忽略出站规则。

> ◁)) **注意**：系统对某些类型的流量使用了不同于其他流量的跟踪方式。

（7）与安全组关联的实例无法彼此通信，除非添加了相应的允许规则（已有此类默认规则的默认安全组除外）。

（8）安全组与网络接口关联。在用户启动实例之后，可以更改与该实例关联的安全组，从而更改与主网络接口（eth0）关联的安全组。用户还可以更改与任何其他网络接口关联的安全组。

（9）创建安全组时，用户必须为其提供名称和描述。且需适用以下规则。

➤　名称和描述的长度最多为 255 个字符。
➤　名称和描述只能使用以下字符：a～z、A～Z、0～9、空格和 ._-:/（）#,@[]+=&;{}!$*。
➤　安全组名称不能以 sg- 开头。
➤　安全组名称在 VPC 中必须是唯一的。

2. VPC 的默认安全组

用户的 VPC 会自动带有默认的安全组。如果用户在启动实例时未指定其他安全组，则用户在 VPC 内启动的每个 EC2 实例都会自动与名为 launch-wizard-xx 默认安全组关联。例如，用户启动的第一个 EC2 实例的安全组的名称为 launch-wizard-1。默认安全组的规则如表 7-11 所示。

表 7-11　默认安全组规则

入站			
源	协议	端口范围	描述
安全组 ID (sg-XXXXXXXX)	全部	全部	允许从分配给同一安全组的实例发来的入站流量
出站			
目的地	协议	端口范围	描述
0.0.0.0/0	全部	全部	允许所有的出站 IPv4 流量

续表

出站			
目的地	协议	端口范围	描述
::/0	全部	全部	允许所有的出站 IPv6 流量。如果用户创建了具有 IPv6 CIDR 块的 VPC 或向现有的 VPC 关联了 IPv6 CIDR 块，则系统默认添加此规则

用户可以更改默认安全组的规则，但无法删除默认安全组。如果尝试删除默认安全组，会显示 Client.CannotDelete: the specified group: "sg-51530134" name: "default" cannot be deleted by a user 错误。

注意： 如果修改了安全组的出站规则，则当用户向 VPC 关联 IPv6 块时，我们不会为 IPv6 流量自动添加出站规则。

3. 安全组规则

用户可以添加或删除安全组规则（又被称为授权或撤销入站或出站访问）。适用于入站数据流（进入）或出站数据流（离开）的规则。用户可以授予对某个特定 CIDR 范围或 VPC 或对等 VPC（需要 VPC 对等连接）中的其他安全组的访问权限。

以下是 VPC 中安全组规则的基本部分。

（1）（仅限入站规则）流量源和目标端口或端口范围。源可以是另一个安全组、IPv4 或 IPv6 CIDR 块或单个 IPv4 或 IPv6 地址。

（2）（仅限出站规则）流量目标和目标端口或端口范围。目标可以是另一个安全组、一个 IPv4 或 IPv6 CIDR 块、单个 IPv4 或 IPv6 地址，或前缀列表 ID（服务由前缀列表标识，即区域的服务的名称和 ID）。

（3）任何有标准协议编号的协议。如果指定 ICMP 作为协议，则可以指定任意或全部 ICMP 类型和代码。

（4）安全组规则的可选描述，可帮助用户以后识别它。描述的长度最多为 255 个字符。允许的字符包括 a～z、A～Z、0～9、空格和 ._-:/（）#,@[]+=;{}!$*。

将 CIDR 块指定为规则的源时，将会允许从指定的协议和端口的特定地址进行通信。将安全组指定为规则的源时，将会允许从与指定协议和端口的源安全组关联的实例的弹性网络接口（ENI）进行通信。将安全组添加为源不会从源安全组添加规则。

如果指定单个 IPv4 地址，则请使用/32 前缀长度指定该地址。如果指定单个 IPv6 地址，则请使用 /128 前缀长度指定该地址。

有些设置防火墙的系统会让用户在源端口进行过滤。安全组可帮助用户仅在目标端口进行过滤。

当添加或删除一项规则时，用户的修改会自动应用到所有与该安全组相关的实例。

用户添加的规则类型可能取决于该实例的用途。表 7-12 介绍 Web 服务器的安全组的示例规则。Web 服务器可接收来自所有 IPv4 和 IPv6 地址的 HTTP 及 HTTPS 流量，并将 SQL 或 MySQL 流量发送到数据库服务器。

表 7-12 Web 服务器的安全组的示例

入站规则			
源	协议	端口范围	描述
0.0.0.0/0	TCP	80	允许从所有 IPv4 地址进行入站 HTTP 访问
::/0	TCP	80	允许从所有 IPv6 地址进行入站 HTTP 访问
0.0.0.0/0	TCP	443	允许从所有 IPv4 地址进行入站 HTTPS 访问
::/0	TCP	443	允许从所有 IPv6 地址进行入站 HTTPS 访问
用户网络的公有 IPv4 地址范围	TCP	22	允许从用户的网络中的 IPv4 IP 地址对 Linux 实例进行入站 SSH 访问（通过 Internet 网关）
用户网络的公有 IPv4 地址范围	TCP	3389	允许从用户的网络中的 IPv4 IP 地址对 Windows 实例进行入站 RDP 访问（通过 Internet 网关）
出站规则			
目的地	协议	端口范围	描述
Microsoft SQL Server 数据库服务器的安全组的 ID	TCP	1433	允许 Microsoft SQL Server 出站访问指定安全组中的实例
MySQL 数据库服务器的安全组的 ID	TCP	3306	允许 MySQL 出站访问指定安全组中的实例

数据库服务器需要不同的规则集。例如，用户可以添加一个规则以允许入站 MySQL 或 Microsoft SQL Server 访问（而不是入站 HTTP 和 HTTPS 流量）。

4．过时的安全组规则

如果 VPC 具有与其他 VPC 的 VPC 对等连接，则安全组规则可引用对等 VPC 中的其他安全组。这使与已引用的安全组关联的实例能够和与正在引用的安全组关联的实例进行通信。

如果对等 VPC 的所有者删除引用的安全组，或者用户或对等 VPC 的所有者删除 VPC 对等连接，则安全组规则将标记为 stale。与任何其他的安全组规则一样，用户可以删除过时的安全组规则。

5．EC2-Classic 和 EC2-VPC 安全组之间的差异

用户无法将创建用于 EC2-Classic 的安全组用于 VPC 中的实例。用户必须专门为 VPC 中的实例创建安全组。用户为 VPC 安全组创建的规则无法参考在 EC2-Classic 安全组中使用的规则，反之亦然。

6．安全组

以下任务展示了如何使用 Amazon VPC 控制台来处理安全组。

（1）修改默认安全组。VPC 包括一个默认安全组，用户无法删除此安全组。但是，可以更改安全组的规则。此过程与修改任何其他安全组的过程相同。

（2）创建安全组。尽管用户可以为实例指定默认安全组，用户可能仍希望创建自己的安全组，以反映实例在系统中扮演的不同角色。

使用控制台创建安全组的过程如下。

① 打开 Amazon VPC 控制台 https://console.aws.amazon.com/vpc/。

② 在导航窗格中，选择 Security Groups。

③ 选择 Create Security Group。

④ 输入安全组的名称（例如，my-security-group）并提供说明。从 VPC 菜单中选择 VPC 的 ID，然后选择 Yes, Create。

使用命令行创建安全组的步骤如下。

① create-security-group（AWS CLI）。

② New-EC2SecurityGroup（适用于 Windows PowerShell 的 AWS 工具）。

使用命令行描述一个或多个安全组的方式如下。

③ describe-security-groups（AWS CLI）。

④ Get-EC2SecurityGroup（适用于 Windows PowerShell 的 AWS 工具）。

在默认情况下，新安全组起初只有一条出站规则，即允许所有通信离开实例。必须添加规则，以便允许任何入站数据流或限制出站数据流。

（3）添加、删除和更新规则。当用户添加或删除一项规则时，任何已经指定到该安全组的实例都会随之发生变化。如果有 VPC 对等连接，则可以从对等 VPC 中引用安全组作为安全组规则中的源或目标。

使用控制台添加规则，步骤如下。

① 打开 Amazon VPC 控制台 https://console.aws.amazon.com/vpc/。

② 在导航窗格中，选择 Security Groups。

③ 选择需要更新的安全组。详细信息窗格内会显示此安全组的详细信息，以及可供使用的入站规则和出站规则的选项卡。

④ 在 Inbound Rules 选项卡上，选择 Edit。针对 Type 选择用于入站流量规则的选项，然后填写所需信息。例如，对于公有 Web 服务器，选择 HTTP 或 HTTPS，并将 Source 的值指定为 0.0.0.0/0。

> **注意：**如果使用 0.0.0.0/0，则允许所有 IPv4 地址使用 HTTP 或 HTTPS 访问实例。要限制访问，则输入特定 IP 地址或地址范围。

还可通过以下方式添加规则。

➤ 提供有关规则的描述，然后单击 Save。

➤ 还可允许在所有与此安全组关联的实例之间进行通信。在 Inbound Rules 选项卡上，从 Type 列表中选择 All Traffic。开始为 Source 键入安全组的 ID，此操作会为用户提供一个安全组列表，从该列表中选择安全组，然后单击 Save。

➤ 如果需要，则可使用出站规则选项卡添加用于出站流量的规则。

使用控制台删除规则，步骤如下。

① 打开 Amazon VPC 控制台 https://console.aws.amazon.com/vpc/。

② 在导航窗格中，选择 Security Groups。

③ 选择需要更新的安全组。详细信息窗格内会显示此安全组的详细信息，以及可供使用的入站规则和出站规则的选项卡。

④ 选择 Edit，选择要删除的角色，然后单击 Remove 和 Save。

使用控制台修改现有安全组规则的协议、端口范围、源或目标时，控制台会删除现有规则并添加新规则。

使用控制台更新规则，步骤如下。

① 打开 Amazon VPC 控制台 https://console.aws.amazon.com/vpc/。

② 在导航窗格中，选择 Security Groups。

③ 选择要更新的安全组，然后选择 Inbound Rules 更新入站流量的规则，或者选择 Outbound Rules 更新出站流量的规则。

④ 选择 Edit。根据需要修改规则条目，然后单击 Save。

要使用 Amazon EC2 API 或命令行工具更新现有规则的协议、端口范围、源或目标，用户就无法修改规则；相反，用户必须删除该现有规则并添加新规则。如果仅要更新规则描述，则可以使用 update-security-group-rule-descriptions-ingress 和 update-security-group-rule-descriptions-egress 命令。

使用命令行向安全组添加规则，具体方式如下。

➢ authorize-security-group-ingress 和 authorize-security-group-egress（AWS CLI）。

➢ Grant-EC2SecurityGroupIngress 和 Grant-EC2SecurityGroupEgress（适用于 Windows PowerShell 的 AWS 工具）。

使用命令行从安全组中删除规则，具体操作如下。

➢ revoke-security-group-ingress 和 revoke-security-group-egress（AWS CLI）。

➢ Revoke-EC2SecurityGroupIngress 和 Revoke-EC2SecurityGroupEgress（适用于 Windows PowerShell 的 AWS 工具）。

使用命令行更新安全组规则的描述，具体操作如下。

➢ update-security-group-rule-descriptions-ingress 和 update-security-group-rule-descriptions-egress（AWS CLI）。

➢ Up date-EC2SecurityGroupRuleIngressDescription 和 Update-EC2Security GroupRuleEgressDescription（适用于 Windows PowerShell 的 AWS 工具）。

（4）更改实例的安全组。在将实例启动到 VPC 中后，可以更改与该实例关联的安全组。当实例处于 running 或 stopped 状态时，可以更改实例的安全组。

> 📢 **注意：** 此过程会更改与实例的主网络接口（eth0）关联的安全组。
>
> 使用控制台更改实例的安全组，步骤如下。
>
> ① 打开 Amazon EC2 控制台 https://console.aws.amazon.com/ec2/。
> ② 在导航窗格中，选择 Instances。
> ③ 打开实例的上下文（右击）菜单，选择 Networking、Change Security Groups。
> ④ 在 Change Security Groups 对话框中，从该列表中选择一个或多个安全组，然后选择 Assign Security Groups。

使用命令行更改实例的安全组，方式如下。

➢ modify-instance-attribute（AWS CLI）。

➢ Edit-EC2InstanceAttribute（适用于 Windows PowerShell 的 AWS 工具）。

（5）删除安全组。只有在某一安全组中没有任何实例时（无论是运行还是停止实例），方可删除此安全组。用户可以在删除安全组之前将实例指定到另一个安全组。用户无法删除默认安全组。

如果使用控制台，则可以一次删除多个安全组。如果用户使用命令行或 API，则一次只能删除一个安全组。

使用控制台删除安全组，步骤如下。

① 打开 Amazon VPC 控制台 https://console.aws.amazon.com/vpc/。

② 在导航窗格中，选择 Security Groups。

③ 选择一个或多个安全组，然后选择 Security Group Actions、Delete Security Group。

④ 在 Delete Security Group 对话框中，选择 Yes, Delete。

使用命令行删除安全组，命令如下。

➢ delete-security-group（AWS CLI）。

➢ Remove-EC2SecurityGroup（适用于 Windows PowerShell 的 AWS 工具）。

（6）删除 2009-07-15-default 安全组。任何使用晚于 2011-01-01 的 API 版本创建的 VPC 都有 2009-07-15-default 安全组。除了这个安全组之外，每个 VPC 还自带了常规 default 安全组。用户无法将 Internet 网关与具有 2009-07-15-default 安全组的 VPC 关联。因此，用户必须先删除此安全组，然后才能将 Internet 网关与 VPC 关联。

> **注意**：如果已将此安全组分配给任何实例，则必须先将这些实例分配给其他安全组，然后才能删除所分配的安全组。

删除 2009-07-15-default 安全组，步骤如下。

① 确保此安全组未分配给任何实例。

② 打开 Amazon EC2 控制台 https://console.aws.amazon.com/ec2/。

③ 在导航窗格中，选择 Network Interfaces。

④ 从该列表中选择实例的网络接口，然后选择 Change Security Groups、Actions。

⑤ 在 Change Security Groups 对话框中，从该列表中选择一个新的安全组，然后选择 Save。

> **注意**：在更改实例的安全组时，用户可以从列表中选择多个安全组。选定的安全组会替换实例现有的安全组。

为每个实例重复上一步骤，之后操作如下。

① 打开 Amazon VPC 控制台 https://console.aws.amazon.com/vpc/。

② 在导航窗格中，选择 Security Groups。

③ 选择 2009-07-15-default 安全组，然后选择 Security Group Actions（安全组操作）、Delete Security Group（删除安全组）。

④ 在 Delete Security Group 对话框中，单击 Yes, Delete。

7.2.3　网关设置

在 Amazon VPC 中网关包含两种，一种是 Internet 网关，另一种是仅出口网关。下面我们将重点了解这两种网关。

1．Internet 网关

Internet 网关是一种横向扩展、支持冗余且高度可用的 VPC 组件，可实现 VPC 中的实例与 Internet 之间的通信。因此它不会对网络流量造成可用性风险或带宽限制。

Internet 网关有两个用途，一个是在 VPC 路由表中为 Internet 可路由流量提供目标，另一个是为已经分配了公有 IPv4 地址的实例执行网络地址转换（NAT）。[3]

Internet 网关支持 IPv4 和 IPv6 流量。

2．启用 Internet 访问

要为 VPC 子网中的实例启用 Internet 访问，必须执行以下操作。

（1）将 Internet 网关附加到 VPC。

（2）确保子网的路由表指向 Internet 网关。

（3）确保用户的子网中的实例具有全局唯一 IP 地址（公有 IPv4 地址、弹性 IP 地址或 IPv6 地址）。

（4）确保用户的网络访问控制和安全组规则允许相关流量在实例中流入和流出。

要使用 Internet 网关，子网的路由表必须包含将 Internet 绑定流量定向到该 Internet 网关的路由。可以将路由范围设定为路由表未知的所有目标（IPv4 为 0.0.0.0/0，IPv6 为 ::/0），也可以将路由范围设定为一个较小的 IP 地址范围，例如，公司在 AWS 以外的公有终端节点的公有 IPv4 地址，或 VPC 以外的其他 Amazon EC2 实例的弹性 IP 地址。如果子网的关联路由表包含指向 Internet 网关的路由，则该子网称为公有子网。

要为 IPv4 启用 Internet 通信,实例必须具有与实例上的私有 IPv4 地址相关联的公有 IPv4 地址或弹性 IP 地址。实例只了解 VPC 和子网内定义的私有(内部)IP 地址空间。Internet 网关以逻辑方式代表实例提供一对一 NAT,这样一来,当流量离开 VPC 子网并流向 Internet 时,回复地址字段将设置为实例的公有 IPv4 地址或弹性 IP 地址,而不是私有 IP 地址。相反,指定发往实例的公有 IPv4 地址或弹性 IP 地址的流量会先将其目标地址转换为实例的私有 IPv4 地址,然后再传输到 VPC。

要为 IPv6 启用 Internet 通信,VPC 和子网必须具有关联的 IPv6 CIDR 块,并且必须为实例分配此子网范围内的 IPv6 地址。IPv6 地址是全球唯一的,因此默认为公有。

在图 7-7 中,VPC 中的子网 1 与自定义路由表相关联,该路由表将所有 Internet 绑定的 IPv4 流量指向一个 Internet 网关。实例具有弹性 IP 地址,可以与 Internet 通信。

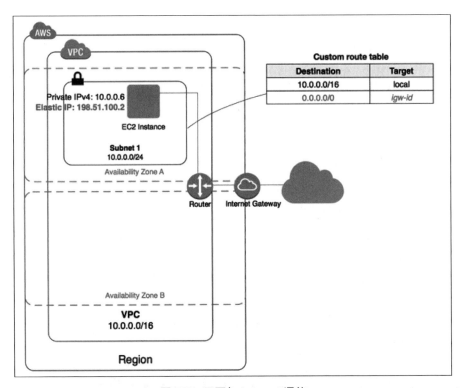

图 7-7 子网与 Internet 通信

表 7-13 概述了 VPC 是否自动提供通过 IPv4 或 IPv6 进行 Internet 访问所需的组件。

表 7-13 默认 VPC 与非默认 VPC 的 Internet 访问对比

组件	默认 VPC	非默认 VPC
Internet 网关	是	如果 VPC 是使用 VPC 向导中的第一个或第二个选项创建的，则是。否则，必须手动创建和连接 Internet 网关
包含将 IPv4 流量路由到 Internet 网关的路由的路由表 （0.0.0.0/0）	是	如果 VPC 是使用 VPC 向导中的第一个或第二个选项创建的，则是。否则，用户必须手动创建路由表并添加此路由
包含将 IPv6 流量路由到 Internet 网关的路由的路由表 （::/0）	否	如果此 VPC 是使用 VPC 向导中的第一个或第二个选项创建的，并且用户指定了将 IPv6 CIDR 块与此 VPC 关联的选项，则是。否则，必须手动创建路由表并添加此路由
公有 IPv4 地址自动分配到在子网中启动的实例	是（默认子网）	否（非默认子网）
IPv6 地址自动分配到在子网中启动的实例	否（默认子网）	否（非默认子网）

当在 VPC 中添加新子网时，用户必须为子网设置用户需要的路由和安全性。

3．带有 Internet 网关的 VPC

下面介绍如何手动创建一个公有子网来支持 Internet 访问。

（1）创建子网，步骤如下。

① 为用户的 VPC 添加子网。

② 打开 Amazon VPC 控制台 https://console.aws.amazon.com/vpc/。

③ 在导航窗格中，选择 Subnets，然后单击 Create Subnet。

④ 在 Create Subnet 对话框中，选择 VPC，选择可用区，为子网指定 IPv4 CIDR 块。

⑤ （可选，仅限 IPv6）对于 IPv6 CIDR block，选择 Specify a custom IPv6 CIDR。

⑥ 单击 Yes 和 Create。

（2）创建 Internet 网关并将其附加到 VPC，步骤如下。

① 打开 Amazon VPC 控制台 https://console.aws.amazon.com/vpc/。

② 在导航窗格中，选择 Internet Gateways（Internet 网关），然后选择 Create internet gateway（创建 Internet 网关）。

③（可选）为 Internet 网关命名，然后单击 Create（创建）。

④ 选择刚刚创建的 Internet 网关,然后选择 Actions,Attach to VPC(操作,附加到 VPC)。

⑤ 从列表中选择 VPC,然后单击 Attach(附加)。

(3)创建自定义路由表。当创建子网时,我们会自动将其与 VPC 的主路由表关联。在默认情况下,主路由表不包含至 Internet 网关的路由。以下过程创建一个自定义路由表(其中一个路由将目标为 VPC 外的流量发送到 Internet 网关)并将此路由表与子网相关联。

① 打开 Amazon VPC 控制台 https://console.aws.amazon.com/vpc/。

② 在导航窗格中,选择 Route Tables,然后选择 Create Route Table。

③ 在 Create Route Table 对话框中,可以选择命名用户的路由表,选择用户的 VPC,然后选择 Yes, Create。

④ 选择刚刚创建的自定义路由表。详细信息窗格中会显示选项卡,以供用户使用其路径、关联和路线传播。

⑤ 在 Routes 选项卡中,依次选择 Edit、Add another route,然后根据需要添加以下路由。完成此操作后,选择 Save。

⑥ 对于 IPv4 流量,在 Destination(目的地)框中指定 0.0.0.0/0,然后在 Target(目标)列表中选择 Internet 网关 ID。

⑦ 对于 IPv6 流量,在 Destination(目的地)框中指定 ::/0,然后在 Target(目标)列表中选择 Internet 网关 ID。

⑧ 在 Subnet Associations 选项卡上,选择 Edit,选中子网的 Associate 复选框,然后单击 Save。

(4)更新安全组规则。用户的 VPC 带有默认的安全组,在 VPC 中启动的每项实例都会自动与其默认安全组关联。默认安全组的默认设置不允许来自 Internet 的任何入站流量,但允许通往 Internet 的所有出站流量。因此,要使实例能够与 Internet 通信,请创建允许公用实例访问 Internet 的新安全组。创建新的安全组,并将其与用户的实例关联,步骤如下。

① 打开 Amazon VPC 控制台 https://console.aws.amazon.com/vpc/。

② 在导航窗格中,选择 Security Groups,然后选择 Create Security Group。

③ 在 Create Security Group 对话框中,为用户的安全组指定名称和说明。从 VPC 列表中选择 VPC 的 ID,然后选择 Yes, Create。

④ 选择安全组。详细信息窗格内会显示此安全组的详细信息,以及可供使用的入站规则和出站规则的选项卡。

⑤ 在 Inbound Rules 选项卡上,选择 Edit。选择 Add Rule,然后填写所需信息。例如,从 Type 列表中选择 HTTP 或 HTTPS,然后在 Source

中输入 0.0.0.0/0（对于 IPv4 流量）或 ::/0（对于 IPv6 流量）。完成此操作后，选择 Save。

⑥ 打开 Amazon EC2 控制台 https://console.aws.amazon.com/ec2/。

⑦ 在导航窗格中，选择 Instances。

⑧ 依次选择实例 Actions、Networking 和 Change Security Groups。

⑨ 在 Change Security Groups（更改安全组）对话框中，取消选中当前所选安全组的复选框，然后选中一个新的复选框，选择 Assign Security Groups。

（5）添加弹性 IP 地址。在子网中启动实例之后，如果希望能够通过 IPv4 连接 Internet，则必须为其指定弹性 IP 地址。

🔊 **注意**：如果在启动过程中向实例分配了公有 IPv4 地址，则实例可从 Internet 进行访问，无须向它分配弹性 IP 地址。想要了解更多有关实例的 IP 寻址的信息，请参阅用户的 VPC 中的 IP 地址。

使用控制台分配弹性 IP 地址并将其分配给一个实例，步骤如下。

① 打开 Amazon VPC 控制台 https://console.aws.amazon.com/vpc/。

② 在导航窗格中，选择 Elastic IPs。

③ 选择 Allocate new address。

④ 单击 Allocate。

🔊 **注意**：如果用户的账户支持 EC2-Classic，请首先选择 VPC。

⑤ 从列表中选择弹性 IP 地址，选择 Actions，然后选择 Associate address。

⑥ 选择 Instance 或 Network interface，然后选择实例 ID 或网络接口 ID。选择要与弹性 IP 地址关联的私有 IP 地址，然后选择 Associate。

（6）将 Internet 网关与用户的 VPC 断开。

如果不再需要通过 Internet 访问在非默认 VPC 中启动的实例，则可将 Internet 网关与 VPC 分离。如果 VPC 的某些资源具有关联的公有 IP 地址或弹性 IP 地址，则无法分离 Internet 网关。将 Internet 网关与 VPC 分离，步骤如下。

① 打开 Amazon VPC 控制台 https://console.aws.amazon.com/vpc/。

② 在导航窗格中，选择 Elastic IPs，然后选择弹性 IP 地址。

③ 选择 Actions、Disassociate address。

④ 在导航窗格中，选择 Internet Gateways。

⑤ 选择相应的 Internet 网关，然后选择 Actions, Detach from VPC（操作，与 VPC 分离）。

⑥ 在 Detach from VPC（与 VPC 分离）对话框中，选择 Detach（分离）。

（7）删除 Internet 网关。如果不再需要 Internet 网关，则可将其删除。但无法删除仍附加到 VPC 的 Internet 网关，步骤如下。

① 打开 Amazon VPC 控制台 https://console.aws.amazon.com/vpc/。

② 在导航窗格中，选择 Internet Gateways。

③ 选择相应的 Internet 网关，然后依次选择 Actions（操作）和 Delete internet gateway（删除 Internet 网关）。

④ 在 Delete internet gateway（删除 Internet 网关）对话框中，选择 Delete（删除）。

4. 仅出口 Internet 网关

仅出口 Internet 网关是一种横向扩展、支持冗余且高度可用的 VPC 组件，它能够实现从 VPC 中的实例经由 IPv6 到 Internet 的出站通信，并防止 Internet 发起与用户的实例的 IPv6 连接。

> **注意**：仅出口 Internet 网关只适用于 IPv6 流量。要通过 IPv4 实现仅出站 Internet 通信，请改用 NAT 网关。

下面介绍仅出口 Internet 网关的基本知识。

如果公有子网中的实例具有公有 IPv4 地址或 IPv6 地址，则其能够通过 Internet 网关连接到 Internet。同样，Internet 上的资源也可以使用其公有 IPv4 地址或 IPv6 地址发起与用户的实例的连接，例如，当使用本地计算机连接实例时。

IPv6 地址是全球唯一的，因此默认为公有。如果用户希望实例能够访问 Internet，但又想要阻止 Internet 上的资源发起与用户的实例的通信，则可以使用仅出口 Internet 网关。为此，请在 VPC 中创建一个仅出口 Internet 网关，然后向路由表中添加一条将所有 IPv6 流量（::/0）或特定的 IPv6 地址范围指向仅出口 Internet 网关的路由。子网中与路由表关联的 IPv6 流量会被路由到仅出口 Internet 网关。

仅出口 Internet 网关是有状态的，它将来自子网中实例的流量转发到 Internet 或其他 AWS 服务，然后将响应发回给实例。

仅出口 Internet 网关具有以下特性。

➢ 用户无法将安全组与仅出口 Internet 网关关联。可以为私有子网中的实例使用安全组以便控制这些实例的进出流量。

> 用户可以使用网络 ACL 控制仅出口 Internet 网关路由的进出子网的流量。

在图 7-8 中，VPC 具有一个 IPv6 CIDR 块，此 VPC 中的子网也具有一个 IPv6 CIDR 块。子网 1 关联了一个自定义路由表，它将所有 Internet 绑定的 IPv6 流量（::/0）指向 VPC 中的仅出口 Internet 网关。

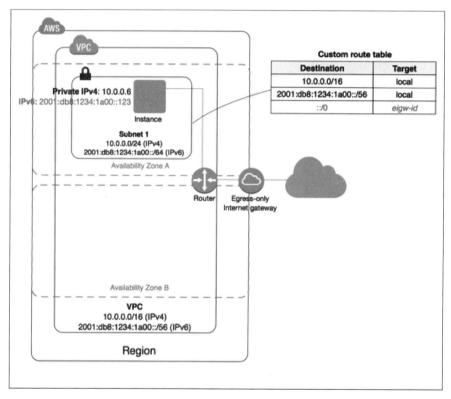

图 7-8　仅出口 Internet 网关

5. 出口 Internet 网关

以下部分介绍如何为私有子网创建仅出口 Internet 网关，以及如何为该子网配置路由。

（1）创建仅出口 Internet 网关。

可以使用 Amazon VPC 控制台为 VPC 创建一个仅出口 Internet 网关。创建仅出口 Internet 网关步骤如下。

① 打开 Amazon VPC 控制台 https://console.aws.amazon.com/vpc/。

② 在导航窗格中，选择 Egress Only Internet Gateways。

③ 选择 Create Egress Only Internet Gateway。

④ 选择要在其中创建仅出口 Internet 网关的 VPC，选择 Create。

（2）查看仅出口 Internet 网关。用户可以在 Amazon VPC 控制台中查看有关仅出口 Internet 网关的信息。查看仅出口 Internet 网关的信息步骤如下。

① 打开 Amazon VPC 控制台 https://console.aws.amazon.com/vpc/。

② 在导航窗格中，选择 Egress Only Internet Gateways。

③ 选择仅出口 Internet 网关以在详细信息窗格中查看其信息。

（3）创建自定义路由表。要将发往 VPC 外部的流量发送到仅出口 Internet 网关，必须创建一个自定义路由表并添加将流量发送到该网关的路由，然后将其与用户的子网关联。创建自定义路由表并添加到仅出口 Internet 网关的路由步骤如下。

① 打开 Amazon VPC 控制台 https://console.aws.amazon.com/vpc/。

② 在导航窗格中，依次选择 Route Tables、Create Route Table。

③ 在 Create Route Table 对话框中，可以选择命名用户的路由表，选择用户的 VPC，然后单击 Yes 和 Create。

④ 选择用户刚刚创建的自定义路由表。详细信息窗格中会显示选项卡，以供用户使用其路径、关联和路线传播。

⑤ 在 Routes 选项卡中，选择 Edit，在 Destination 框中指定 ::/0，从 Target 列表中选择仅出口 Internet 网关 ID，然后单击 Save。

⑥ 在 Subnet Associations 选项卡上，选择 Edit，然后选中子网的 Associate 复选框，选择 Save（保存）。

或者，也可以向与用户的子网关联的现有路由表添加路由。选择用户现有的路由表，然后按照上述最后两条步骤为仅出口 Internet 网关添加路由。

（4）删除仅出口 Internet 网关。

若不再需要某一仅出口 Internet 网关，则可将其删除。路由表中指向已删除的仅出口 Internet 网关的任何路由都将保持 blackhole 状态，直到用户手动删除或更新路由。删除仅出口 Internet 网关步骤如下。

① 打开 Amazon VPC 控制台 https://console.aws.amazon.com/vpc/。

② 在导航窗格中，选择 Egress Only Internet Gateways，然后选择仅出口 Internet 网关。

③ 单击 Delete。

④ 在确认对话框中选择 Delete Egress Only Internet Gateway。

7.2.4 NAT 实例设置

通过使用 VPC 中公有子网内的网络地址转换（NAT）实例，可让私有子网中的实例发起到 Internet 或其他 AWS 服务的出站 IPv4 流量，阻止这些实例接收由 Internet 上的用户发起的入站流量。

> **注意：** 用户也可以使用 NAT 网关，该网关是托管的 NAT 服务，可提供更高的可用性、更大的带宽，但所需的管理工作更少。对于常见使用案例，我们建议用户使用 NAT 网关而不是 NAT 实例。

1. NAT 实例基本信息

图 7-9 展示了 NAT 实例的基本信息。主路由表与私有子网关联，并将来自私有子网中实例的流量发送到公有子网中的 NAT 实例。NAT 实例可将流量发送到 VPC 的 Internet 网关。流量由 NAT 实例的弹性 IP 地址产生，并且 NAT 实例为响应指定了一个较高的端口号；响应返回后，NAT 实例会根据响应的端口号将其发送给私有子网中的相应实例。

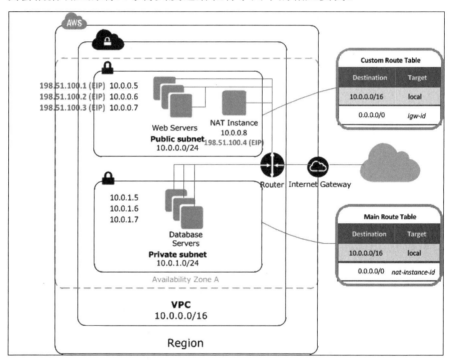

图 7-9　NAT 实例的基本信息

Amazon 提供 Amazon Linux AMI，并会将其配置作为 NAT 实例运行。这些 AMI 的名称包含字符串 amzn-ami-vpc-nat，因此可在 Amazon EC2 控制台中搜索它们。

当从 NAT AMI 启动某个实例时，将对该实例进行以下配置。

（1）在 /etc/sysctl.d/10-nat-settings.conf 中启用 IPv4 转发并禁用 ICMP 重定向。

（2）位于 /usr/sbin/configure-pat.sh 的脚本在启动时运行，并配置 iptables IP 伪装。

> **注意：** 我们建议用户始终使用最新版本的 NAT AMI 来配置更新。如果在 VPC 上添加和删除辅助 IPv4CIDR 块，请确保使用 AMI 版本 amzn-ami-vpc-nat-hvm-2017.03.1.20170623-x86_64-ebs 或更高版本。

2．NAT 实例

用户可以使用 VPC 向导设置有 NAT 实例的 VPC，向导可为用户执行许多配置步骤，包括启动 NAT 实例和设置路由。不过，如果用户愿意，那么可以使用以下步骤手动创建和配置 VPC 和 NAT 实例。

（1）创建带有两个子网的 VPC。注意，以下步骤用于手动创建和配置 VPC，而不是使用 VPC 向导创建 VPC。

① 创建 VPC。

② 创建两个子网。

③ 将 Internet 网关附加到 VPC。

④ 创建一个用于将流向 VPC 外的流量发送到 Internet 网关的自定义路由表，然后将该路由表与一个子网关联，使其成为公有子网。

（2）创建 NATSG 安全组（参见正在创建 NATSG 安全组）。应在启动 NAT 实例时指定此安全组。

（3）将实例从已经配置为作为 NAT 实例运行的 AMI 推送到用户的公有子网。Amazon 提供 Amazon Linux AMI，并会将其配置作为 NAT 实例运行。这些 AMI 的名称包含字符串 amzn-ami-vpc-nat，因此可在 Amazon EC2 控制台中搜索它们。操作步骤如下。

① 打开 Amazon EC2 控制台。

② 在仪表板上，选择 Launch Instance 按钮，然后按如下所示完成向导。

③ 在 Choose an Amazon Machine Image（选择一个 Amazon 系统映像（AMI）页面上，选择 Community AMIs（社区 AMI）类别，然后搜索 amzn-ami-vpc-nat。在结果列表中，每个 AMI 的名称都包含版本信息，用户可以选择最新的 AMI，例如 2020.09。选择 Select。

④ 在 Choose an Instance Type 页面上，选择要启动的实例类型，然后选择 Next: Configure Instance Details。

⑤ 在 Configure Instance Details（配置实例详细信息）页面上，从 Network（网络）列表中选择用户创建的 VPC，然后从 Subnet（子网）列表中选择用户的公有子网。

⑥ （可选）选中 Public IP（公有 IP）复选框以要求用户的 NAT 实例接收公有 IP 地址。如果决定现在不分配公有 IP 地址，则可分配弹性 IP

地址，并在启动实例后向其分配该地址。有关在启动时分配公有 IP 的更多信息，请参阅在实例启动期间分配公有 IPv4 地址，选择 Next: Add Storage。

⑦ 可决定向用户的实例添加存储，并可在下一页上添加标签。完成时选择 Next: Configure Security Group。

⑧ 在 Configure Security Group（配置安全组）页面上，选择 Select an existing security group（选择一个现有的安全组）选项，然后选择创建的 NATSG 安全组，选择 Review and Launch。

⑨ 检视用户已经选择的设置。执行所需的任何更改，然后选择 Launch 以选择一个密钥对并启动用户的实例。

（4）（可选）连接到 NAT 实例，根据需要进行修改，然后创建用户自己的 AMI 并将其配置为作为 NAT 实例运行。可以在下次需要启动 NAT 实例时使用此 AMI。

（5）禁用 NAT 实例的 SrcDestCheck 属性（禁用源/目标检查）。如果没有在启动期间向 NAT 实例分配公有 IP 地址（第 3 步），则需要将弹性 IP 地址与该实例关联，步骤如下。

① 打开 Amazon VPC 控制台 https://console.aws.amazon.com/vpc/。

② 在导航窗格中，选择 Elastic IPs，然后选择 Allocate new address。

③ 选择 Allocate。

④ 从列表中选择弹性 IP 地址，然后选择 Actions、Associate address。

⑤ 选择网络接口资源，然后选择 NAT 实例的网络接口。从 Private IP 列表中选择要与弹性 IP 地址关联的地址，然后选择 Associate。

（6）更新主路由表以将流量发送至 NAT 实例。使用命令行启动 NAT 实例要在子网中启用 NAT 实例，请使用以下命令之一。

➢ run-instances（AWS CLI）。

➢ New-EC2Instance（适用于 Windows PowerShell 的 AWS 工具）。

要获取配置为 NAT 实例运行的 AMI 的 ID，请使用命令描述映像，并使用筛选条件仅返回 Amazon 拥有及名称包含 amzn-ami-vpc-nat 字符串的 AMI。以下示例使用 AWS CLI：

```
aws ec2 describe-images --filter Name="owner-alias",Values="amazon" --filter
Name="name",Values="amzn-ami-vpc-nat*"
```

3. NATSG 安全组

根据下表的描述定义 NATSG 安全组，以允许 NAT 实例从私有子网实例接收 Internet 绑定的数据流，以及来自用户的网络 SSH 数据流。NAT 实例也可以向 Internet 发送数据流，即允许私有子网中的实例接收软件更新。

NATSG 推荐规则如表 7-14 所示。

表 7-14　NATSG 推荐规则

入站			
源	协议	端口范围	备注
10.0.1.0/24	TCP	80	允许来自私有子网服务器的入站 HTTP 数据流
10.0.1.0/24	TCP	443	允许来自私有子网服务器的入站 HTTPS 数据流
家庭网络的公共 IP 地址范围	TCP	22	允许从家庭网络到 NAT 实例的入站 SSH 访问（通过 Internet 网关）

出站			
目标	协议	端口范围	备注
0.0.0.0/0	TCP	80	允许对 Internet 的出站 HTTP 访问
0.0.0.0/0	TCP	443	允许对 Internet 的出站 HTTPS 访问

创建 NATSG 安全组，步骤如下。

（1）打开 Amazon VPC 控制台 https://console.aws.amazon.com/vpc/。

（2）在导航窗格中，选择 Security Groups，然后选择 Create Security Group。

（3）在 Create Security Group 对话框中，指定 NATSG 作为安全组的名称，并提供描述。从 VPC 列表中选择 VPC 的 ID，然后选择 Yes, Create。

（4）选择用户刚刚创建的 NATSG 安全组。详细信息窗格内会显示此安全组的详细信息，以及可供用户使用的入站规则和出站规则的选项卡。

（5）使用 Inbound Rules（入站规则）选项卡添加入站流量规则，操作步骤如下。

① 选择 Edit。

② 选择 Add another rule，然后从 Type 列表中选择 HTTP。在 Source（源）字段中，指定私有子网的 IP 地址范围。

③ 选择 Add another rule，然后从 Type 列表中选择 HTTPS。在 Source（源）字段中，指定私有子网的 IP 地址范围。

④ 选择 Add another rule，然后从 Type 列表中选择 SSH。在 Source（源）字段中，指定网络的公有 IP 地址范围。

⑤ 选择 Save（保存）。

（6）使用 Outbound Rules（出站规则）选项卡添加出站流量规则，操作步骤如下。

① 单击 Edit。

② 选择 Add another rule，然后从 Type 列表中选择 HTTP。在 Destination（目标）字段中，指定 0.0.0.0/0。

③ 选择 Add another rule，然后从 Type 列表中选择 HTTPS。在 Destination（目标）字段中，指定 0.0.0.0/0。

④ 单击 Save（保存）。

4. 禁用源/目标检查

每项 EC2 实例都会默认执行源/目标检查。这意味着实例必须为其发送或接收的数据流的源头或目标。但是，NAT 实例必须能够在源或目标并非其本身时发送和接收数据流。因此，用户必须禁用 NAT 实例的源/目标检查。

可以使用控制台或命令行，禁用正在运行或已停止运行的 NAT 实例的 SrcDestCheck 属性。

使用控制台禁用源/目标检查，步骤如下。

（1）打开 Amazon EC2 控制台 https://console.aws.amazon.com/ec2/。

（2）在导航窗格中，选择 Instances。

（3）依次选择 NAT 实例、Actions（操作）、Networking（联网）和 Change Source/Dest.Check。

（4）对于 NAT 实例，请确认已禁用此属性。否则，请选择 Yes, Disable。

（5）如果 NAT 实例具有辅助网络接口，请从 Destination（目标）选项卡上的 Network interfaces（网络接口）中选择它，然后选择接口 ID 以转到网络接口页。依次选择 Actions（操作）、Change Source/Dest.Check（更改源/目标检查），禁用设置，然后选择 Save（保存）。

使用命令行，禁用源/目标检查，命令如下。

➢ modify-instance-attribute（AWS CLI）。

➢ Edit-EC2InstanceAttribute（适用于 Windows PowerShell 的 AWS 工具）。

5. 主路由表

VPC 中的私有子网未与自定义路由表关联，因此它使用主路由表。在默认情况下，主路由表使 VPC 中的实例能够互相通信。用户必须添加一条路由，将所有其他子网流量发送到 NAT 实例。更新主路由表步骤如下。

（1）打开 Amazon VPC 控制台 https://console.aws.amazon.com/vpc/。

（2）在导航窗格中，选择 RouteTables。

（3）为 VPC 选择主路由表（Main 列显示 Yes）。详细信息窗格中会显示选项卡，以供用户使用其路径、关联和路线传播。

（4）在 Routes 选项卡上选择 Edit，在 Destination 框中指定 0.0.0.0/0，从 Target 列表中选择 NAT 实例的实例 ID，然后选择 Save。

（5）在 Subnet Associations 选项卡上，单击 Edit，然后选中子网的 Associate 复选框。单击 Save（保存）。

6．NAT 实例配置

启动 NAT 实例并完成以上配置步骤之后，用户可以执行简单的测试，以检查私有子网中的实例是否可以通过将 NAT 实例用作堡垒服务器来访问 Internet。为此，请更新用户的 NAT 实例的安全组规则，以允许入站和出站 ICMP 流量及出站 SSH 流量，将一个实例启动至用户的私有子网中，配置 SSH 代理转发以访问用户的私有子网中的实例，连接到用户的实例，然后测试 Internet 连接。更新 NAT 实例的安全组步骤如下。

（1）打开 Amazon EC2 控制台 https://console.aws.amazon.com/ec2/。

（2）在导航窗格中，选择 Security Groups。

（3）找到与用户的 NAT 实例关联的安全组，然后在 Inbound 选项卡中选择 Edit。

（4）选择添加规则，从类型列表中选择所有 ICMP-IPv4，然后从源列表中选择自定义。

（5）输入私有子网的 IP 地址范围，例如 10.0.1.0/24，选择 Save（保存）。

（6）在 Outbound 选项卡中，选择 Edit。

（7）选择添加规则，从类型列表中选择 SSH，然后从目的地列表中选择自定义。输入私有子网的 IP 地址范围，例如 10.0.1.0/24，选择 Save（保存）。

（8）选择添加规则，从类型列表中选择所有 ICMP-IPv4，然后从目的地列表中选择自定义。输入 0.0.0.0/0，然后选择 Save。

（9）在私有子网中启动实例，步骤如下。

① 打开 Amazon EC2 控制台 https://console.aws.amazon.com/ec2/。

② 在导航窗格中，选择 Instances。

③ 在私有子网中启动实例。确保用户在启动向导中配置了以下选项，然后选择 Launch。

④ 在 Choose an Amazon Machine Image（AMI）选择 Amazon 系统映

像（AMI）页面上，从 Quick Start（快速入门）类别中选择 Amazon Linux AMI。

⑤ 在 Configure Instance Details（配置实例详细信息）页面上，从 Subnet（子网）列表中选择用户的私有子网，并且不向用户的实例分配公有 IP 地址。

⑥ 在 Configure Security Group 页面上，确保用户的安全组包括入站规则，该规则允许从用户的 NAT 实例的私有 IP 地址进行 SSH 访问，或者从公有子网的 IP 地址范围进行 SSH 访问，并且确保用户具有允许出站 ICMP 流量的出站规则。

⑦ 在 Select an existing key pair or create a new key pair（选择现有密钥对或创建新密钥对）对话框中，选择在启动 NAT 实例时所用的密钥对。

（10）针对 Linux 或 OS X 配置 SSH 代理转发，步骤如下。

① 在本地计算机上，将私有密钥添加到身份验证代理。

对于 Linux，请使用以下命令：

```
ssh-add -c mykeypair.pem
```

对于 OS X，请使用以下命令：

```
ssh-add -K mykeypair.pem
```

② 使用 -A 选项连接到用户的 NAT 实例以启用 SSH 代理转发，例如：

```
ssh -A ec2-user@54.0.0.123
```

（11）针对 Windows（PuTTY）配置 SSH 代理转发，步骤如下。

① 如果尚未安装 Pageant，则请从 PuTTY 下载页面下载并安装 Pageant。

② 将用户的私有密钥转换为 .ppk 格式。

③ 启动 Pageant，右击任务栏上的 Pageant 图标（可能已隐藏），并选择 Add Key。选择用户创建的 .ppk 文件，输入密码（如果需要），然后选择 Open。

④ 启动 PuTTY 会话以连接到用户的 NAT 实例。在 Auth（身份验证）类别中，确保选择了 Allow agent forwarding（允许代理转发）选项，将 Private key file for authentication（用于身份验证的私有密钥文件）字段留空。

（12）测试 Internet 连接，方法如下。

通过对启用了 ICMP 的网站运行 ping 命令来测试用户的 NAT 实例是否可以与 Internet 通信。例如：

```
ping ietf.org
PING ietf.org (4.31.198.44) 56(84) bytes of data.
64 bytes from mail.ietf.org (4.31.198.44): icmp_seq=1 ttl=48 time=74.9 ms
64 bytes from mail.ietf.org (4.31.198.44): icmp_seq=2 ttl=48 time=75.1 ms
```

按 Ctrl+C 快捷键以取消 ping 命令。

➢ 从用户的 NAT 实例中，使用私有 IP 地址连接到用户的私有子网中的实例。例如：

```
ssh ec2-user@10.0.1.123
```

➢ 从私有实例，通过运行 ping 命令来测试用户是否可以连接到 Internet。

```
ping ietf.org
PING ietf.org (4.31.198.44) 56(84) bytes of data.
64 bytes from mail.ietf.org (4.31.198.44): icmp_seq=1 ttl=47 time=86.0 ms
64 bytes from mail.ietf.org (4.31.198.44): icmp_seq=2 ttl=47 time=75.6 ms
```

按 Ctrl+C 快捷键以取消 ping 命令。

如果 ping 命令失败，则请检查以下信息。

➢ 检查 NAT 实例的安全组规则是否允许来自用户的私有子网的入站 ICMP 流量。如果不允许，则 NAT 实例无法从用户的私有实例接收 ping 命令。

➢ 检查用户是否正确配置了路由表。

➢ 确保用户对 NAT 实例禁用了源/目标检查。

➢ 确保用户对启用了 ICMP 的网站发出 ping 命令。否则，用户不会收到应答数据包。要对此进行测试，请从用户自己计算机上的命令行终端执行相同的 ping 命令。

（可选）如果不再需要，则请终止用户的私有实例。

7.3　安全组件

7.3.1　WAF & Shield 安全管理服务

AWS WAF 是一种 Web 应用程序防火墙，让用户能够监控转发到 Amazon API Gateway API、Amazon CloudFront 或应用程序负载均衡器的 HTTP 和 HTTPS 请求。AWS WAF 还允许用户控制对用户的内容的访问。根据指定的条件（如请求源 IP 地址或查询字符串的值），API 网关、CloudFront 或应用程序负载均衡器会使用所请求的内容或者使用 HTTP

状态代码 403（禁止）来响应请求。用户还可以配置 CloudFront 以在请求被阻止时返回自定义错误页面。

使用 AWS WAF Web 访问控制列表（Web ACL）可以最大限度地降低分布式拒绝服务（DDoS）攻击的影响。为了实现针对 DDoS 攻击的额外保护，AWS 还提供了 AWS Shield Standard 和 AWS Shield Advanced 服务。除了用户已经为 AWS WAF 和其他 AWS 服务支付的费用之外，AWS Shield Standard 将自动包含在其中，不会额外收取费用。AWS Shield Advanced 可为用户的 Amazon EC2 实例、Elastic Load Balancing 负载均衡器、CloudFront 分配和 Route 53 托管区域提供扩展的 DDoS 攻击保护，但使用 AWS Shield Advanced 将产生额外费用。[4]

1. AWS WAF

（1）下面讲解 AWS WAF 的工作原理。用户可使用 AWS WAF 控制 API 网关、Amazon CloudFront 或应用程序负载均衡器如何响应 Web 请求。首先需创建条件、规则和 Web 访问控制列表（Web ACL）。用户需要定义条件，将条件合并为规则，并将规则合并为 Web ACL。

（2）条件定义用户希望 AWS WAF 在 Web 请求中监视以下基本特征。

➢ 恶意的脚本。攻击者会嵌入可以利用 Web 应用程序漏洞的脚本，这称为跨站点脚本。

➢ 请求源的 IP 地址或地址范围。

➢ 请求源的国家/地区或地理位置。

➢ 请求的指定部分的长度（如查询字符串）。

➢ 恶意的 SQL 代码。攻击者会尝试通过在 Web 请求中嵌入恶意的 SQL 代码从数据库提取数据，这称为 SQL 注入。

➢ 请求中出现的字符串，例如，在 User-Agent 标头中出现的值或是在查询字符串中出现的文本字符串。用户还可以使用正则表达式（regex）指定这些字符串。

➢ 某些条件采用多个值。例如，用户可以在 IP 条件中指定最多 10 000 个 IP 地址或 IP 地址范围。

（3）用户可将条件合并为规则，以精确锁定要允许、阻止或计数的请求。AWS WAF 提供了两种类型的规则，常规规则和基于速率的规则，下面分别介绍。

① 常规规则：常规规则仅使用条件来锁定特定请求。例如，根据用户发现的来自某个攻击者的最近请求，用户可以创建一个规则，其中包含以下条件。

➤　请求来自 192.0.2.44。

➤　请求在 User-Agent 标头中包含值 BadBot。

➤　请求表现为在查询字符串中包含类似 SQL 的代码。

当一个规则中包括多个条件时，如本例所示，AWS WAF 会查找匹配所有条件的请求，通过 AND 将条件合并在一起。

② 基于速率的规则：基于速率的规则类似于常规规则，但增加了速率限制。基于速率的规则会每 5 分钟统计一次来自指定 IP 地址的请求。如果请求数超过速率限制，则规则会触发操作。

用户可以将条件与速率限制结合起来。这样，如果请求匹配所有条件，且请求数在任一 5 分钟周期内超过速率限制，则规则将触发 Web ACL 中所指定的操作。

例如，基于用户发现的来自某个攻击者的最近请求，用户可以创建一个基于速率的规则，包含如下条件。

➤　请求来自 192.0.2.44。

➤　请求在 User-Agent 标头中包含值 BadBot。

在此基于速率的规则中，用户还定义了一个速率限制。在本例中，假设用户创建了速率限制为 15 000。当请求既符合上述两个条件又超过每 5 分钟 15 000 个请求的速率限制时，则将触发在 Web ACL 中定义的该规则的操作（阻止或计数）。

不符合上述两个条件的请求不会计入速率限制，也不会被此规则阻止。

又如，假设用户希望将请求限定为网站上特定页面的请求。为此，用户可以向基于速率的规则中添加以下字符串匹配条件。

➤　Part of the request to filter on 是 URI。

➤　Match Type 是 Starts with。

➤　Value to match 是 login。

还要将 RateLimit 指定为 15 000。通过向 Web ACL 中添加此基于速率的规则，用户可以将请求限制在登录页面，而不影响网站其余部分。

◁》 **注意：** 应至少向常规规则中添加一个条件。不含任何条件的常规规则不能匹配任何请求，因此，也永远不会触发该规则的操作（允许、计数、阻止）。但是，对于基于速率的规则而言，条件是可选的。如果用户没有在基于速率的规则中添加任何条件，AWS WAF 则假定所有请求都匹配该规则，因此，当请求来自同一个 IP 地址时，将计入速率限制中。若来自同一 IP 地址的请求数超过速率限制，则会触发规则的操作（计数或阻止）。

（4）在用户将条件合并为规则之后，用户可将规则合并为 Web ACL。在其中可定义每个规则的操作，即允许、阻止或计数以及默认操作。

当 Web 请求匹配一个规则中的所有条件时，AWS WAF 可以阻止该请求，或者允许将该请求转发到 Amazon API 网关 API、CloudFront 分配或应用程序负载均衡器。用户可以指定希望 AWS WAF 为每个规则执行的操作。

AWS WAF 按照规则列出的顺序，将请求与 Web ACL 中的规则进行比较。AWS WAF 随后执行与请求匹配的第一个规则关联的操作。例如，如果某个 Web 请求与允许请求的一个规则及阻止请求的另一个规则匹配，则 AWS WAF 会根据先列出的规则来允许或阻止该请求。

如果用户要先测试新规则，然后再开始使用它，则还可以将 AWS WAF 配置为对满足规则的所有条件的请求进行计数。与允许或阻止请求的规则一样，对请求进行计数的规则受其在 Web ACL 的规则列表中的位置影响。例如，如果一个 Web 请求匹配允许请求的规则，同时又匹配另一个对请求进行计数的规则，那么如果允许请求的规则先列出，则不对请求进行计数。

（5）默认操作决定 AWS WAF 是允许还是阻止不匹配 Web ACL 中任何规则中所有条件的请求。例如，假设用户创建一个 Web ACL，并仅添加用户在前面定义的规则。

➢ 请求来自 192.0.2.44。

➢ 请求在 User-Agent 表头中包含值 BadBot。

➢ 请求表现为在查询字符串中包含恶意 SQL 代码。

如果某个请求不满足该规则中的所有三个条件，并且默认操作是 ALLOW，则 AWS WAF 会将该请求转发到 API 网关、CloudFront 或应用程序负载均衡器，服务会使用请求的对象进行响应。

如果用户向 Web ACL 中添加两个或更多规则，则仅当有请求不满足任一规则的所有条件时，AWS WAF 才执行默认操作。例如，假设用户添加另一个只包含一个条件的规则。

➢ 在 User-Agent 表头中包含值 BIGBadBot 的请求。

仅当有请求既不满足第一个规则的所有三个条件，也不满足第二个规则的一个条件时，AWS WAF 才执行默认操作。

在某些情况下，AWS WAF 可能会遇到内部错误，该错误会延迟对 API Gateway、CloudFront 或应用程序负载均衡器有关是允许还是阻止请求的响应。在这些情况下，API Gateway 和 CloudFront 通常会允许请求或提供内容。应用程序负载均衡器通常会拒绝请求，而不是提供内容。

（6）关于 AWS WAF 限制，AWS WAF 如何检查规则并基于这些规则
执行操作，如图 7-10 所示。

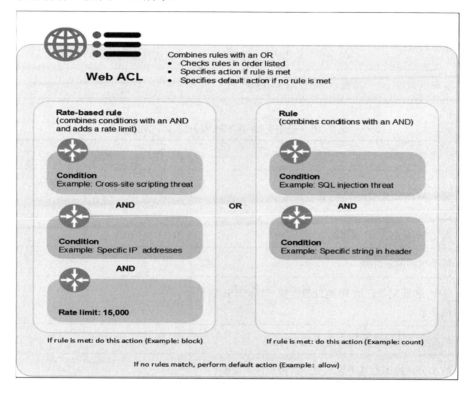

图 7-10 AWS WAF 检查规则及操作

AWS WAF 对每个账户的实体数施加了默认限制，如表 7-15 所示。用
户可以请求提高这些限制，有些无法更改 AWS WAF 实体的限制，如表 7-16
所示。

表 7-15 AWS WAF 默认限制

资源	默认限制
每个 AWS 账户的 Web ACL 数	50
每个 AWS 账户的规则数	100
每个 AWS 账户的基于速率的规则数	5

续表

资源	默认限制
每个 AWS 账户的条件数	每种条件类型 100 个（例如：100 个大小约束条件、100 个 IP 匹配条件等。例外情况是正则表达式匹配条件，每个账户最多可以具有 10 个正则表达式匹配条件。不能提高此限制。）
每秒请求数	每个 Web ACL 10000 个*

表 7-16　无法更改 AWS WAF 实体的限制

资源	限制
每个 Web ACL 的规则组数	2：1 个客户创建的规则组和 1 个 AWS Marketplace 规则组
每个 Web ACL 的规则数	10
每个规则的条件数	10
每个 IP 匹配条件的 IP 地址范围数（以 CIDR 表示法显示）	10000
根据基于速率的规则而阻止的 IP 地址	10000
每 5 分钟周期内基于速率规则的最小速率限制	2000
每个跨站点脚本匹配条件的筛选条件数	10
每个大小约束条件的筛选条件数	10
每个 SQL 注入匹配条件的筛选条件数	10
每个字符串匹配条件的筛选条件数	10
在字符串匹配条件中，HTTP 标头名中的字符数（如果用户已将 AWS WAF 配置为在 Web 请求标头中检查指定值）	40
在字符串匹配条件中，用户需要 AWS WAF 搜索的值中的字符数	50
在正则表达式匹配条件中，用户需要 AWS WAF 搜索的模式中的字符数	70
在正则表达式匹配条件中，每个模式集的模式数	10
在正则表达式匹配条件中，每个正则表达式条件的模式集数	1

续表

资源	限制
每个账户的模式集数	5
每个账户的 GeoMatchSets	50
每个 GeoMatchSet 的位置	50

2. AWS Shield

（1）下面介绍 AWS Shield 的工作原理。

分布式拒绝服务（DDoS）攻击是指多个被入侵系统尝试用流量来"淹没"目标（如网络或 Web 应用程序）的攻击。DDoS 攻击会阻止合法用户访问服务，并且可能导致系统因流量过大而崩溃。

AWS 针对 DDoS 攻击提供两种级别的防护：AWS Shield Standard 和 AWS Shield Advanced，下面分别介绍。

 ➢ AWS Shield Standard 防护，所有 AWS 客户都可从 AWS Shield Standard 的自动防护功能中获益，不需要额外支付费用。AWS Shield Standard 可以抵御以用户的网站或应用程序为目标的最为常见、经常发生的网络和传输层的 DDoS 攻击。虽然 AWS Shield Standard 有助于为所有 AWS 客户提供保护，但如果用户使用 Amazon CloudFront 和 Amazon Route 53，则可以获得特殊的优势。这些服务可以获得全面的可用性保护，可以防范所有已知的基础设施（第 3 层和第 4 层）攻击。

 ➢ AWS Shield Advanced 防护，要针对运行在 Amazon Elastic Compute Cloud、Elastic Load Balancing（ELB）、Amazon CloudFront、Amazon Route 53 和 AWS Global Accelerator 资源上的 Web 应用程序提高攻击的防范级别，用户可以订阅 AWS Shield Advanced。AWS Shield Advanced 针对这些资源提供扩展的 DDoS 攻击保护。

通过一个例子来说明一下这种增加的保护。如果用户使用 Shield Advanced 保护弹性 IP 地址，那么在攻击期间，Shield Advanced 会自动将用户的网络 ACL 部署到 AWS 网络边界，这将允许 Shield Advanced 针对更严重的 DDoS 事件提供保护。在通常情况下，网络 ACL 会应用到用户的 Amazon VPC 中的 Amazon EC2 实例附近。网络 ACL 只能缓解用户的 Amazon VPC 和实例可以处理的攻击。例如，如果连接到用户的 Amazon EC2 实例的网络接口可以处理高达 10 Gbps，那么超过 10 Gbps 的卷将会减速并可能阻止通往此实例的流量。在攻击期间，Shield Advanced 会将用户的网络 ACL 提升至 AWS 边界以处理多个 TB 的流量。用户的网络 ACL 能够为用户的资源提供超出用户的网络典型容量的保护。

作为 AWS Shield Advanced 客户，用户可以在 DDoS 攻击期间联系全天候 DDoS 响应团队（DRT）寻求帮助。用户还可以独占访问高级、实时的指标和报告，以深入了解用户的 AWS 资源遭受的攻击。在 DRT 的帮助下，AWS Shield Advanced 可提供智能 DDoS 攻击检测和缓解功能，这些功能不仅适用于网络层（第 3 层）和传输层（第 4 层）攻击，还适用于应用程序层（第 7 层）攻击。

要使用 DRT 的服务，用户必须订阅 Business Support 计划或企业支持计划。

AWS Shield Advanced 还针对用户的 AWS 账单中可能由 DDoS 攻击导致的高峰提供一些成本保护。此成本保护针对用户的 Elastic Load Balancing 负载均衡器、Amazon CloudFront 分配、Amazon Route 53 托管区域、Amazon Elastic Compute Cloud 实例和 AWS Global Accelerator 加速器提供。

AWS WAF 随 AWS Shield Advanced 提供，没有任何额外成本。

（2）AWS Shield Advanced 针对多种类型的攻击提供大范围的保护。例如：用户数据报协议（UDP）反射攻击。攻击者能够仿冒请求来源，并使用 UDP 从服务器引出高流量的响应。转向被仿冒和攻击的 IP 地址的额外网络流量会拖慢目标服务器，并阻止合法用户访问所需资源。

（3）SYN 泛洪攻击的目的是通过将连接保持在半开放状态来耗尽系统的可用资源。当用户连接到 TCP 服务（如 Web 服务器）时，客户端将发送 SYN 数据包，服务器将返回确认，客户端再返回自己的确认，完成三次握手。在 SYN 泛洪中，永远不会返回第三个确认，服务器将一直等待响应，这会使其他用户无法连接到服务器。

（4）在 DNS 查询泛洪中，攻击者使用多个 DNS 查询来耗尽 DNS 服务器的资源。AWS Shield Advanced 可以帮助抵御针对 Route 53 DNS 服务器上的 DNS 查询泛洪攻击。

（5）借助 HTTP 泛洪（包括 GET 和 POST 泛洪），攻击者可以发送看似来自 Web 应用程序的真实用户的多个 HTTP 请求。缓存清除攻击是一种 HTTP 泛洪，它在 HTTP 请求的查询字符串中使用禁止使用的位于边缘的缓存内容的变体，并强制从源 Web 服务器提供内容，从而导致对源 Web 服务器造成附加的、可能具有破坏性的压力。

（6）关于 AWS DDoS 响应团队（DRT），使用 AWS Shield Advanced 时，复杂的 DDoS 事件可上报至 AWS DDoS 响应团队（DRT），DRT 在

保护 AWS、Amazon.com 及其子公司方面拥有丰富经验。

对于第 3 层和第 4 层攻击，AWS 会提供自动攻击检测并代表用户主动应用缓解措施。对于第 7 层 DDoS 攻击，AWS 会尝试检测并通过 CloudWatch 警报通知 AWS Shield Advanced 客户，但不主动应用缓解措施。这是为了避免意外丢掉有效的用户流量。

用户也可以在可能的攻击前或在攻击期间联系 DRT，以便开发和部署自定义缓解措施。例如，如果用户正在运行一个 Web 应用程序且只需打开端口 80 和 443，用户可以与 DRT 一起预先配置一个 ACL，只"允许"打开端口 80 和 443。

AWS Shield Advanced 客户有两个选项可用于缓解第 7 层攻击。

➤ 提供用户自己的缓解措施：AWS WAF 随 AWS Shield Advanced 提供，没有任何额外成本。用户可以创建自己的 AWS WAF 规则以缓解 DDoS 攻击。AWS 提供了预配置的模板，旨在帮助用户快速入门。这些模板包含一组 AWS WAF 规则，设计用于阻止基于 Web 的常见攻击。用户可以通过自定义这些模板来满足自己的业务需求。在这种情况下，不涉及 DRT。但是，用户可以咨询 DRT，在实施最佳实践（如 AWS WAF 常见防护）方面获得指导。

➤ 咨询 DRT：如果用户需要在应对攻击时获得更多支持，可以联系 AWS Support Center。重大和紧急案例将直接转给 DDoS 专家。使用 AWS Shield Advanced 时，复杂案例可上报至 DRT，DRT 在保护 AWS、Amazon.com 及其子公司方面拥有丰富的经验。如果用户是 AWS Shield Advanced 客户，用户还可以征求对高严重性案例的特殊处理指导。

对用户的案例的响应时间取决于用户选择的严重性及 AWS Support 计划页面中记录的响应时间。DRT 可帮助用户筛选 DDoS 攻击，以识别攻击签名和模式。经用户同意后，DRT 将创建并部署用于缓解攻击的 AWS WAF 规则。

当 AWS Shield Advanced 检测到针对用户的应用程序发起的大型第 7 层攻击时，DRT 可能会主动与用户联系。DRT 会筛选 DDoS 事件并创建 AWS WAF 缓解操作。然后 DRT 会联系用户，请求用户同意应用 AWS WAF 规则。

DRT 可帮助用户分析可疑活动，并帮助用户缓解问题。这种缓解通常需要 DRT 在用户的账户中创建或更新 Web 访问控制列表（Web ACL）。但是，他们需要用户的授权才能执行此操作。建议用户在启用 AWS Shield Advanced 的过程中，主动向 DRT 提供所需权限，提前提供权限有助于防止在实际发生攻击时耽误问题的解决。

要使用 DRT 的服务,用户必须订阅 Business Support 计划或企业支持计划。

(7) 帮用户选择一个防护计划。在许多情况下,AWS Shield Standard 防护足以满足用户的需求。AWS 服务和技术的构建方式能够在抵抗多数常见 DDoS 攻击时提供恢复弹性能力。用 AWS WAF 及其他 AWS 服务的组合作为深度防御策略来补充此内置防护可提供足够的攻击防护和缓解能力。此外,如果用户拥有专业技术知识,并希望完全控制第 7 层攻击的监控和缓解,那么 AWS Shield Standard 可能是合适的选择。

如果用户的企业或行业是 DDoS 攻击的潜在目标,或者用户希望让 AWS 负责第 3 层、第 4 层和第 7 层的大多数 DDoS 攻击防护和缓解职责,AWS Shield Advanced 可能是最佳选择。AWS Shield Advanced 不仅提供第 3 层和第 4 层防护和缓解,还包括无任何附加费用的 AWS WAF 及面向第 7 层攻击的 DRT 帮助。如果用户使用 AWS WAF 和 AWS Shield Standard,则必须设计自己的第 7 层防护和缓解流程。

AWS Shield Advanced 客户还能查看针对其 AWS 资源的 DDoS 攻击的详细信息,这很有好处。虽然 AWS Shield Standard 会针对最常见的第 3 层和第 4 层攻击提供自动防护,但针对这些攻击提供的详细信息有限。AWS Shield Advanced 为用户提供大量有关第 3 层、第 4 层和第 7 层 DDoS 攻击的详细信息的数据。

AWS Shield Advanced 还可针对以 AWS 资源为目标的 DDoS 攻击提供成本保护。这项重要功能有助于防止在用户的账单中出现由 DDoS 攻击引起的意外高峰。如果成本可预测性对用户而言很重要,那么 AWS Shield Advanced 可提供这种稳定性。表 7-17 为 AWS Shield Standard 与 AWS Shield Advanced 的比较。

表 7-17 AWS Shield Standard 与 AWS Shield Advanced 对比

功能	AWS Shield Standard	AWS Shield Advanced
Active Monitoring		
网络流量监控	是	是
自动始终开启检测	是	是
自动化应用程序(第 7 层)流量监控		是

续表

功能	AWS Shield Standard	AWS Shield Advanced
DDoS Mitigations		
有助于防范常见的 DDoS 攻击，如 SYN 泛洪和 UDP 反射攻击	是	是
对其他 DDoS 攻击缓解容量的访问权限，包括在攻击期间网络 ACL 到 AWS 边界的自动部署		是
自定义应用程序层（第 7 层）缓解	是，通过用户创建的 AWS WAF ACL。产生标准 AWS WAF 费用	是，通过用户创建或 DRT 创建的 AWS WAF ACL。含在 AWS Shield Advanced 订阅中
即时规则更新	是，通过用户创建的 AWS WAF ACL。产生标准 AWS WAF 费用	是
用于应用程序漏洞保护的 AWS WAF	是，通过用户创建的 AWS WAF ACL。产生标准 AWS WAF 费用	是
Visibility and Reporting		
第 3/4 层攻击通知		是
第 3/4 层攻击取证报告 （源 IP、攻击媒介等）		是
第 7 层攻击通知	是，通过 AWS WAF。产生标准 AWS WAF 费用	是
第 7 层攻击取证报告 （Top talker 报告、采样请求等）	是，通过 AWS WAF。产生标准 AWS WAF 费用	是
第 3/4/7 层攻击历史报告		是

续表

功能	AWS Shield Standard	AWS Shield Advanced
DDoS Response Team Support（用户必须订阅业务支持计划或企业支持计划）		
高严重性事件期间的事故管理		是
攻击期间的自定义缓解		是
攻击后的分析		是
Cost Protection（针对 DDoS 扩展费用的服务积分）		
Route 53		是
CloudFront		是
Elastic Load Balancing （ELB）		是
Amazon EC2		是

7.3.2 AWS Certificate Manager 证书管理服务

什么是 AWS Certificate Manager？AWS Certificate Manager（ACM）服务，负责处理在创建和管理基于 AWS 的网站和应用程序的公有 SSL/TLS 证书时的复杂度。用户可以使用由 ACM 提供的公有证书（ACM 证书）或用户导入 ACM 的证书。ACM 证书可以保护多个域名和域中的多个名称。用户也可以使用 ACM 创建能够保护任意多个子域的通配符 SSL 证书。ACM 与 AWS Certificate Manager Private Certificate Authority 紧密关联。用户可以使用 ACM PCA 创建私有证书颁发机构（CA），然后使用 ACM 颁发私有证书。这些是用于在内部识别用户、计算机、应用程序、服务、服务器和其他设备的 SSL/TLS X.509 证书。私有证书不能是公开信任的，使用 ACM 颁发的私有证书与公有 ACM 证书非常相似。它们具有相似的优势和限制，这些优势包括管理与证书关联的私有密钥、续订证书及使用户能够使用控制台部署具有集成服务的私有证书。用户还可以使用 ACM 导出私有证书和加密私有密钥，以便在任何位置使用。

1. 基本概念

（1）ACM 证书。ACM 生成 X.509 版本 3 证书。每个有效期为 13 个月，并且包含以下扩展。

➢ 基本约束：指定主题的证书是否是证书颁发机构（CA）

➢ 授权密钥标识符：支持识别与用于签署证书的私有密钥对应的公有密钥。

➢ 主题密钥标识符：支持识别包含特定公有密钥的证书。

➢ 密钥使用：定义在证书中嵌入的公有密钥的用途。

➢ 扩展密钥使用：指定除密钥使用扩展指定的用途外可为其使用的公有密钥的一个或多个用途。

➢ CRL 分配点：指定可在其中获取 CRL 信息的位置。

证书信息如下。

```
Certificate:
    Data:
        Version: 3 (0x2)
        Serial Number:
            f2:16:ad:85:d8:42:d1:8a:3f:33:fa:cc:c8:50:a8:9e
    Signature Algorithm: sha256WithRSAEncryption
        Issuer: O=Example CA
        Validity
            Not Before: Jan 30 18:46:53 2018 GMT
            Not After : Jan 31 19:46:53 2018 GMT
        Subject: C=US, ST=VA, L=Herndon, O=Amazon, OU=AWS, CN= example.
com
        Subject Public Key Info:
            Public Key Algorithm: rsaEncryption
                Public-Key: (2048 bit)
                Modulus:
                    00:ba:a6:8a:aa:91:0b:63:e8:08:de:ca:e7:59:a4:
                    69:4c:e9:ea:26:04:d5:31:54:f5:ec:cb:4e:af:27:
                    e3:94:0f:a6:85:41:6b:8e:a3:c1:c8:c0:3f:1c:ac:
                    a2:ca:0a:b2:dd:7f:c0:57:53:0b:9f:b4:70:78:d5:
                    43:20:ef:2c:07:5a:e4:1f:d1:25:24:4a:81:ab:d5:
                    08:26:73:f8:a6:d7:22:c2:4f:4f:86:72:0e:11:95:
                    03:96:6d:d5:3f:ff:18:a6:0b:36:c5:4f:78:bc:51:
                    b5:b6:36:86:7c:36:65:6f:2e:82:73:1f:c7:95:85:
                    a4:77:96:3f:c0:96:e2:02:94:64:f0:3a:df:e0:76:
                    05:c4:56:a2:44:72:6f:8a:8a:a1:f3:ee:34:47:14:
                    bc:32:f7:50:6a:e9:42:f5:f4:1c:9a:7a:74:1d:e5:
                    68:09:75:19:4b:ac:c6:33:90:97:8c:0d:d1:eb:8a:
                    02:f3:3e:01:83:8d:16:f6:40:39:21:be:1a:72:d8:
                    5a:15:68:75:42:3e:f0:0d:54:16:ed:9a:8f:94:ec:
                    59:25:e0:37:8e:af:6a:6d:99:0a:8d:7d:78:0f:ea:
                    40:6d:3a:55:36:8e:60:5b:d6:0d:b4:06:a3:ac:ab:
                    e2:bf:c9:b7:fe:22:9e:2a:f6:f3:42:bb:94:3e:b7:
                    08:73
```

```
                    Exponent: 65537 (0x10001)
            X509v3 extensions:
                X509v3 Basic Constraints:
                    CA:FALSE
                X509v3 Authority Key Identifier:

keyid:84:8C:AC:03:A2:38:D9:B6:81:7C:DF:F1:95:C3:28:31:D5:F7:88:42
                X509v3 Subject Key Identifier:

97:06:15:F1:EA:EC:07:83:4C:19:A9:2F:AF:BA:BB:FC:B2:3B:55:D8
                X509v3 Key Usage: critical
                    Digital Signature, Key Encipherment
                X509v3 Extended Key Usage:
                    TLS Web Server Authentication, TLS Web Client Authentication
                X509v3 CRL Distribution Points:
                    Full Name:
                        URI:http://example.com/crl

        Signature Algorithm: sha256WithRSAEncryption
            69:03:15:0c:fb:a9:39:a3:30:63:b2:d4:fb:cc:8f:48:a3:46:
            69:60:a7:33:4a:f4:74:88:c6:b6:b6:b8:ab:32:c2:a0:98:c6:
            8d:f0:8f:b5:df:78:a1:5b:02:18:72:65:bb:53:af:2f:3a:43:
            76:3c:9d:d4:35:a2:e2:1f:29:11:67:80:29:b9:fe:c9:42:52:
            cb:6d:cd:d0:e2:2f:16:26:19:cd:f7:26:c5:dc:81:40:3b:e3:
            d1:b0:7e:ba:80:99:9a:5f:dd:92:b0:bb:0c:32:dd:68:69:08:
            e9:3c:41:2f:15:a7:53:78:4d:33:45:17:3e:f2:f1:45:6b:e7:
            17:d4:80:41:15:75:ed:c3:d4:b5:e3:48:8d:b5:0d:86:d4:7d:
            94:27:62:84:d8:98:6f:90:1e:9c:e0:0b:fa:94:cc:9c:ee:3a:
            8a:6e:6a:9d:ad:b8:76:7b:9a:5f:d1:a5:4f:d0:b7:07:f8:1c:
            03:e5:3a:90:8c:bc:76:c9:96:f0:4a:31:65:60:d8:10:fc:36:
            44:8a:c1:fb:9c:33:75:fe:a6:08:d3:89:81:b0:6f:c3:04:0b:
            a3:04:a1:d1:1c:46:57:41:08:40:b1:38:f9:57:62:97:10:42:
            8e:f3:a7:a8:77:26:71:74:c2:0a:5b:9e:cc:d5:2c:c5:27:c3:
            12:b9:35:d5
```

（2）非对称密钥加密，不同于对称密钥加密，它使用不同的但在数学上相关的密钥加密和解密内容。密钥之一是公有密钥，通常以 X.509 v3 证书形式提供。另一个密钥是私有密钥，以安全方式存储。X.509 证书将用户、计算机或其他资源（证书主题）的身份绑定到公有密钥。[6]

ACM 证书是 X.509 SSL/TLS 证书，它将用户网站的身份和组织的详细信息绑定到证书中包含的公有密钥。ACM 将关联的私有密钥存储在硬件安全模块（HSM）中。

（3）证书颁发机构（CA）是一个颁发数字证书的实体。商业上，最常见的数字证书类型基于 ISO X.509 标准。CA 颁发已签名的数字证书，用于确认证书使用者的身份并将该身份绑定到证书中包含的公有密钥。CA 通常还会管理证书吊销。

（4）证书透明度日志。为了防止出现错误地颁发，或出现由损坏的 CA 颁发的 SSL/TLS 证书，某些浏览器要求为用户的域颁发的公有证书记录在证书透明度日志中。域名将被记录，私有密钥不会被记录。未记录的证书通常会在浏览器中产生错误。

用户可以监控日志，以确保只为用户的域颁发用户已授权的证书。用户也可以使用证书搜索等服务来检查日志。

在 Amazon CA 为用户的域颁发公开信任的 SSL/TLS 证书之前，它会将证书提交到至少两个证书透明度日志服务器中。这些服务器将证书添加到其公有数据库中，并将已签名的证书时间戳（SCT）返回到 Amazon CA。然后，CA 会将 SCT 嵌入到证书中，对证书进行签名，并将其颁发给用户。如下编码信息所示，这些时间戳包括在其他 X.509 扩展中。

```
X509v3 extensions:

   CT Precertificate SCTs:
    Signed Certificate Timestamp:
     Version    : v1(0)
      Log ID     : BB:D9:DF:...8E:1E:D1:85
      Timestamp : Apr 24 23:43:15.598 2018 GMT
      Extensions: none
      Signature : ecdsa-with-SHA256
                   30:45:02:...18:CB:79:2F
    Signed Certificate Timestamp:
     Version    : v1(0)
      Log ID     : 87:75:BF:...A0:83:0F
      Timestamp : Apr 24 23:43:15.565 2018 GMT
      Extensions: none
      Signature : ecdsa-with-SHA256
                   30:45:02:...29:8F:6C
```

证书透明度日志记录是在用户请求或续订证书时自动进行的，除非用户选择退出。

（5）域名系统（DNS）是连接到 Internet 或私有网络的计算机及其他资源的分层分布式命名系统。DNS 主要用于将文本域名（如 aws.amazon.com）转换为数字 IP（Internet 协议）地址（形如 111.122.133.144）。不过，域的

DNS 数据库包含大量其他用途的记录。例如，通过 ACM 用户可以使用 CNAME 记录在请求证书时验证自己拥有或可以控制某个域。

（6）域名是一个文本字符串（例如 www.example.com），可通过域名系统（DNS）转换为 IP 地址。计算机网络（包括互联网）使用 IP 地址而不是文本名称。域名由以句点分隔的不同标签组成。

（7）最右边的标签称作顶级域（TLD）。常见示例有 .com、.net、.edu。在某些国家或地区注册的实体的 TLD 为国家或地区名称的缩写，这称作国家/地区代码。示例包括 .uk（英国）、.ru（俄国）、.fr（法国）。使用国家/地区代码时，通常引入 TLD 的二级层次结构来标识注册实体的类型。例如，.co.uk TLD 标识英国的商业企业。

（8）顶级域名包括顶级域并在其上扩展。对于包含国家/地区代码的域名，顶级域包含代码和标签（如果有），用于标识注册实体的类型。顶级域不包含子域（请参阅以下段落）。在 www.example.com 中，顶级域的名称为 example.com。在 www.example.co.uk 中，顶级域的名称为 example.co.uk。经常用来代替顶级（apex）的其他名称包括 base、bare、root、root apex、zone apex 等。

（9）子域名位于顶级域名之前，使用句点与顶级域名及其他域名分隔。最常见的子域名是 www，但允许使用任意名称。此外，子域名可以有多个级别。例如，在 jake.dog.animals.example.com 中，子域依次为 jake、dog 和 animals。

（10）完全限定域名（FQDN）是适用于已连接到网络或 Internet 的计算机、网站或其他资源的完整 DNS 名称。例如，aws.amazon.com 是 Amazon Web Services 的 FQDN。FQDN 包括一直到顶级域的所有域。例如，[subdomain1].[subdomain2]...[subdomainn].[apex domain].[top–level domain] 代表了 FQDN 的一般格式。

（11）未完全限定的域名称作部分限定域名（PQDN），含义不明确。像 [subdomain1.subdomain2.]这样的名称就是 PQDN，这是因为无法确定根域。

（12）注册。使用域名的权利由域名注册机构指派。注册机构通常由互联网名称和数字地址分配机构（ICANN）认证。此外，还有一些称作注册管理机构的组织负责维护 TLD 数据库。当用户申请域名时，注册机构将用户的信息发送给相应的 TLD 注册管理机构。注册管理机构分配域名、更新 TLD 数据库并将用户的信息发布到 WHOIS。域名通常以购买方式获取。

（13）加密和解密。加密是提供数据机密性的过程。解密将反转此过程并恢复原始数据。未加密的数据通常称为"明文"，无论它是否为文本。加密的数据通常称为"密文"。客户端与服务器之间的消息的 HTTPS 加密使用算法和密钥。算法定义是将纯文本数据转换为密文（加密）以及将密文转换回原始明文（解密）的分步过程。在加密或解密过程中，算法将使用密钥。密钥可以是私有密钥或公有密钥。

（14）公有密钥基础设施（PKI）由创建、颁发、管理、分发、使用、存储和撤销数字证书所需的硬件、软件、人员、策略、文档和过程组成。PKI可推动信息在计算机网络中的安全传输。

（15）根证书。证书颁发机构（CA）通常位于一个包含多个其他 CA（这些 CA 之间明确定义了父子关系）的层次结构中。子或从属 CA 由其父CA 认证，这将创建证书链。位于层次结构顶部的 CA 称为"根 CA"，而其证书称为"根证书"，此证书通常是自签名的。

（16）安全套接字层（SSL）和传输层安全性（TLS）是通过计算机网络提供通信安全性的加密协议。TLS 是 SSL 的后继者，它们都使用 X.509证书对服务器进行身份验证。这两个协议都对客户端与服务器之间用于加密这两个实体之间传输的数据的对称密钥进行协商。

（17）安全 HTTPS。HTTPS 表示 HTTP over SSL/TLS，一个所有主要浏览器和服务器都支持的安全形式的 HTTP。所有 HTTP 请求和响应在跨网络发送之前都将进行加密。HTTPS 结合了 HTTP 协议与基于对称、非对称和 X.509 证书的加密技术。HTTPS 的工作方式，是将加密安全层插入开放系统互连（OSI）模型中的 HTTP 应用程序层下方和 TCP 传输层上方。安全层使用安全套接字层（SSL）协议或传输层安全性（TLS）协议。

（18）SSL 服务器证书。HTTPS 事务需要服务器证书来对服务器进行身份验证。服务器证书是 X.509 v3 数据结构，用于将证书中的公有密钥绑定到证书的使用者。SSL/TLS 证书由证书颁发机构（CA）签署并且包含服务器的名称、有效期限、公有密钥、签名算法等。

（19）对称密钥加密使用同一密钥来加密和解密数字数据。

（20）信任。要让 Web 浏览器信任网站的身份，该浏览器必须能够验证网站的证书。不过，浏览器仅信任称为"CA 根证书"的少量证书。称为证书颁发机构（CA）的可信第三方将验证该网站的身份并向网站运营商颁发签名的数字证书。随后，浏览器可以检查数字签名以验证网站的身份。如果验证成功，浏览器会在地址栏中显示一个锁定图标。

7.3.3　AWS KMS 秘钥管理服务

AWS Key Management Service（AWS KMS）是一项托管服务，可让用户轻松创建和控制加密用户的数据所用的加密密钥。在 AWS KMS 中创建的主密钥受 FIPS 140-2 验证加密模块的保护。

AWS KMS 与大多数其他 AWS 服务集成，这些服务使用用户管理的加密密钥加密数据。AWS KMS 还与 AWS CloudTrail 集成，从而为用户提供加密密钥的使用记录，帮助用户满足审核、监督和合规性要求。

用户可以对 AWS KMS 主密钥执行以下管理操作。

➢ 创建、描述和列出主密钥。

➢ 启用和禁用主密钥。

➢ 创建和查看用户的主密钥的授权和访问控制策略。

➢ 启用和禁用主密钥中加密材料的自动轮换。

➢ 将加密材料导入 AWS KMS 主密钥。

➢ 标记用户的主密钥，从而更加轻松地识别、分类和跟踪。

➢ 创建、删除、列出和更新别名，即与用户的主密钥关联的易记名称。

➢ 删除主密钥来完成密钥生命周期。

借助 AWS KMS，用户还可以使用主密钥执行以下加密功能。

➢ 数据加密、解密和重新加密。

➢ 生成可从该服务以明文形式导出或使用不会离开服务的主密钥加密的数据加密密钥。

➢ 生成适用于加密应用程序的随机数。

通过使用 AWS KMS，用户能够更好地控制对加密数据的访问权限。用户可以直接在应用程序中或通过与 AWS KMS 集成的 AWS 服务使用密钥管理和加密功能。无论用户是在为 AWS 编写应用程序，还是在使用 AWS 服务，用户都可以借助 AWS KMS 控制哪些人可以使用主密钥并访问用户的加密数据。

AWS KMS 与 AWS CloudTrail 集成，后者是一项将日志文件传输到用户指定的 Amazon S3 存储桶的服务。通过 CloudTrail，用户可以监控和调查哪些人在何时通过何种方式使用了用户的主密钥。

1. 客户主密钥（CMK）

AWS KMS 中的主要资源是客户主密钥（CMK）。用户可以使用 CMK 加密和解密最多 4 KB（4096 字节）的数据。在通常情况下，用户可以使用 CMK 生成、加密和解密数据密钥，用户可在 AWS KMS 之外使用这些密钥来加密用户的数据，此策略称为信封加密。

CMK 在 AWS KMS 中创建并且从不将 AWS KMS 保持未加密状态。要使用或管理用户的 CMK，可以通过 AWS KMS 访问它们。此策略与数据密钥不同，AWS KMS 不会存储、管理或跟踪用户的数据密钥。用户必须在 AWS KMS 的外部使用它们。

AWS 账户中有三种类型的 CMK，客户托管 CMK、AWS 托管 CMK

和 AWS 拥有的 CMK。其特性如表 7-18 所示。

表 7-18　CMK 三种类型的特性对比

CMK 的类型	可查看	可管理	仅适用于我的 AWS 账户
客户托管 CMK	是	是	是
AWS 托管 CMK	是	否	是
AWS 拥有的 CMK	否	否	否

与 AWS KMS 集成的 AWS 服务在其对 CMK 的支持方面有所不同。在默认情况下，一些服务使用 AWS 拥有的 CMK 来加密用户的数据。一些服务在其用户的账户下创建的 AWS 托管 CMK 下进行加密。另外一些服务允许用户指定已创建的客户托管 CMK。还有一些服务支持所有类型的 CMK，从而使用户能够轻松使用 AWS 拥有的 CMK 实现 AWS 托管 CMK 的可见性或控制客户托管 CMK。

（1）客户托管 CMK，是在用户的 AWS 账户中创建、拥有和管理的 CMK。用户可以完全控制这些 CMK，包括建立和维护其密钥策略、IAM 策略和授权、启用和禁用它们，以及转换其加密材料、添加标签、创建别名（引用了 CMK）及计划删除 CMK。

用户可以在加密操作中使用客户托管 CMK 并在 AWS CloudTrail 日志中审核其使用情况。此外，许多与 AWS KMS 集成的 AWS 服务使用户能够指定客户托管 CMK 以保护其为用户存储和管理的数据。

客户托管 CMK 会产生月费及超过免费套餐使用量的费用。这些费用将计入用户账户的 AWS KMS 限制中。

（2）AWS 托管 CMK。AWS 托管 CMK 是由与 AWS KMS 集成的 AWS 服务代表用户在用户的账户中创建、管理和使用的 CMK。用户可以按别名标识 AWS 托管 CMK，别名格式为 aws/service-name，如 aws/redshift。

用户可以查看账户中的 AWS 托管 CMK，查看其密钥策略及在 AWS CloudTrail 日志中审核其使用情况。但是，用户无法管理这些 CMK 或更改其权限。此外，用户无法在加密操作中直接使用 AWS 托管 CMK，创建它们的服务即代表用户使用它们。要查看 AWS 托管 CMK 的密钥策略，请使用 GetKeyPolicy 操作。用户无法在 AWS 管理控制台中查看密钥策略，也无法通过任何方式更改它。

用户无须支付 AWS 托管 CMK 的月费。用户需为超出免费套餐的使用量付费，但某些 AWS 服务涵盖了这些费用。有关详细信息，请参阅服务文档的加密部分。AWS 托管 CMK 不计入有关用户账户的每个区域中 CMK 数的限制，但当代表用户账户中的委托人使用它们时，它们将计入请求速率限制。

（3）AWS 拥有的 CMK。AWS 拥有的 CMK 不在用户的 AWS 账户中。它们是 AWS 拥有和管理以在多个 AWS 账户中使用的 CMK 集合的一部分。AWS 服务可以使用 AWS 拥有的 CMK 来保护用户的数据。

用户无法查看、管理或使用 AWS 拥有的 CMK，或者审核其使用情况。但是，用户无须执行任何工作或更改任何计划即可保护用于加密用户的数据的密钥。

用户无须支付月费或对 AWS 拥有的 CMK 的使用费用，并且它们不会计入用户账户的 AWS KMS 限制。

2．数据密钥

数据密钥是可用于加密数据的加密密钥，包括大量数据和其他数据加密密钥。

用户可以使用 AWS KMS 客户主密钥（CMK）生成、加密和解密数据密钥。但是，AWS KMS 不会存储、管理或跟踪用户的数据密钥，也不会使用数据密钥执行加密操作。用户必须在 AWS KMS 之外使用和管理数据密钥。

（1）创建数据密钥。要创建数据密钥，请调用 GenerateDataKey 操作。AWS KMS 使用用户指定的 CMK 来生成数据密钥。此操作会返回数据密钥的明文副本和借助 CMK 加密的数据密钥的副本，如图 7-11 所示。

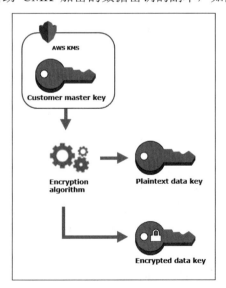

图 7-11　创建数据密钥过程

AWS KMS 还支持 GenerateDataKeyWithoutPlaintext 操作，此操作仅返回加密的数据密钥。当用户需要使用数据密钥时，请要求 AWS KMS 解密它。

（2）使用数据密钥加密数据。AWS KMS 无法使用数据密钥加密数据，但用户可以在 KMS 之外使用数据密钥，例如使用 OpenSSL 或 AWS 加密 SDK 等加密库。

在使用明文数据密钥加密数据后，请尽快从内存中将其删除。用户可以安全地存储加密数据密钥及加密数据，以便其可根据需要用于解密数据。加密过程如图 7-12 所示。

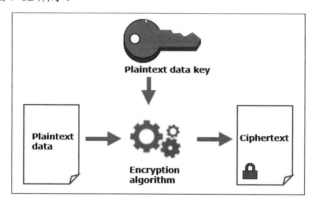

图 7-12　数据加密过程

（3）使用数据密钥解密数据。要解密数据，请将加密数据密钥传递至 Decrypt 操作。AWS KMS 使用用户的 CMK 解密数据密钥，然后该函数返回纯文本数据密钥。使用明文数据密钥解密数据，并尽快从内存中删除该明文数据密钥。

图 7-13 显示了如何使用 Decrypt 操作解密加密数据密钥。

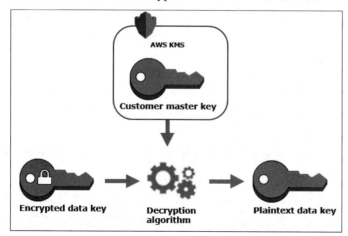

图 7-13　数据解密过程

（4）信封加密。在用户加密数据后，数据将受到保护，但用户必须保护加密密钥。一种策略是对其进行加密。信封加密是一种加密方法，它使用数据密钥对明文数据进行加密，然后使用其他密钥对数据密钥进行加密。

用户甚至可以使用其他加密密钥对数据加密密钥进行加密，并且在另一个加密密钥下加密该加密密钥。但是，最后一个密钥必须以明文形式保留，以便用户可以解密密钥和数据。此顶层明文密钥加密密钥称为主密钥，如图 7-14 介绍了信封加密过程。

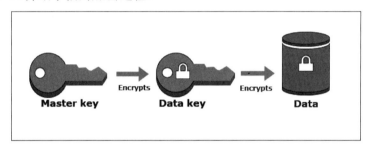

图 7-14　信封加密过程

AWS KMS 可通过安全地存储和管理主密钥来帮助用户保护它们。存储在 AWS KMS 中的主密钥（称为客户主密钥 CMK）绝不会让 AWS KMS 经FIPS 验证的硬件安全模块处于不加密状态。要使用 AWS KMS CMK，用户必须调用 AWS KMS，如图 7-15 介绍了信封加密调用 AWS KMS 的过程。

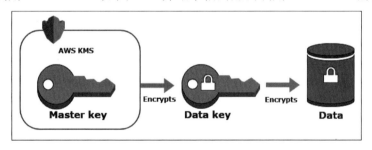

图 7-15　信封加密调用 AWS KMS

信封加密可提供以下优势。

➢ 保护数据密钥。加密数据密钥时，用户无须担心存储加密数据密钥，因为数据密钥本身就受到加密的保护。用户可以安全地将加密数据与加密数据密钥一起存储。

➢ 使用多个主密钥加密相同数据。加密操作可能非常耗时，特别是要加密的数据是大型对象时。用户可以只重新加密保护原始数据的数据密钥，而无须使用不同的密钥多次重新加密原始数据。

➢ 结合多种算法的优势。一般而言，对称密钥算法比公有密钥算法速度更快，且生成的密文也较小，但公有密钥算法可提供固有的角色分离和更轻松的密钥管理。信封加密让用户可以把每种策略的优势结合起来使用。

3. 加密上下文

所有 AWSKMS 的加密操作（Encrypt、Decrypt、ReEncrypt、Generate DataKey 和 GenerateDataKeyWithoutPlaintext）都接受加密上下文，它是一组包含有关数据的额外上下文信息的可选键值对。AWS KMS 将加密上下文用作额外经身份验证的数据（AAD）以支持经身份验证的加密。

在加密请求中提供了加密上下文时，它以加密方式绑定到密文，这样就需要相同的加密上下文来解密（或解密和重新加密）数据。如果解密请求中提供的加密上下文不是区分大小写的完全匹配，则解密请求将失败。只有加密上下文顺序对得上才可以改变。

加密上下文是公开的。它以明文显示在 AWS CloudTrail 日志中，以便用户可以使用它来标识和分类加密操作。

加密上下文可以由用户希望的任何值组成。但是，由于它不是密文且未加密，因此，加密上下文不应包含敏感信息。我们建议用户的加密上下文描述正在加密或解密的数据。例如，在加密文件时，用户可以将文件路径的一部分用作加密上下文。

例如，Amazon Simple Storage Service（Amazon S3）使用加密上下文，其中，密钥为 aws:s3:arn，值为要加密的文件的 S3 存储桶路径。

```
"encryptionContext": {
    "aws:s3:arn": "arn:aws:s3:::bucket_name/file_name"
},
```

用户还可以使用加密上下文来细化或限制对用户账户中客户主密钥（CMK）的访问。用户可以使用加密上下文作为授权中的约束，以及作为策略语句中的条件。

（1）授予和密钥策略中的加密上下文。除了主要用于验证完整性和真实性之外，用户还可以使用加密上下文作为在 IAM 和密钥策略及授权中使用客户主密钥（CMK）的条件。此元素可以将权限限制为非常具体的数据类型或者来自有限源集的数据。

在密钥策略和控制对 AWS KMS CMK 访问的 IAM 策略中，用户可以包括条件密钥，用于限制包含特定加密上下文键或键值对的请求的权限。

当用户创建授权时，可以包括授权约束，仅在请求包含特定加密上下文或加密条件密钥时允许访问。

例如，将 Amazon EBS 卷附加到 Amazon EC2 实例时，会创建一个仅允许该实例仅解密该卷的授权。这是通过在加密上下文中包含卷 ID，然后添加需要该卷 ID 的加密上下文的授权约束。如果授权不包含加密上下文约束，Amazon EC2 实例可以解密在客户主密钥（CMK）下加密的任意卷，而不是特定卷。

（2）记录加密上下文。AWS KMS 使用 AWS CloudTrail 记录加密上下文，以便用户可以确定访问了哪些 CMK 和数据。日志条目会准确显示哪个 CMK 被用来加密或解密了由加密上下文引用的特定数据。

🔊 **注意**：由于加密上下文会被记录，它不得包含敏感信息。

（3）存储加密上下文。为了简化在用户调用 Decrypt（或者 ReEncrypt）API 时的任何加密上下文的使用，用户可以将加密上下文与加密数据存储在一起。我们建议用户仅存储足够的加密上下文，以帮助用户在需要用于加密或解密时创建完整的加密上下文。

例如，如果加密上下文是文件的完全限定路径，仅将该路径部分与加密文件内容存储在一起。然后，当用户需要完整的加密上下文时，可以从存储的片段重建它。如果有人擅自改动文件，例如重命名或将其移动到其他位置，则加密上下文值会被更改，解密请求将失败。

4. 关键策略

在创建 CMK 时，用户可以确定使用和管理该 CMK 的人员。这些权限包含在名为密钥策略的文档中。用户可以随时使用该密钥策略为客户托管 CMK 添加、删除或更改权限，但无法为 AWS 托管 CMK 编辑密钥策略。

5. 授权

授权是提供权限的另一种机制，是密钥策略的替代形式。用户可以使用授权提供长期访问权限，这将允许 AWS 委托人使用客户托管 CMK。

在创建授权时，为了确保最终一致性，授权中指定的权限可能不会立即生效。如果用户需要减轻潜在的延迟，则请使用用户在响应 CreateGrant API 请求时收到的授权令牌。用户可以通过某些 AWS KMS API 请求传递授权令牌，以使授权中的权限立即生效。以下 AWS KMS API 操作可接受授权令牌。

➢ CreateGrant。

➢ Decrypt。

➢ DescribeKey。

➢ Encrypt。

➢ GenerateDataKey。

➢ GenerateDataKeyWithoutPlaintext。

   ➢   ReEncrypt。

   ➢   RetireGrant。

授权令牌是公开的。授权令牌包含有关授权对象，以及谁可以使用该令牌来使授权的权限更快生效信息。

6．审核 CMK 使用情况

用户可以使用 AWS CloudTrail 审核密钥使用情况。CloudTrail 可创建日志文件，其中包含用户的账户的 AWS API 调用和相关事件的历史记录。这些日志文件包含通过 AWS 管理控制台、AWS 开发工具包和命令行工具及通过集成的 AWS 服务发出的所有 AWS KMS API 请求。用户可以使用这些日志文件来获取有关使用 CMK 的时间、请求的操作、请求者的身份、发出请求的 IP 地址等信息。

7．密钥管理基础设施

加密术的常见做法是使用公开可用且经过同行评审的算法进行加密和解密，例如使用 AES（高级加密标准）和私有密钥。加密术的主要问题之一是很难保持密钥的私密性。这通常是密钥管理基础设施（KMI）的工作。AWS KMS 可为用户操作 KMI。AWS KMS 会创建并安全地存储称为 CMK 的主密钥。

7.3.4　安全管理服务应用

1．访问控制

管理员都想要确保只有授权用户能够访问公司数据库及特定的数据块。AWS 的弹性计算云（EC2）安全组允许云管理员将连接限制在某个授权的特定 IP 地址范围内。经由用户的 AWS 账户，用户可以定义安全组和额外的特定 IP 地址，只允许它们访问数据库。这样能够在网络层就保护好数据。但如果有未授权的用户获得在用户允许 IP 范围内的某台电脑的访问权限怎么办？

此外，授权用户可能在无意间删除了数据。在这些情形中，AWS 身份及访问管理（IAM）可以替用户及用户组定义定制的访问政策。这对用户的关系数据库服务操作及资源提供了更细化的控制。IAM 的多因素认证支持则更进一步确保了认证的安全性。

在将网络限制在一个有限的 IP 地址段内进行安全保护，以及确保只有授权用户能够访问用户的 RDS 之后，用户可以微调用户能够访问的数据表和对象组及他们能够执行的操作。一个 RDS 账户一开始创建时有一组主用户和密钥。通常来说,数据库管理员就是主用户,但用户也可以创建更多的主用户并定义他们在数据库里的访问权限。用户也可以从数据库内部,通过使用 SSL 连接的方式,来加强连接的安全性。[5]

2. 防火墙

用户需要一个防火墙来将数据库隔离于未授权的连接之外,并且监控和审计内部的活动。但是,用户并没有数据库或是它所在的硬件的直接访问权限。

这就是云服务的本质。Amazon 关系数据库服务允许用户在一个独立的虚拟机里安装第三方防火墙,来监控和阻挡对用户 RDS 实例的攻击。在使用安全组及限制 IP 范围来阻挡不需要的访问之外,AWS 也提供虚拟私有云(VPC)服务,一种存在于组织层,能够隔离存放数据库的基础架构的防火墙。VPC 能够限制云不能被互联网直接访问,最终给予企业更多的安全控制。

为了能监控用户的数据库操作和性能,Amazon CloudWatch 提供了各式各样的指标,包括 CPU 的使用、连接的数量、硬盘的空间使用和内存的使用等。这些性能指标可以帮助我们探测类似于分布式拒绝服务之类的恶意攻击,管理员也可以设立各种不同的警报来通知使用的高峰期或者性能的衰竭。

3. 加密

不同的访问控制和防火墙机制对于预防未授权远程访问用户的数据库是很有帮助的,但用户必须谨记用户的数据是存在在真实的硬件上的。因此,用户必须保证它们的私密性和安全性,即便有未授权的人员获得了物理上的对那台机器的访问并读取了上面的数据。这就是数据加密派上用场的时候,不论是在数据从数据库传出还是传入的时候,或者是当它处于静态的时候。

要达成传输间的加密,用户必须确定所有对 AWS RDS 的访问都是经由安全的 HTTP(HTTPS)。有几种数据库还支持从数据库内部禁用非安全的连接的功能。要注意的是,加密和解密数据可能会产生一些数据库操作的延迟。

要完成对静态数据的加密,Amazon RDS 为 Oracle 和 SQL Server 提供了一个透明数据加密设施(TDE)。TDE 允许管理员使用一个 256 位的 AES 主密钥加密数据及加密密钥。除了这个方式,用户唯一能达到静态加密的选择就只有使用标准加密库,例如使用 OpenSSL 或 Bouncy Castle 来选择性的替数据库字段加密。

4．审计和报告

要真的了解数据库内部发生的状况，以及要遵循有关存储数据的不同规则，管理员必须检视所有数据库内部的活动，并生成有意义的报告。Amazon CloudTrail 就是个能够提供 API 调用及相关事件完整历史的数据库审计服务。

CloudTrail 提供多种关于日志文件相关的功能，允许公司遵循大部分的法律法规，包括使用 IAM 服务对日志文件进行访问控制、创建或配置错误日志文件的警告、关于系统改动事件的日志和日志文件存储等。CloudTrail 可以为超过 25 个不同的字段创建日志，能够分析并产生有意义的报告来告知 IT 团队任何关于数据库的行为。

习题

1．AWS 身份和访问管理（IAM）可以管理哪些内容？

2．角色主要用于哪三种方式，并分别进行概述？

3．Amazon Virtual Private Cloud 提供哪四种功能以供我们用来提高和监控 Amazon 网络环境的安全性，并对其应用进行阐述？

4．阐述 ACL 和安全组的区别与联系。

5．阐述 NAT 实例、NAT 网关、Internet 网关的区别和联系。

6．阐述利用 AWS KMS 服务实现创建密钥、对数据加密、对数据进行解密的过程。

7．利用 AWS Web 的最佳实践搭建一个安全的 Web 环境。

参考文献

[1]　AWS 官网．Amazon Virtual Private Cloud 用户指南[EB/OL]．[2021-3]．https://docs.amazonaws.cn/toolkit-for-visual-studio/latest/user-guide/vpc-tkv.html．

[2]　[德]安德烈亚斯·威蒂格（Andreas Wittig）．AWS 云计算实战[M]．北京：人民邮电出版社，2018:162-165．

[3]　王毅．亚马逊 AWS 云基础与实战[M]．北京：清华大学出版社，2017:51-64．

[4]　陈驰，于晶．云计算安全体系[M]．北京：科学出版社，2014:1-310．

[5]　徐保民，李春艳．云安全深度剖析：技术原理及应用实践[M]．北京：机械工业出版社，2016:34-40.151-155．

[6]　路亚，李腾．云安全技术应用[M]．北京:电子工业出版社,2018:140-143．

第 8 章

AWS 推荐框架

AWS 提供了各种基础设施服务，客户希望可以根据自己的业务或组织需要，利用 AWS 的各种服务和组件协同工作，构建稳定高效的系统。为了帮助客户了解在 AWS 上构建系统时所做决策的优缺点，AWS 总结了多年架构设计经验和涉及的业务场景、使用案例，提供了一系列的最佳实践和参考架构指南，用于帮助客户在云中设计和运行维护可靠、安全、高效、符合成本效益的系统。客户可以参考最佳实践，并利用框架提出的方法，评估、持续监测系统，确定需要改进的领域，保持一个良好架构的系统以满足业务需求。

8.1　AWS 良好架构框架

AWS 提出了良好架构框架（Well-Architected Framework）[1]，用于评估客户的系统是否与最佳实践一致，框架对客户系统的五个方面的能力（AWS 称为五大支柱）进行了评价。

- ➤ 卓越运营：运行和监控系统，使系统能满足业务价值的需求，并能对流程和程序进行持续改进的能力。
- ➤ 安全性：通过风险评估和缓解策略，在提供业务价值的同时保护信息、系统和资产的能力。

➢ 可靠性：系统能从基础设施故障或服务故障中恢复；能动态获取计算资源以满足需求的变化；减少中断（如错误配置或暂时性网络问题）的能力。

➢ 性能效率：有效使用计算资源以满足系统要求的能力及在需求变化和技术改进时保持效率的能力。

➢ 成本优化：以最低价格运行系统，交付业务价值的能力。

在架构设计中，五大支柱应当统筹考虑并把需求整合到系统架构中，以保证系统的稳定高效。统筹时可以在成本优化、可靠性、性能效率、不同需求之间进行权衡；可以在开发环境中以牺牲可靠性为代价来降低成本；对于关键任务，可以通过增加成本来优化可靠性；在电子商务解决方案中，性能可以影响收入和客户购买倾向，可以考虑增加成本，以提高性能。但为了保证系统的可靠稳定运行，安全性和卓越运营应当与云的最佳实践保持一致。

8.1.1　卓越运营支柱

卓越运营是指运行和监控系统，使系统能满足业务价值的需求，并保持对流程和程序持续改进的能力[3]。

1. 指导原则

在云环境当中，以下 6 个指导性原则可用于支持卓越运营。

（1）利用代码执行操作。在云环境中，可以将相同的程序代码应用于整个环境。可以将整个工作负载（应用程序，基础架构等）定义为代码并使用代码进行更新；可以为操作流程编写脚本，通过事件触发自动执行。以代码执行操作，可以减少人为错误，保持事件响应的一致性。

（2）为文档加上注释。在本地环境中，文档是手工创建的，很难在变化时同步更新。在云环境中，可以在每次部署后自动创建文档（或者自动注释手工文档）。注释文档可以由人工或者系统完成，使用时以注释作为输入操作代码。

（3）进行定期、小型、增量式变更。对工作负载进行设计，使系统组件能定期进行更新。变更应以小型增量化方式进行，能在不影响正常操作的前提下实现回滚。

（4）经常改善运营流程。在使用运营流程时，寻找改善运营流程的机会。当工作负载变化时，应改进相应的流程。定期举办竞赛日（game days）活动，以确保所有流程有效，并被团队所熟悉。

（5）故障演习。进行故障演习，发现潜在的问题，以便消除或者减轻问题，确保所有流程有效，并且为团队所熟悉。测试故障场景，检查对故障影响的理解程度。测试响应流程，确保行之有效，并且团队也熟悉流程。定期举办竞赛日（game days），测试工作负载和团队对于事件的响应。

（6）从操作事件及故障中总结经验。从操作事件及故障所学到的经验中改进流程，在团队和整个组织之间分享经验。

2. 最佳实践

卓越运营包括筹备、运维、演变三个部分，要求运营团队理解业务及客户需求，以便能有效地支持业务。通过创建并使用流程来响应运营事件，并且验证业务效率；对业务环境，业务优先级，客户需求的变化设计响应；应收集用于衡量所需业务成果实现的指标；运营应支持随时间的演进。

（1）筹备时应做好以下工作。

➢ 确定运营优先级：根据优先级确定运营的重点。

➢ 设计考虑运营需求：在设计时应考虑部署、更新及运维需求。

➢ 做好运营准备：运营应使用一致的流程（包括检查表）并制订好计划；根据运行手册执行常规日常任务；按照响应预案应对各类意外操作事件；编写运行脚本以降低人为错误的风险；可以通过触发器自动化来响应事件。

（2）运营时应做好如下工作。

➢ 了解运营状况：将是否实现业务或是否达到客户预期的结果作为衡量运营成功的目标，根据目标，确定工作负载和操作指标。建立仪表板，了解运营的情况。

➢ 做好事件响应：对于促销活动，部署安排和故障测试等计划内的事件，以及系统故障激增等计划外的运营事件，在进行响应操作时，应当按照运营手册各预案来执行。事后，应当进行原因分析，防止再次发生故障，并记录处理方法。编写事件响应脚本，脚本能根据监控数据触发执行。将失败的组件替换为已知的良好版本来缩短恢复时间。

（3）演进时应做好如下工作。

➢ 运维演进：有专门工作时间对系统进行周期性的持续增量改进。需要对工作负载和操作过程进行定期评估，确定需要改进的领域；从操作执行中获取经验教训；对集成了运营和部署活动数据的指标数据进行分析，确定这些活动结果对业务和客户的影响。

8.1.2 安全性支柱

安全性支柱包括在提供商业价值的同时，通过风险评估及制定缓解策略以保护信息、系统和资产[4]。

1. 设计原则

在云环境中对于安全性支柱,应遵循以下设计原则。

(1)最小特权原则。实现最少权限,对于 AWS 资源的所有访问都需要有正确的授权。权限集中管理,减少甚至取消长期证书。

(2)实现可追溯性。实时监视、报警和审核对环境的操作和更改。集成日志和指标,自动响应并采取措施。

(3)将安全引入一切层面。不仅关注对外边界的保护,而且采用纵深防御方法,对所有的层包括边缘网络、VPC、子网、负载均衡器、每个实例、操作系统和应用程序都实施安全保护。

(4)自动化安全最佳实践。利用基于软件的自动化安全机制,以更快速经济的方式提升安全扩展能力。建立安全架构,利用代码实现安全控制,并实施版本管理。

(5)保护动态和静态数据。将数据按照敏感程度归类,采用加密或使用令牌等安全机制,减少甚至取消人工访问数据,以减少数据的丢失或者篡改。

(6)为安全事件做预案。根据组织要求,准备应急预案流程。进行故障仿真测试,利用自动化工具以快速检测、调查和恢复。

2. 最佳实践

(1)身份和访问管理。身份和访问管理是信息安全的关键部分,确保只有经过授权和验证的用户才能访问允许访问的资源;初始账户不适用于日常任务;应定义主体(能在账户中执行相应操作的用户,组、服务和角色)并构建与这些主体一致的访问策略,并采用强密码或实施多重身份验证(MFA);实施细粒度授权,按照最低权限原则,为用户、组、角色或资源分配权限,实现对资源访问的强制访问控制。

(2)检测控制。可以使用检测控件来识别潜在的安全威胁或事件。可以通过处理日志、事件和监视来实现检测控制,从而允许审核、自动分析和报警。

(3)基础设施保护。要确保系统和服务受到严格保护,防止未授权访问及潜在安全缺陷的影响。可通过网络及数据包过滤机制保护网络和主机边界;通过安装使用操作系统防火墙、CVE 与安全漏洞扫描工具、病毒防护等系统强化软件及补丁安装,保证操作系统安全;应采取其他的安全策略,如 Web 应用程序防火墙或者 API 网关等进一步保证系统安全。

(4)数据保护。数据分级提供了数据按敏感级别分类的方法;最小特权保证将对数据的访问权限限制在尽可能低的级别；还可以利用加密防止未经授权的访问。

（5）事件响应。制定流程以响应并减轻安全事件的潜在影响，可以采用自动化方式实现处理或告警。

8.1.3 可靠性支柱

可靠性支柱包括系统从基础架构或服务故障中恢复的能力，以动态方式获取计算资源以满足需求的能力，以及缓解如配置错误或瞬时网络问题等故障的能力[5]。

采用以下几项设计原则，可以有效提高可靠性水平。

（1）测试恢复规程。在云环境中，可以测试系统发生故障时的情境，并借此验证恢复规程是否有效。客户可以利用自动化方式模拟并发现故障，在故障真正出现之前对潜在风险因素进行检查与纠正。

（2）自动故障恢复。通过对系统中的关键性能指标（简称 KPI）进行监控，客户能够在达到阈值时触发启动响应机制，甚至可以在出现故障之前进行预测并修复。

（3）横向扩展以增加系统的总体可用性。设计横向扩展机制并在多个小型资源中分配需求，可以利用多种小型资源取代单一大型资源，降低单点故障对于整体系统产生的影响。

（4）无须猜测容量。通过监控需求和系统利用率，自动添加或删除资源，从而确保系统以最优水平来满足需求，而不会造成过度预置或预置不足。

（5）自动管理变更。基础设施内的变更应以自动化方式实现。客户只需管理自动执行的变更，而无须管理每个系统或资源的变更。

为了实现可靠性，必须对可靠性进行良好规划且将监控机制部署到位，同时有能力根据需求或要求处理各项变更。系统还应在设计时引入故障检测与自动化修复能力。

可靠性支柱包含以下三个方面内容。

（1）基础。构建系统前，应确定可能对可靠性造成影响的基础性因素，应详细规划客户的架构和系统，使系统能处理需求和要求的变化，能检测故障并自动修复。

（2）变更管理。应充分了解变更对系统带来的影响。应主动规划并监控系统，能快速、可靠地适应变更并随之做出调整。

（3）故障管理。复杂的系统，或早或晚都会出现故障。为了确保架构的可靠性，应以自动化方式响应数据监控结果。可以利用新资源替代旧有资源并进行故障排查；也可以利用自动测试以验证整个故障恢复流程。

8.1.4 性能效率支柱

性能效率支柱是指在满足系统要求的同时高效使用计算资源。同时，在需求波动和技术改进时同样保持高效[6]。

客户在实现性能效率目标时，可以考虑以下设计原则。

普及先进技术：由于云计算中云服务商承担了基础的，需要相关专业知识和复杂性较高的工作，使得以前对于客户实现比较困难的技术方案变得容易。客户可以考虑采用托管及运行等新技术，无须了解新技术的技术细节，只需将其当作一种服务使用即可。客户可以专注于产品开发，而不是资源配置与管理。

数分钟内实现全球化部署：客户可根据需求在全球多个区域部署系统，同时以最低的成本为用户提供更低的延迟和更好的体验。

使用无服务器架构：在云计算环境中，客户无须运行和维护用于计算活动的传统服务器，减少运营负担。同时由于云规模下的托管服务运营机制，还可以降低事务处理成本。

提升实验频率：凭借着虚拟与可自动化资源，客户能够快速利用多种不同实例、存储或者配置类型，完成各类综合性测试。

制度化选择：客户应选择与客户的希望达成目标相匹配的技术方法。

云中性能效率支柱包括选择，审查，监控，权衡四个部分。选择是指采用数据驱动型方式选择高性能架构；定期审查选择，确保能够充分发挥 AWS 平台持续演进带来的好处；监控能够确保客户能随时发现意料之外的性能问题并采取针对性措施；架构对各方面需要做出权衡以进一步改善性能水平。

1. 选择

在 AWS 当中，资源以虚拟化形式存在，且支持多种不同类型及配置方案进行交付，客户应当根据自身的需求，选择可优化架构的最佳解决方案。

通常，需要多种方法才能在整个工作负载中获得最佳性能。良好架构的系统使用多种解决方案，并启用不同的功能来提高性能。对于系统中的主要资源类型（计算，存储，数据库和网络），AWS 提供了多种选择。

（1）计算。在 AWS 中，计算有三种形式，分别为实例，容器和函数。实例，即虚拟化服务器，这些虚拟服务器实例具有不同的 CPU 系列和内存大小及功能特性，包括固态硬盘（SSD）和图形处理单元（GPU），通过控制台或 API 调用可以更改实例类型。

容器是一种操作系统虚拟化的方法，允许客户在资源隔离的进程中运行应用程序及其依赖项。

函数可从希望执行的代码当中将环境抽象出来。利用函数客户可以在无须运行实例的前提下实现代码执行。

系统的最佳计算解决方案因应用程序设计，而使用模式和配置设置会有所不同。架构可以针对各种组件使用不同的计算解决方案，并启用不同的功能来提高性能。在架构中选择错误的计算解决方案可能会降低性能效率。

在构建计算应用时，应利用弹性机制来确保性能随着需求的变化而变化。

（2）存储。根据访问方法的类型（块、文件或对象）、访问模式（随机或顺序）、所需吞吐量、访问频率（在线、offline、归档）、更新频率（WORM、动态）、可用性和耐用性限制的需求，客户可以选择使用 AWS EBS、AWS EFS、AWS EC2 实例存储、AWS S3 等多种存储解决方案。良好架构系统需要根据不同的功能需求，选择使用多种存储解决方案，以提高性能并有效利用资源。

（3）数据库。最佳数据库解决方案可以根据系统的可用性、一致性、分区容错、延迟、持久性、可伸缩性和查询功能的要求而变化。许多系统为各种子系统使用不同的数据库解决方案，并启用不同的功能来提高性能。为系统选择错误的数据库解决方案和功能可能会降低性能效率。客户应考虑自身工作负载的访问模式，同时考虑到其他非数据库解决方案是否能够更有效地解决问题（例如使用搜索引擎或数据仓库）

（4）网络。系统的最佳网络解决方案往往取决于延迟、吞吐量要求等因素。用户或内部资源等物理限制条件往往决定着位置的选项。选择网络解决方案时，需要考虑位置因素，我们可以选择将资源放置在便于使用的最近距离的位置、可利用区域、可用区和边缘位置服务，可以显著提高系统性能。

2．评估

在最初构建解决方案的基础上，伴随云技术的快速发展，客户应评估并采用最新的技术和方法，试验新的功能和服务，利用新的区域、边缘站点等资源，采用数据驱动的架构方法，不断提高架构性能。

3．监控

完成了架构构建后，客户需要监控其系统性能，以便在用户使用前纠正可能影响用户使用体验的问题。应当采用指标监控机制，确保任一指标达到阈值时立即发送警报，并自动触发对应操作，处理无法正常工作的组件。

4．权衡

应根据实际需求对架构设计的解决方案进行权衡，可以在一致性、持久性、空间、时间或者延迟等因素中做出取舍，最终得到更理想的性能表现。

8.1.5　成本优化支柱

成本优化支柱是指在保障系统架构高效利用服务与资源的同时，降低使用成本。其核心在于帮助客户为自己的工作负载选择适当的服务、资源及配置方案[7]。

以下为最佳实践。

（1）支出感知。由于云计算具有按需使用的特点，在系统运行中，可以确定哪些资源是由自己的哪个产品或组织在使用。可以利用 AWS Cost Explorer 跟踪支出，了解系统中各个业务系统和组织的支出，确定各个产品的成本和利润，有利于客户准确分配预算。使用 AWS Budgets 跟踪预算执行情况，如果预算使用费用与预测不符，将发送通知。在资源中标记业务和组织信息，可以用这些信息优化成本。

（2）选择经济高效的资源，使用适合于工作负载的实例和资源。在选择服务器时，如果对计算性能要求较高，选择性能较高的服务器可能比较小的服务器成本效益高。考虑到管理和运维的成本，可以选择使用托管服务。

可以根据需求选择具有成本效益的定价选项。如对 Amazon EC2 的实例，对运行周期较短（周期 4 个月内），但可能定期出现的工作负载，可以考虑采用按需实例；对于短周期（最高 6 个小时）的突发计算的应用，可以考虑采用竞价实例。

选择适当的服务定价模型也可以减少使用和成本。例如 CloudFront 可以最大限度地减少数据传输，可以在 RDS 上使用 Amazon Aurora 来消除昂贵的数据库许可成本。

（3）供需匹配。需求可以是固定的或可变的，可以通过自动预置资源来满足需求。可以通过 Auto Scaling 和基于时间、事件驱动、基于队列的方法根据需要添加或删除资源。如果可以预计需求的变化，则可节省更多成本，并确保资源满足系统要求。

（4）随时间优化。在 AWS 发布新的服务和功能时，重新评估现有架构，以确保其仍是最经济高效的决策。随着需求的变化，要积极地停用不再需要的资源、服务和系统。

8.1.6　一般设计原则

良好的架构框架确定了一组一般设计原则，用于指导客户在云中实现良好的设计。

（1）不再猜测容量需求。传统应用在部署前，需要客户选择确定系统的基础设施容量需求，当用户的估计不正确时，有可能会导致成本高昂的闲置资源，或者由于基础设施容量有限对系统性能产生影响。利用云计算时，客户可以根据需要尽可能降低容量水平，并根据后续需求自动对容量规模进行伸缩。

（2）以生产规模进行系统测试。在云环境中，客户可以根据需要创建一套生产规模级的测试环境，完成测试后即可停止使用这部分资源。由于测试环境仅在运行时产生费用，客户只需支付很少的费用，即可模拟真实环境。

（3）通过自动化来简化架构实验。客户可以利用自动化机制以更低成本创建并复制系统方案，同时避免手动操作带来的种种投入。客户可以追踪自动化机制中的各项变更来审计相关影响并在必要时恢复至原有参数。

（4）允许实现架构演进。在传统环境中，架构决策通常是作为静态、一次性的事件实现的，同时系统在其生命周期内往往只存在几个主要版本。由于业务及其环境持续变化，这些最初的决策可能无法适应不断变化的业务需求。而在云环境中，客户可以进行自动化的按需测试，从而降低由于设计变化而产生影响的风险。这样，系统便能随着时间的推移而演变，从而使企业能够将创新作为标准实践。

（5）使用数据驱动架构。在云环境中，客户可以收集相关数据，用以了解不同的架构选择给工作负载带来的影响，在基础对工作负载改进做出决策。由于云基础设施以代码形式存在，所以客户能够利用数据来指导架构选择并随时间推移加以改进。

（6）通过竞赛日活动实现改进。通过定期组织竞赛日活动模拟实际生产中的各类情况，并借此对客户的架构及流程进行测试。将帮助客户了解潜在的改进空间并在处理此类情况时积累起丰富的实践经验。

8.2 构建可伸缩的架构

8.2.1 弹性伸缩

弹性伸缩是云计算的一个重要特性，云服务可以根据用户的业务需求和事先确定的策略，自动透明调整其 IT 资源。当业务需求增长时，能无缝地增加计算资源，提高系统的计算能力在业务需求下降时自动减少计算资源以节约成本。构建可伸缩的架构，是良好架构框架中性能效率支柱的要求。

弹性伸缩通常包括两种方式，垂直扩展和横向扩展[2]。

➢ 垂直扩展：垂直扩展是通过提高单个资源的规格进行扩展（例如，使用更大的硬盘驱动器或更快的 CPU 升级服务器）。对于 Amazon EC2 实例，可以通过停止当前实例并将系统调整到具有更多 RAM、CPU、IO 或网络功能的实例类型来实现。这种方式容易实现，是在短期内提升性能的有效手段。但这种扩展方式最终可能会达到上限，并且在进行扩展时，需要停机更换实例类型，需要考虑满足系统可用性的要求。

➢ 横向扩展：通过增加资源数量（例如，向存储阵列添加更多硬盘或添加更多服务器来支持应用程序）进行横向扩展，这是利用云计算弹性构建客户应用程序的主要方式。其核心的思想在于将系统工作负载分配给多个资源进行处理，随着资源的增长，系统负载处理能力能够得到线性的提升。当系统工作负载减少时，不再需要更多的资源，需要将这些资源关闭释放，以减少成本支出。

横向扩展需要建立一个可扩展的架构来管理系统的弹性伸缩，该架构能够按照客户的需求，帮助客户完成静态或动态的系统伸缩。AWS Auto Scaling 服务是提供弹性伸缩管理的重要工具。

8.2.2　AWS Auto Scaling 服务

AWS 提供的 AWS Auto Scaling 服务可以监控用户的应用程序运行情况，并根据用户的配置自动调整容量，以尽可能低的成本来保持稳定、可预测的性能。

1．AWS Auto Scaling 的主要功能[8]

AWS Auto Scaling 主要包括以下功能。

➢ 快速设置扩展：客户可以通过监控界面查看所有可扩展资源的利用率，为每组资源定义利用率目标级别。

➢ 制定扩展策略：能够根据客户的需求制定扩展策略，确定不同资源组如何响应需求变化，满足客户对性能及成本的要求。

➢ 自动维持性能：持续监控客户应用程序的资源使用情况，确保客户的应用能按期望的性能水平运行。当出现需求高峰时，能自动增加受限资源的容量，使用户能得到高质量的服务。

➢ 预计成本并避免超支：可以帮助客户优化使用 AWS 产品时的利用率和成本效率，用户只需为实际需要的资源付费。当需求下降时，将自动删除任何多余的资源容量，避免超支。

2．Auto Scaling 组

在 Amazon EC2 中，客户可以创建 EC2 实例的集合，称为 Auto Scaling 组。每个组中指定最小的实例数量（Minimun size）和最大的实例数量（Maximun size），Auto Scaling 会确保组中的实例数量永远不会少于最小实例数，不会多于最大实例数。如果用户设定了所需容量，Auto Scaling 会确

保组中一直具有此数量的实例。

如图 8-1 所示，Auto Scaling 组的最小 1 个实例，所需的容量为 2 个实例，最大为 4 个实例。

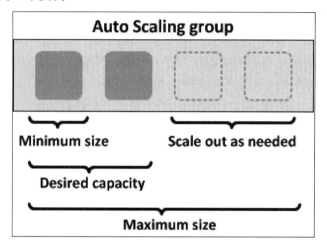

图 8-1 Auto Scaling 组

如果用户指定了扩展策略，则当用户应用需求增长或降低时，Auto Scaling 会根据用户指定的策略在最大最小实例数范围内，调整实例的数量，启动或终止实例。

3．Auto Scaling 扩展策略

Auto Scaling 提供了以下多种扩展策略。

➤ 保持数量：在这种策略下，Auto Scaling 将对组内运行的实例执行定期运行状况检查。发现运行状况不佳的实例，将终止该实例，并启动新实例。

➤ 手动扩展：用户手动调整 Auto Scaling 组的最大容量、最小容量或所需容量的变化。Auto Scaling 可以根据用户的调整参数创建或终止实例，以满足更新后的扩展策略的要求。

➤ 按计划扩展：该策略指定的扩展操作会作为时间和日期的函数自动执行。该功能对于客户知道何时应当需要增加或减少组中的实例数量时非常有用，例如电子商务网站在开展秒杀活动前，可以利用该功能增加组中的实例。

➤ 按需求动态扩展：该扩展策略是一种更高级的资源扩展方法，用户可以定义参数以控制扩展过程。例如，客户有一个当前在两个实例上运行的 Web 应用程序，并希望在应用程序负载变化时将 Auto Scaling 组的 CPU 使用率保持在 50% 左右，当应用程序负载超过 50%，Auto Scaling 将根据配置自动扩展运行的实例数据量。

> 预测式扩展：可以通过结合使用跨多个服务扩展资源，预测扩展和
> 动态扩展（分别为主动和被动方法）来更快地扩展客户的 Amazon
> EC2 容量，以帮助维护最佳可用性和性能。

除了对计算（Amazon EC2）的动态伸缩服务的支持外，AWS Auto Scaling
也支持容器（Amazon ECS）、数据库（Amazon DynamoDB，Amazon Aurora）
的动态伸缩服务。

8.2.3　AWS Auto Scaling 的配置

1. 创建启动模板

启动模板指定用于扩展的 EC2 实例的信息，包括系统映像（AMI）的
ID、实例类型、网络类型、密钥对和安全组。可以在 Amazon EC2 控制台导
航栏选择启动模板中去创建或者选择启动模板，如图 8-2 所示。

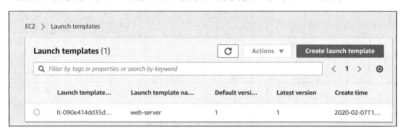

图 8-2　选择启动模板

在创建模板中，可以设置启动镜像。客户可以先将应用服务的实例构建
成自定义的镜像，在模板中启动该自定义镜像。其他配置按照用户应用的要
求完成配置。在配置中，选择 Auto scaling guidance 选项。

用户也可通过在 EC2 控制台导航栏中选择创建启动配置，并使用该配
置创建 Auto Scaling 组。

2. 创建 Auto Scaling 组

可以通过创建的启动模板创建 Auto Scaling 组，如图 8-3 所示。

图 8-3　创建 Auto Scaling 组

在配置扩展策略时，可以选择"将此组保持在其初始大小"，使系统能保持指定的实例数量，后期可通过手动调整组中的实例数量大小，实现手动扩展。也可选择"使用扩展策略调整此组的容量"，如图 8-4 所示。

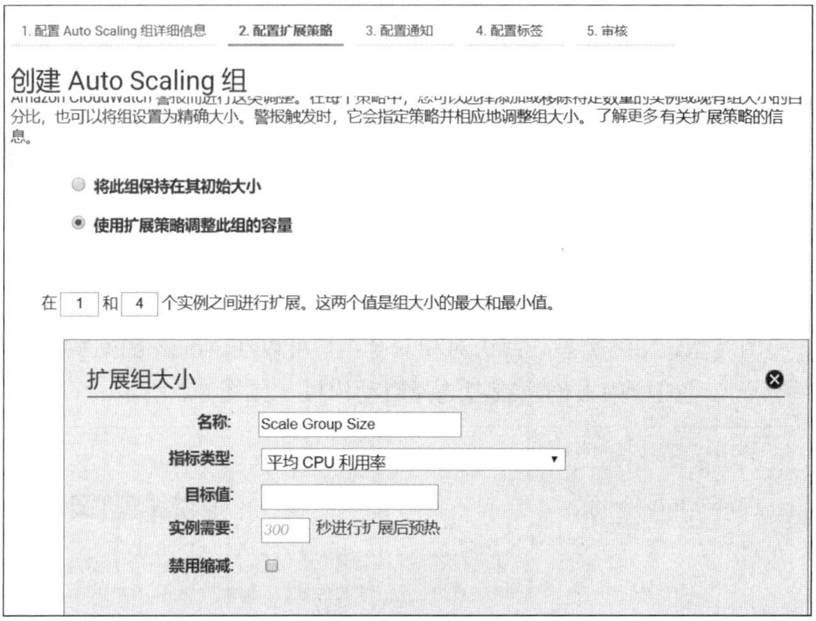

图 8-4 配置扩展策略

在指标类型中，可以根据用户的需求，选择不同的扩展指标，如图 8-5 所示。

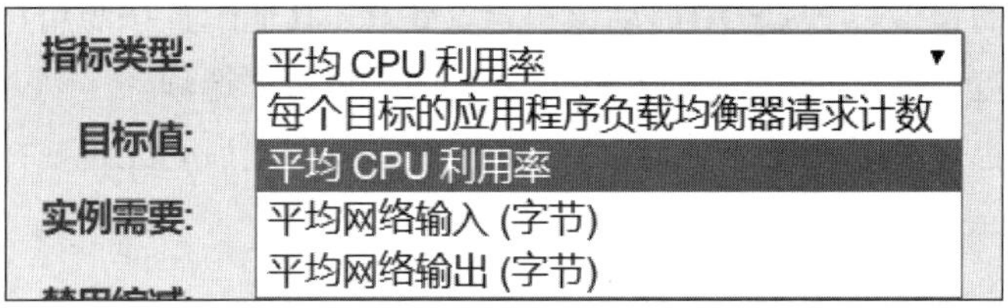

图 8-5 指标类型

在 Review（检查）页面上，对 Auto Scaling 组的信息进行审核后，可以选择 Create Auto Scaling 创建 Auto Scaling 组。

3. 验证 Auto Scaling 组

在 Auto Scaling groups 的页面上，可以看到 Auto Scaling groups 的详细信息，也可通过实例选项卡，看到当前启动的实例状态。可以验证实例是否已经成功启动。如果设置了扩展策略，当负载增加时，如指标达到目标值，则可以看到 Auto Scaling 组会添加实例，实现扩展，以满足用户需求，如图 8-6 所示。

图 8-6　实例状态信息

4．后续步骤

后续如果想实现手动扩展策略，则可以通过更改 Auto Scaling 组的大小来实现。

如果动态扩展的策略不能满足要求，也可以通过调整指标类型及目标值来满足用户要求。一个 Auto Scaling 组可以同时实施多个扩展策略。

如果想实现按计划扩展，则可以选定需要扩展的 Auto Scaling 组，可以在计划的操作面板中，创建计划操作，如图 8-7 所示。

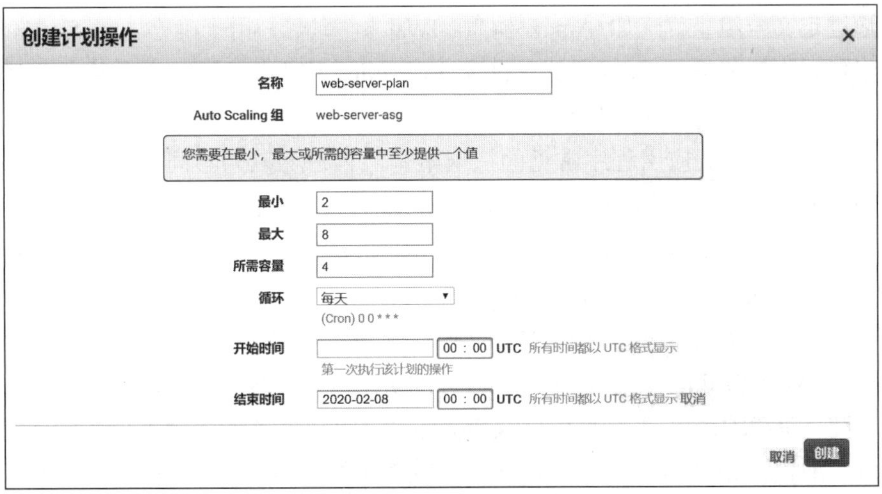

图 8-7　创建计划操作

可以在 Auto Scaling 组中设置监控，Auto Scaling 按配置向 CloudWatch 发送采样数据，可以从 CloudWatch 控制台中查看到 Auto-Scaling 组相关统计数据。

8.2.4 可伸缩的 Web 应用程序服务架构

在 Web 应用程序的服务场景中，单个实例提供的 Web 应用程序服务很难满足大量客户的需要。通过在多个相同的 EC2 实例（云服务器）上托管应用程序的副本，每个实例都可以单独处理客户请求，可以实现客户服务的横向扩展，如图 8-8 所示。

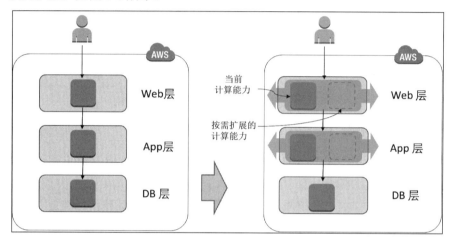

图 8-8 Web 服务横向扩展

客户可以配置 Auto Scaling 用于管理服务中的 EC2 实例的启动与终止。通过定义一组条件（如 Amazon CloudWatch 警报），用于确定 Auto Scaling 组何时启动或终止 EC2 实例。将 Auto Scaling 组添加到网络架构中，有助于提高应用程序的可用性和容错能力。

对于 Web 应用程序常见的三层架构，客户可以为不同的层创建单独 Auto Scaling 组，每个 Auto Scaling 组配置不同的扩展策略，以满足客户不同的扩展目标需求。客户还可通过 Auto Scaling 组管理不同的服务，可根据需要创建任意数量的 Auto Scaling 组。

如图 8-9 所示，通过在 Web 应用程序服务架构中引入负载均衡器，可以在 Auto Scaling 组的各实例之间分配访问流量，也支持跨可用区的流量分配。负载均衡器与 Auto Scaling 组结合，实现了多个可用区实例扩展。同时，配置 Auto Scaling 组跨区域管理 EC2 实例，当一个可用区运行状况不佳或无法使用时，Auto Scaling 将在不受影响的可用区中启动新实例。当运行状况不佳的可用区恢复运行状况时，Auto Scaling 会自动在所有指定的可用区中重新均匀分配应用程序实例，在提高伸缩能力的基础上，进一步提高了系统的可用性和可靠性。

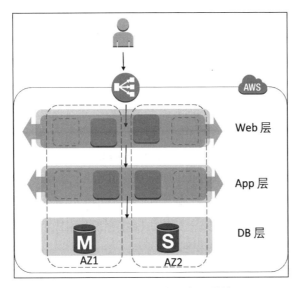

图 8-9　Web 服务多服务区伸缩

8.3　构建容错的架构

容错是指即使系统在某些组件发生故障时仍然保持运行的能力。

如果因故障原因不能给用户提供服务，则会给电子商务网站带来很大的经济损失，也会影响公司的声誉。对于这样的客户，希望能够增强系统的可用性和可靠性，将运行故障的影响降到最低。这也是良好架构框架中可靠性支柱的要求。

容错包括以下两个方面的含义。

> 可用性：系统提供更长的可访问时间（提供 24/7 服务）。
> 可靠性：系统能够更好地避免意外情况，或者能够从故障中快速恢复。

8.3.1　容错的机制

因云计算规模庞大，底层采用了大量的硬件资源，所以系统组件（例如硬盘、服务器、网络链接等）故障成为必然事件。当系统能够承受单个或多个组件（例如硬盘、服务器、网络链接等）的故障时，系统是高度可用的，需要提供相应的机制，支持系统的容错处理。容错处理的主要机制包括以下内容[2]。

1．引入冗余

如果支持客户系统的关键组件失效，则导致整个系统无法运作，这样的系统故障我们称之为单点故障。解决单点故障是提高系统可用性的有效手段。

可以通过引入冗余来解决单点故障。冗余将多个资源用于同一任务,可以采用活动冗余或者备用冗余的方式来防止单点故障。在备用冗余中,当故障发生时,使用称为故障转移的进程在备用资源上恢复系统功能。故障转移通常需要一段时间才能完成,在此期间,资源仍然不可用。备用资源只能在需要时自动启动(以降低成本),也可以以空闲运行的方式运行,加快故障转移速度,最大限度地减少中断。在活动冗余中,系统任务将分发到多个冗余资源进行处理,当其中一个资源失败时,可以将失败资源处理的任务分配给其他资源,由其他资源来进行处理。与备用冗余相比,它可以实现更好的利用率,并在发生故障时总体影响较小。

2. 检测失败

客户应当建立故障检测机制,使系统能检测和响应故障。在故障检查的基础上,客户还应尽可能的实现自动化的故障响应机制。对于以前未出现过的故障,应确保收集足够的日志和指标,使客户能够了解系统的故障行为。在对系统故障充分理解后,客户可以利用云计算的基础设施设置报警进行手动干预或者实现自动化的响应机制。

AWS 提供了多种工具支持系统故障监测和自动响应。AWS CloudWatch 支持对系统的监控;客户也可以使用 ELB 等服务,通过对系统运行状况的检查,将流量路由到正常运行的节点来掩蔽故障节点;Auto Scaling 服务中可以配置为自动替换不正常的节点;Amazon EC2 自动恢复功能也能替换不正常的工作节点。

3. 数据持久化存储

对于应用程序和用户创建和维护的各种数据,体系结构必须同时保护数据的可用性和完整性。数据复制技术通过引入数据冗余副本在帮助容量水平扩展的同时,也提高了数据的持久性和可用性。数据复制针对不同的数据类型和服务,提供了同步复制、版本控制、异步复制、基于仲裁的复制等多种形式。客户应根据自己的需求,确定和配置选用的技术。

4. 自动化多数据中心恢复能力

业务关键型应用程序应需要针对中断制定保护方案,考虑到数据中心发生重大中断的情况,客户需要制订灾难恢复计划,允许故障转移到遥远的第二个数据中心。由于两个数据中心之间的距离很长,跨数据中心同步困难,数据恢复成本高。应设计采用"可用区"的方式解决短期中断问题。每个 AWS 区域中包含多个称为"可用区"的不同位置，每个可用区域都设计为与其他可用区域中的故障隔离开来。可用区是数据中心，在某些情况下，可用区由多个数据中心组成。区域内的可用区域为同一区域中的其他区域提供廉价、低延迟的网络连接。这允许客户以同步方式跨数据中心复制数据，以便故障转移可以自动进行，并对用户透明。

8.3.2 AWS 中的容错组件

AWS 提供的多种服务和基础设施，可用于共同构建可靠、容错和高可用性系统[9]。

1. 亚马逊弹性计算云（Amazon EC2）

Amazon EC2 为客户提供计算资源。这些计算资源以虚拟服务器实例的形式提供给客户，用于构建和托管软件系统。EC2 采用客户熟悉的操作系统，如 Linux 或 windows，也能够支持在这些操作系统上运行的软件。EC2 实例有 IP 地址，客户可以通过远程访问（例如，SSH 或 RDP）的方式与虚拟服务器交互。客户在利用 EC2 开发应用程序时，可以使用多个 EC2 实例及 AWS 的辅助服务，如 Auto Scaling 和弹性负载平衡，构建一个高度可靠的系统。

EC2 实例可以从亚马逊系统镜像（AMI）中启动。AMI 中包含了操作系统、客户服务的应用程序和配置信息。可以利用 AMI 启动一个 EC2 实例作为 AMI 的运行的副本；也可以基于 AMI 启动多个实例，在启动实例时，客户可以按自己应用程序的需要选配内存（RAM）和计算能力（CPU 数）。利用 AMI 模板启动虚拟服务器后，虚拟服务器会持续运行，直到客户停止或终止它们。如果实例失败，则客户还可以从 AMI 启动新的实例。

构建可容错应用时，客户应创建自己的 AMI 库。应用中应包含至少一个已创建的 AMI，利用该 AMI 启动实例后，即可启动应用的程序。该 AMI 可以从客户应用程序运行的实例产生，也可配置 AMI 在实例启动后立即运行引导脚本来安装所有必需的软件组件和内容以启动应用的程序。

创建 AMI 后，替换故障实例将变得非常简单。客户只需从与故障实例相同的 AMI 模板启动新实例，即可得到与故障实例安装了相同运行环境的替换实例。替换实例启动后，可以由替换实例接替故障实例的工作。替换实例的操作可以通过 API 调用、可编制脚本的命令行工具或 AWS 管理控制台执行，也可利用 Auto Scaling 服务，用新实例自动替换故障或性能衰减的实例。

为了最大限度地减少停机时间，客户还可选择保持一个备用实例运行，随时准备接管在发生故障的实例。利用弹性 IP 地址，通过弹性 IP 地址的重新映射，将故障转移到新的替换实例或者运行中的备用实例。

2．亚马逊弹性块存储（Amazon EBS）

EBS 提供了独立于服务的持久性块存储卷，提供了高可用性，并支持在可用区内自动复制。EBS 可以动态挂载到正在运行的 EC2 实例，可以实现服务和数据的分离，当 EC2 实例失败或者被替换时，EBS 卷可以简单地附加到新的 EC2 实例。由于这个新的 EC2 实例基本上是原来的副本，而数据保存到 EBS 中，通过这个方式可以保证系统没有数据或功能的损失。此外 EBS 支持利用快照等功能实现对卷的备份和恢复功能，确保了数据资产的安全。

3．亚马逊 CloudWatch（Amazon CloudWatch）

亚马逊 CloudWatch，以日志、指标和事件的形式收集监控和运营数据，并使用自动化控制面板将其可视化，让客户能够统一查看在 AWS 和本地运行的 AWS 资源、应用程序和服务的运行情况。客户可以关联指标和日志，以便更好地了解资源的运行状况和性能。还可以根据指定的指标值阈值创建警报，或者根据机器学习算法监控异常指标行为。与其他的 AWS 服务结合，客户可以设置自动操作来帮助解决问题。例如，触发警报时通知客户并自动启动 Auto Scaling。

4．Auto Scaling

Auto Scaling 可以根据用户定义的策略，自动增加或减少虚拟服务器的容量。利用 Auto Scaling 可以保证系统提供与当前业务需求相当的 EC2 实例容量。Auto Scaling 利用对实例指标的监控，可自动监测实例故障，并启动替换实例。如果实例未按预期运行，只需将未正常运行的实例终止，系统会自动启动新实例。在使用中 Auto Scaling 与弹性负载均衡经常结合使用。

5．弹性 IP 地址（EIP）

弹性 IP 地址提供了一个公共的静态 IPv4 地址。当在与之关联的虚拟服务器发生故障的情况下，可以将弹性 IP 关联到另一台虚拟服务器，实现故障实例的替换，而 IP 地址不会发生变更，对于不能水平扩展的传统类型的应用是一种有效的处理方法。利用弹性 IP 和多可用区实现容错，如图 8-10 所示。

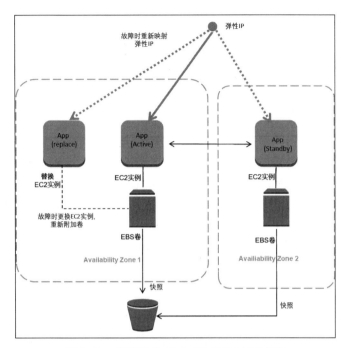

图 8-10　利用弹性 IP 和多可用区实现容错

6．弹性负载均衡（ELB）

弹性负载均衡可以将应用流量自动分配到 EC2 服务器实例、容器、IP 地址等多个目标，并保证只有工作良好的目标才能接收到流量。ELB 可以部署在一个或多个可用区中，能自动均衡多个实例和多个可用区之间的流量，并确保只有健康的实例才能接收流量。它可以检测 EC2 实例是否正常运行，一旦检测到运行状况不佳的实例，它就不会继续向这些实例路由流量，而是会将负载分配给其余正常运行的实例。只有在故障实例恢复到正常运行状态后才恢复其负载均衡。

7．其他组件

在容错的设计中，可以利用亚马逊简单存储服务（Amazon S3）提供耐久的容错数据存储，防止数据出现故障；可以利用亚马逊简单队列服务（Amazon SQS）实现应用之间解耦；利用 Amazon RDS 提供的功能实现数据库的高可用，还可以采用无服务架构实现高可用。

8.3.3　基于多可用区的容错架构

为了提供额外的扩展性和可靠性，AWS 提供了多个数据中心，这些数据中心位于不同的物理位置。地区（Region）是指大型、分布范围广泛的地理位置。每个区域包含多个不同的位置（称为可用区，Availability Zone），旨在实现可用区之间的故障隔离。

客户可以通过部署跨越多个可用区的应用程序来实现高可用性。客户可以将每个应用程序层（例如，Web、应用程序和数据库）置于不同的可用区，从而创建多站点解决方案。通常采用的部署方式是在两个或多个可用区内提供每个应用程序堆栈的独立副本，如图 8-11 所示，该架构具有高可用性，可应付单个组件甚至整个可用区的故障[11]。

基于多可用区的容错架构，包含以下内容。

➤ 跨多个可用区部署应用程序以实现高可用性。包含应用程序的每个层（例如 Web 层、应用层和数据库）的冗余实例可以放置在不同的可用区中，目标是在两个或多个可用区中为每个应用程序堆栈提供独立副本。当某个可用区出现故障时，不会影响系统的正常运行。

➤ 使用弹性负载均衡器（ELB），以获得更好的容错能力[10]。弹性负载均衡器可以自动平衡多个实例和多个可用区域之间的流量，确保只有正常运行的 Amazon EC2 实例才能接收处理流量。将 AWS 的 EC2 实例置于弹性负载平衡器之后，弹性负载平衡可以检测实例的运行状况。当检测到不正常的实例时，不再将流量路由到这些不正常的实例，而将这些流量分配到其他正常实例中。如果一个可用区中所有的实例都不正常，则弹性负载平衡会将流量路由到其他可用区的健康的实例中。直到原始 EC2 实例恢复到正常状态时，它才恢复传输流量到该实例中。

弹性负载均衡器可以分层来设置，Web 层前面的弹性负载均衡器用于将流量分配至 Web 层 Auto Scaling 组中，App 层前面的弹性负载均衡器用于将流量分配至 App 层的 Auto Scaling 组中。

➤ 配置多个 Auto Scaling 组，实现各层独立完成弹性伸缩。可以根据各层的不同指标要求，定义不同的扩展策略。Web 层 Auto Scaling 组可以设定根据网络 I/O 的实际变化触发扩张与收缩，App 层可以设定根据 CPU 使用率实现规模伸缩调整。可以设定 Auto Scaling 组最小值和最大值，确保单一扩展组内的 24/7 全天候的可用性及理想的资源利用率。

➤ 使用内存数据缓存，提高应用程序整体性能。通过配置 Amazon ElastiCache，可以创建符合 Memchched 和 Redis 协议的内存缓存，实现自动缓存随负载缩放，自动替换发生故障的节点。通过在 ElastiCache 中缓存常用信息，以减少数据库的服务负载，提高数据库层的性能和可伸缩性。

➤ 考虑采用托管型数据库服务。对于应用程序的数据，可以利用数据库和 NoSQL 数据库进行存储，在选择时，可以考虑采用托管型数据库。Amazon RDS 多可用区部署机制能够提供客户数据库的高可用性，保护数据库免受计划外停机的影响；读写分离为数据库提供只读副本，为数据库提供了扩展能力；DynamoDB 可以随时对容量进行规模伸缩，不会造成停机或性能影响。

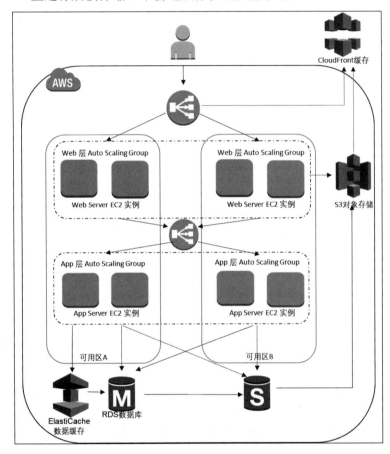

图 8-11　托管在 AWS 的 Web 服务

➤ 实现数据资产的存储与备份。对于一些静态或变化缓慢的对象（例如：图像、视频和其他静态媒体），可以考虑采用 Amazon S3 作为存储解决方案。Amazon S3 提供了高可用性和冗余对象存储，可以与 CloudFront 服务结合，共同实现静态服务的边缘缓存，以及方便用户访问。可以配置 S3 实现对数据资产的生命周期的管理。对于类似文件系统的附加存储，EC2 实例可以附加 EBS 卷。EBS 非常适合需要作为块存储访问的数据，也适合需要在运行的 EC2 实例的生命周期之外保持持久性的数据，例如，数据库分区和应用程序日志等。通过 EC2 实例可以附加 EBS 卷，可以实现服务和数据的分离。

➢ 配置使用 CloudFront，实现边缘缓存。通过将用户的 Web 内容如（.html、.css、.js 和图像文件）缓存到连缘站点，加快将静态或动态的文件或数据分发到用户的速度，同时由于文件或数据的副本缓存在全球各地的多个边缘站点，可以提供更高的可靠性和可用性。

8.4 构建安全的架构

8.4.1 责任共担模型

客户利用 AWS 提供的全球基础设施和服务构建自己的业务系统时，系统的安全是客户和 AWS 的共同责任。AWS 负责运行、管理和控制从主机操作系统和虚拟层到服务运营所在设施的物理安全性的组件，并提供服务和功能用于增强安全服务。用户需要管理操作系统（包括更新和安全补丁）、其他相关应用程序软件及 AWS 提供的安全组防火墙的配置。即 AWS 负责"云本身的安全"，而客户负责"云内部的安全"[12]。

客户在选择云服务时，应当仔细考虑自己选择的服务，完成必要的安全配置和管理工作。如利用 Amazon EC2 实例时，应当考虑操作系统的安全及管理、网络的划分与隔离、防火墙（安全组）的配置等，在使用 Amazon S3、Amazon DynamoDB 来保存和检索数据时，要负责管理数据，确定是否对数据进行加密，以及利用 IAM 工具为不同的用户分配适当的权限[13]。基础设施服务的责任共担模型，如图 8-12 所示。

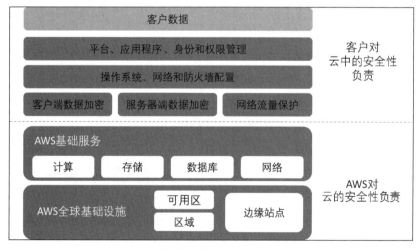

图 8-12 基础设施服务的责任共担模型

8.4.2　权限管理

用户具有相应的权限访问他们所需的资源，但不能超范围赋权，这是安全性支柱最小特权的原则的要求，客户可以借助 AWS 账户及 IAM 用户、组和角色功能，实现对权限的管理。

1. 多账户策略

用户可以考虑采用多账户策略，以便提高安全性，并满足业务和监管的要求，表 8-1 讨论了可能的策略。

表 8-1　AWS 账户策略

业务要求	建议的设计	说明
集中式安全管理	单个 AWS 账户	集中信息安全管理并最大程度降低开销
生产、开发和测试环境的分离	3 个 AWS 账户	创建 3 个 AWS 账户，分别用于生产服务、开发和测试
多个自主部门	多个 AWS 账户	为组织的每个自主部门创建单独的 AWS 账户。可以在每个账户下分配权限和策略
多个自主独立项目的集中式安全管理	多个 AWS 账户	为通用项目资源（例如 DNS 服务、Active Directory、CMS 等）创建单一 AWS 账户。然后为每个项目创建单独的 AWS 账户。可以在每个项目账户下分配权限和策略，并授予跨账户访问资源的权限

2. 管理 IAM 用户、组及角色

IAM 用户管理中，应当按照最小特权原则向用户授权。应向访问 AWS 资源的每个人员、服务和应用程序创建不同的 IAM 用户，不要共享用户身份。

IAM 组是一个 AWS 账户中的 IAM 用户集合。利用 IAM 组可以简化资源访问时的权限的分配和访问控制。可以为 IAM 组分配一个或多个用于访问 AWS 资源权限的 IAM 策略。将用户添加到 IAM 组中，即赋予用户访问相关资源的权限。当用户不再需要访问资源时，可以将他们从能够访问该资源的组中移除。用户在管理资源访问时，即使只有一个用户需要访问特定的资源，也应确定或新建一个 AWS 组，通过组成员身份配置用户访问，并在组级别分配权限和策略。

管理好 AWS 凭证。应强制使 IAM 用户密码符合定义的策略（如规定最短密码长度，或非字母数据字符），应定期更换访问密钥，对于高级特权的用户，应当考虑多重身份验证（MFS）。

对于原本无权访问客户资源的用户或服务，可以委托访问权限，通过IAM 角色和临时安全凭证实现访问。

8.4.3 数据保护

1. 静态数据保护

静态的数据实施保护时，应当考虑信息意外泄露、数据完整性受损、意外删除及由于系统、基础设施、软硬件故障的可用性问题。可以采取访问权限控制、加密、数据完整性检查、版本控制、备份等多种方法来对数据实施保护。

Amazon S3 中提供了权限控制、版本、复制、备份、服务器端及客户端的加密机制，用于保护存放在 S3 中的静态数据。

Amazon EBS 提供了复制、备份和多种加密的功能用于保护存放于Amazon EBS 中的静态数据。

2. 安全停用数据和存储介质

用户删除云中的数据时，AWS 不会停用其基础的物理介质，而是将存储块标记为未分配。可以分配给其他实例使用，其他实例写入数据时，存储块被清零，并写入新的数据。如果实例尝试从尚未写入数据的存储块读取数据时，管理程序会清零磁盘上的先前的数据，并向该实例返回零。

当 AWS 确定介质已达到其使用寿命的终点，或者遇到硬件故障时，AWS 会按照标准规范来销毁数据。

安全停用数据和存储介质是应当由 AWS 承担的安全责任。

3. 传输中的数据保护

云应用程序通常是利用互联网进行通信，当运行云应用程序时，应考虑保护传输中的数据，包括客户端与服务器之间及服务器之间的网络流量。AWS 的服务提供了 IPSec 和 SSL/TLS 均支持，以保护传输中的数据。对于HTTP/HTTPS 的流量，可以考虑结合使用 HTTPS（HTTP over SSL/TLS）与服务器证书验证的方式实现数据保护；对于远程桌面协议（RDP）的流量，应向正被访问的 Windows 服务器发放可信 X.509 证书，防止身份欺骗或中间人攻击，还应避免使用自签名证书；对于 SSH 流量，应当使用 SSH2版，并使用非特权用户账户进行访问；对于数据库服务器之间的流量，应使用 SSL/TLS 包装程序。

8.4.4　操作系统及应用程序安全

在 AWS 的使用中，创建 Amazon EC2 的实例都需要从 AWS 系统镜像中（AMI）引导和启动操作系统，为了保证操作系统安全，应当对 AMI 进行测试和管理，以满足用户的安全要求。

1．创建自定义 AMI

客户根据自己的系统需要，创建自有的 AMI，供内部（私有）或外部（公有）使用，在创建和发布镜像时，客户应当负责 AMI 的安全，应保证所发布镜像中安装的软件是带有相关安全补丁的最新版本，同时还需要做以下的清理和强化任务。

（1）启动时禁用以明文或以其他不安全的方式对用户进行身份验证的网络服务和协议。

（2）启动时禁用不必要的网络服务。应仅启动管理服务（SSH/RDP）和必不可少的应用程序所需的服务，使安全风险降到最低。

（3）需要从磁盘和配置文件中安全删除所有 AWS 凭证，删除所有第三方凭证，从系统中安全删除其他证书或密钥资料，并确保安装的软件不使用默认内部账户和密码。

（4）采用良好的管控机制，确保系统不违反 AWS 可接受的使用策略。

2．引导启动

利用强化后的 AMI 启动实例时，客户可以使用引导程序修改和更新安全控制。常用的引导启动程序包括 Puppet、Chef、Cloud-Init 等及系统自带的脚本。

引导程序中主要考虑完成以下操作。

（1）安装软件安全更新，包括超出 AMI 补丁级别的最新补丁、服务包和关键更新。

（2）安装应用程序级更新。

（3）上下文数据和配置，实例可应用特定于启动它们所在的环境的配置，例如，生产、测试或 DMZ/内部。

（4）向远程安全监控和管理系统注册实例。

3．管理补丁

用户应负责 AMI 和活动实例的补丁管理。

4．防止感染恶意软件

为了防止实例受到感染，用户需要管理恶意软件带来的威胁。安全最佳实践中总结了一些常用的方法，如仅从可信的 AMI 启动实例；仅安装和运行可信软件提供商提供的可信软件；从可信来源下载可信软件；为用户提供执行其任务所需的最小特权；修补系统，使其达到最新的安全级别；避免感染僵尸网络；防止恶意软件发送垃圾邮件，在用户系统上使用新的防病毒和反垃圾邮件解决方案；安装基于主机的 IDS。

如果感染了恶意软件，建议保存所有系统数据，从可信来源重新安装所有系统、平台和应用程序的可执行文件，然后从备份中恢复数据。

5．减少损害和滥用

滥用活动是外部观察到的针对 AWS 客户实例或其他资源的恶意、冒犯性、非法行为，或者可能危害其他 Internet 站点的行为。AWS 需要与客户合作检测和处理可疑和恶意的活动，积极监控并关闭 AWS 上运行的恶意滥用程序或欺诈程序。对收到的 AWS 滥用警告，客户应当立即调查问题，防止被恶意用户损害。用户在使用 AWS 资源时，恶意、非法或有害活动违反了 AWS 可接受的使用策略，可能导致账户被冻结。

8.4.5　保护基础设施安全

1．使用 Amazon Virtual Private Cloud（VPC）

通过 VPC，客户可以在 AWS 公有云中创建私有云，VPC 可以使用客户分配的 IP 地址，但不会通过互联网直接路由到私有云和关联网络。VPC 不仅提供与私有云中其他客户的隔离，还提供网络层 IP 路由的隔离工作。

2．使用安全分区和网络分段

不同的安全要求必须使用不同的安全控制。通过将基础设施分成采用不同安全控制要求的多个区域是安全最佳实践的要求。

AWS 提供了以下多种访问控制方法用于网络分段。

➢　使用 Amazon VPC 为每个工作负载或组织实体定义隔离网络。

➢　使用安全组实现 EC2 实例及其他类似功能的网络访问的安全控制。安全组是状态防火墙，为每个允许的和建立的 TCP 会话或 UDP 通信通道均启用双向防火墙规则。

➢　使用网络访问控制列表（NACL）。NACL 与安全组协同工作，在流量到达安全组之前也可以允许或拒绝流量。

➢　使用基于主机的防火墙控制对每个实例的访问。

➢　在流量流中创建威胁保护层，强制使所有流量遍历区域。

➢　在其他层（例如应用程序和服务）应用访问控制。

3．加强网络安全

按 AWS 的责任共担模型，AWS 以安全的方式配置数据中心网络、路由器、交换机和防火墙等基础设施组件。客户也应当利用 AWS 的多种访问控制方法实现对客户系统的安全配置及对访问流量的安全管理。

AWS 推荐的网络安全最佳实践包括以下内容。

- ➢ 始终使用安全组：它们可为 Amazon EC2 实例提供虚拟机管理程序级别的状态防火墙。客户可以向单个实例和单个弹性网络接口（ENI）应用多个安全组。
- ➢ 利用 NACL 协同安全组工作：NACL 不特定于实例，因此，它们能够在安全组之外提供另一个控制层。可以实现 NACL 管理和安全组管理的应用职责分离。
- ➢ 使用 IPSec 或 AWS Direct Connect 作为到其他站点的受信连接。当基于 Amazon VPC 的资源需要远程网络连接时，应使用虚拟网关（VGW）。
- ➢ 保护传输中的数据，以确保数据的保密性和完整性及通信各方的身份认证。
- ➢ 对于大规模部署，应设计分层的网络安全。不要创建单一网络安全保护层，而应在外部、DMZ 和内部层应用网络安全。
- ➢ 利用 VPC 流量日志功能，可以进一步获取有关传入和传出 VPC 网络接口的 IP 流量的信息。

如果客户需要更深入的防御措施，则可内联部署网络级的安全控制设备，以拦截并分析流量，再将之转发到其最终目的地，如应用程序服务器。

为了确保对安全控制和策略的有效性，应进行定期审查测试，保证控制机制能有效防范新的威胁和漏洞。

8.4.6 示例：构建安全 Web 服务

为了保证 Web 服务的安全，应在设计服务时遵循 AWS 的安全最佳实践[14]。

1．网络隔离

如图 8-13 所示，由于架构中各部分的安全需求不同，将 Web 服务的网络划分为多个子网，由于 Web 服务采用了三层架构，不同的层之间有不同的安全需求，建议使用 3 层的子网结构，即公有子网、私有子网、敏感子网。

- ➢ 公有子网：公有子网的路由表中，指向互联网网关（IGW），流量能够直接进出因特网。

➤ 私有子网：私有子网的路由表中；没直接指向互联网网关（IGW）的路由，而是使用 Proxy/NAT 网关实现互联网的进出流量。

敏感子网（自定义）：敏感子网的路由表中，不含有进出互联网的路由。

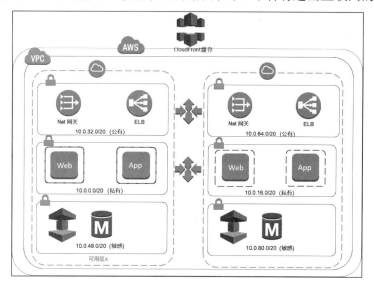

图 8-13   web 服务的网络划分

2. 安全组配置

应针对每个应用层制定安全组的规则，如图 8-14 所示，Web 层的 ELB 安全组允许来自任何外部的请求通过端口 443（HTTPS）进行访问，Web 层服务器允许来自 Web 层 ELB 安全组的 HTTP 访问，以便接收处理从 ELB 转发过来的 Web 流量。应用层 ELB 接受从 Web 层服务发出的请求（端口：8080），并将请求转发到应用层（App）服务器，App 安全组允许从应用层 ELB 传入的访问流量。数据层安全组允许应用层服务器访问数据库的服务。

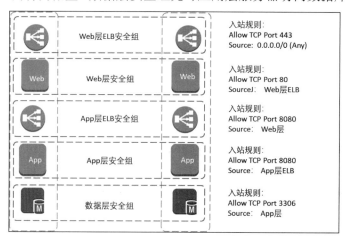

图 8-14   各应用层安全规则配置

3. 其他的安全功能

分布式拒绝服务（DDoS）攻击的数量和复杂度正在上升，传统应用很难抵御这些攻击。AWS 的响应弹性机制可有效响应增加的流量；配置使用 AWS Shield，可帮助防御各种形式的 DDoS 攻击；同时 Web 应用程序防火墙（WAF）旨在保护 Web 应用程序免受 DDos 的攻击，AWS WAF 与 CloudFront 或 Application Load Balancer 及自定义规则一起工作，以防御跨站点脚本、SQL 注入和 DDoS 等攻击。

习题

1. AWS 良好架构框架的五大支柱是什么？
2. 什么叫弹性伸缩，横向扩展与纵向扩展相比有哪些优势？
3. 请简述 Auto Scaling 的主要功能是什么？
4. 什么是单点故障，解决单点故障的有效方法是什么？
5. 在 AWS 的容错架构中，亚马逊系统镜像 AMI 的作用是什么？
6. 为什么使用弹性负载均衡器 ELB 可以获得更好的容错能力？
7. 如何实现可用区的故障隔离？
8. "责任共担模型"中，AWS 承担了哪些安全责任？客户承担了哪些安全责任？

参考文献

[1]　PILLAR R. AWS Well-Architected Framework[J]. Amazon Web Services, 2018.

[2]　Amazon Web Services, Architecting for the cloud: Best practices[R/OL]. Amazon Web Services, 2016.

[3]　Amazon Web Services. 卓越操作支柱 AWS 良好架构框架[R/OL]. Amazon Web Services, 2017.

[4]　Amazon Web Services. 安全性支柱 AWS 良好架构框架[R/OL]. Amazon Web Services, 2017.

[5]　Amazon Web Services. 可靠性支柱 AWS 良好架构框架[R/OL]. Amazon Web Services, 2017.

[6]　Amazon Web Services. 性能效率支柱 AWS 良好架构框架[R/OL]. Amazon Web Services, 2016.

[7]　Amazon Web Services. 成本优化支柱 AWS 良好架构框架[R/OL].

Amazon Web Services, 2016.

[8] Amazon Web Services. Amazon EC2 Auto Scaling Using Guide[R/OL]. Amazon Web Services, 2018.

[9] Jeff Barr, Attila Narin, and Jinesh Varia. Building Fault-Tolerant Application on AWS[R/OL]. Amazon Web Services, 2011.

[10] Amazon Web Services. Elastic Load Balancing Using Guide[R/OL]. Amazon Web Services, 2016.

[11] Amazon Web Services. Web Application Hosting in the AWS Cloud[R/OL]. Amazon Web Services, 2017.

[12] Amazon Web Services. Amazon Web serices: Overview of Security Process[R/OL]. Amazon Web Services, 2016.

[13] Amazon Web Services. AWS Security Best Practices [R/OL]. Amazon Web Services, 2016.

[14] CK Tan. AWS 云上大规模迁移的最佳实践[R/OL]. Amazon Web Services，2017.

第 9 章

Web 应用部署

在讨论 Web 应用部署之前，举一个大家比较熟悉的例子说明 AWS 是如何应对不同的数据存储的，同理也适合 WEB 应用部署。AWS 提供多种服务帮助大家在 Amazon Elastic Compute Cloud（即 Amazon 弹性计算云，简称 EC2）实例之上部署应用程序，同时提供多种用于添加计算与存储资源的规模伸缩机制。对于持久性数据存储需求，Amazon Elastic Block Store（即 Amazon 弹性块存储，简称 EBS）则提供多种分层方案，具体包括通用型（SSD）、配置 IOPS（SSD）及磁性 EBS 分卷。对于那些天然具备静态属性的数据，大家可以使用 Amazon Simple Storage Service（即 Amazon 简单存储服务，简称 S3）与 Amazon Glacier 进行数据归档；对于那些天然具备关系型特征的数据，大家可以使用 Amazon Relational Database Service（即 Amazon 关系型数据库服务，简称 RDS）；而在数据仓库方面，大家可以选择 Amazon Redshift；如果大家需要对存储的吞吐能力进行预配置，则可使用 Amazon DynamoDB；而在实时处理方面，大家可以选择 Amazon Kinesis。同样，在部署服务时，AWS 亦提供多种选项。

9.1 AWS 部署服务组件

AWS 提供多项策略进行基础设施配置。大家可以利用这些来构建单元（包括 Amazon EC2、Amazon EBS、Amazon S3 以及 Amazon RDS 等）并结合第三方工具部署自己的应用程序。不过如果需要实现更为突出的灵活性，大家可以考虑利用各项 AWS 部署服务提供的自动化组件。图 9-1 汇总了 AWS 当中的各类不同部署服务。

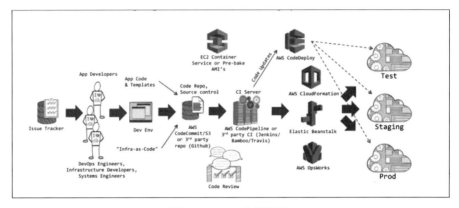

图 9-1　AWS 部署服务

9.1.1　组件简介

1. AWS Elastic Beanstalk

AWS Elastic Beanstalk 能够以最快速且最简单的办法将一款应用程序启动并运行在 AWS 之上。它适合那些希望快速部署代码，但却又不想浪费时间在管理底层基础设施的开发人员。Elastic Beanstalk 适合那些基于数据库运行在应用服务器之上的标准三层式构架 PHP、Java、Python、Ruby、Node.js、.NET、Go 或者 Docker 的应用程序。Elastic Beanstalk 利用 Auto Scaling 与 Elastic Load Balancing 可以轻松支持突发流量，并能够根据需求轻松实现规模的自由伸缩。其常见用例包括 Web 应用、内容管理系统（简称 CMS）及 API 后端。

2. AWS CloudFormation

AWS CloudFormation 能够为系统管理员、网络架构师及其他 IT 人员提供充分的灵活性，帮助其利用基础设施架构模型的模板配置并管理 AWS 资源堆栈。大家能够利用其管理任意对象，从简单的单一 Amazon EC2 实例到复杂的多层多服务区应用皆涵盖其内。利用这些模板，大家能够在基础设施之上实现版本控制并轻松以可重复方式复制基础设施堆栈。AWS CloudFormation 非常适合那些希望利用一款工具对自身基础设施进行细化配置与管理的客户。而 AWS CodeDeploy 则适合作为 AWS CloudFormation 的辅助方案，负责管理应用程序的部署与更新。

3. AWS OpsWorks

AWS OpsWorks 是一项应用程序管理服务,旨在简化开发人员与运维人员部署及运营各类规模应用程序的过程。AWS OpsWorks 非常适合那些希望部署代码、对底层基础设施进行一定程度抽象且应用程序本身的复杂度高于标准三层架构的用户。AWS OpsWorks 同样适合那些希望利用 Chef 等配置管理系统对基础设施加以管理的人。

4. AWS CodeCommit

AWS CodeCommit 是一项高可用性、高可扩展性托管源控制服务,其能够托管各类专有 Git 库。在 AWS CodeCommit 的帮助下,大家能够将从代码到二进制数据再到任务的多种资产以无缝化方式存储在现有 Git 类工具当中。CodeCommit 在结合 AWS CodePipeline 与 AWS CodeDeploy 之后,则可显著简化大家的开发与发布流程。

5. AWS CodePipeline

AWS CodePipeline 是一项持续交付与发布自动化服务,旨在帮助用户快速完成新功能发布。在 AWS CodePipeline 的帮助下,大家可以设计自己的开发工作流,从而完成代码检查、代码构建、应用程序分段部署、测试及面向生产环境的发布等工作。AWS CodePipeline 还能够被轻松集成或者扩展至第三方工具当中,从而接入发布流程中的任意环境。另外,大家也可以利用 AWS CodePipeline 作为点到点解决方案。为了最大程度实现其优势,大家可以将 AWS CodeCommit 与 AWS CodePipeline 配合使用,从而简化整个开发与发布周期。

6. AWS CodeDeploy

AWS CodeDeploy 是一项负责对各 Amazon EC2 实例上的应用程序部署机制进行协调的服务。AWS CodeDeploy 能够与现有应用程序文件及部署脚本相配合,同时可轻松复用各类现有配置管理脚本。该服务可与用户的基础设施实现同步规模伸缩,这意味着大家能够部署从单一 EC2 实例到数千实例的各类规模水平工作负载。如果大家希望将代码部署至自行管理或者由企业中其他部门管理的基础设施当中,那么 AWS CodeDeploy 同样是个理想的选择。利用 AWS CodeDeploy 将代码部署至基础设施当中,而后利用 AWS CloudFormation 对基础设施其进行配置与管理。即使大家没有使用 AWS CloudFormation,仍然可以利用 Amazon EC2 配合其他第三方工具,而 AWS CodeDeploy 可在这类场景下帮助我们管理应用程序部署。

7．Amazon EC2 容器服务

Amazon EC2 容器服务是一项具备高可扩展性与高性能水平的容器管理服务，其能够显著简化 Docker 容器在 Amazon EC2 实例集群上的运行、停止与管理等任务。在 Amazon EC2 容器服务的帮助下，大家可以利用简单的 API 调用管理容器类应用、从集中式服务内获取集群状态，同时从 Amazon EC2 处获取安全组、Amazon EBS 分卷及 AWS 身份与访问管理（简称 IAM）角色等多种功能。Amazon EC2 容器服务适合那些利用 Docker 作为构建与部署方式的用户，特别是希望改进 EC2 实例使用方式，或者将其作为高复杂度分布式系统的朋友。

9.1.2　组件常见功能

AWS 提供多种针对各项部署服务的关键性功能。然而，也有部分功能适用于全部服务项目。每项功能都能够以自己的方式对各服务产生影响。表 9-1 为部署服务当中的几项常见功能。

表 9-1　Web 部署组件功能

功能	类别	描述
预置	预置基础设施	EC2 实例、EBS 卷、VPC 等
部署	部署应用程序	部署来自特定库的应用
配置	配置管理	安装软件、配置软件及 AWS 资源
扩展	可扩展性	根据负载自动扩展
监控	实时监控	监控事件、资源和应用的健康状况
日志记录	排除故障、安全性	系统、应用日志
实例配置	安全性	安全访问 AWS 服务，比如 S3、DynamoDB
自定义变量	配置管理	给应用环境传递变量
其他 AWS 服务集成	集成服务	集成其他 AWS 服务
标签	安全性、排除故障、配置管理	对 EC2 和 RDS 上的标签进行自动配置

1．预置

正如之前所提到，大家可以利用 Amazon EC2、Amazon EBS、Amazon S3 及 Amazon 虚拟专有云（简称 VPC）等构建单元完成部署工作，或者利用由各部署服务提供的自动化机制设置基础设施组件。使用这些服务的优势多种多样，包括提供丰富的功能集以实现应用程序部署与配置、监控、可扩展性乃至与其他 AWS 服务间的集成等。下面具体对各项功能进行阐述。

2. 部署

部署服务也能够简化底层基础设施之上的应用程序部署流程。大家可以创建一款应用程序，为所需要的部署服务分配资源，而后允许该工具处理运行应用程序所需要的各 AWS 资源的配置复杂性元素。尽管在部署层面其提供的功能比较类似，但每项服务都拥有自己独特的应用程序部署与管理方法。

3. 配置

除了部署应用程序，大家还可以使用各项部署服务以定制并管理应用程序配置。其底层任务可通过为定制化 Web 应用或者应用所需要的更新包（例如 yum 与 apt-get 库）进行定制配置文件替换的实现（例如 httpd.conf）。大家可以对 Amazon EC2 实例上的软件进行定制，亦可对堆栈配置内的基础设施资源进行调整。

4. 扩展

在需求提升的过程中，对应用程序进行规模扩展不仅能够带来更出色的最终用户使用体验，同时亦能够维持低廉的运营成本。大家可以配置 Auto Scaling 从而立足动态方式基于 Amazon CloudWatch 内的触发指标（如 CPU、内存、磁盘 I/O 以及网络 I/O 等）添加或者移除 Amazon EC2 实例。这种 Auto Scaling 配置类型能够无缝化接入 Elastic Beanstalk 及 AWS CloudFormation。同样的，大家可以利用 AWS OpsWorks 自动根据时间或者负载进行规模管理。

5. 监控

监控功能可帮助大家对 AWS 云环境下所启动的资源加以观察。无论大家希望对整体堆栈的资源利用率进行监控，还是对应用程序运行状态加以查看，各项部署服务都能够帮助大家通过单一窗口完成信息收集。另外，大家也可以切换至 CloudWatch 控制台获取与全部资源及运行状态相关的系统层视图。大家能够利用同样的技术手段创建出指标警报机制，利用通知实现监控。警告机制可以在超出特定阈值或者发生严重问题时发送提醒信息。举例来说，大家可以在某 EC2 未能成功完成状态检查或者 CPU 利用率超出特定阈值时收到提醒。

每项部署服务负责对部署流程中的对应环节进行处理。大家可以经由 AWS 管理控制台、CLI 或者 API 追踪资源的添加或者移除。

6. 日志记录

日志记录属于应用程序部署周期当中的一项重要元素。日志记录可提供重要的调试信息，或者提供与应用程序行为相关的关键性特征。各部署服务能够简化日志的访问流程，包括将 AWS 管理控制台、CLI 及 API 等方法相结合，意味着大家不必登录至 Amazon EC2 实例当中即可实现日志查看。

除了内置功能之外，各项部署服务还提供与 CloudWatch Logs 无缝化对接的方式，旨在扩展大家对系统、应用程序及自定义日志文件进行监控的能力。大家可以利用 CloudWatch Logs 实时监控来自 EC2 实例中的日志、监控 CloudTrail 事件或者 Amazon S3 当中的归档日志数据。

7. 实例配置

Instance 配置是一种理想的 IAM 角色嵌入方式，可用于实现面向 AWS 资源的访问操作。这些 IAM 角色能够立足于实例安全地指向 AWS 服务进行 API 请求，而无须额外执行安全凭证管理。各项部署服务能够以无缝化方式与实例配置相集成，从而简化凭证管理并免除在应用程序配置当中进行 API 密钥硬编码的处理方式。

举例来说，如果大家的应用程序需要利用只读权限访问 Amazon S3 存储桶，则可创建一个实例配置文件并在相关 IAM 角色内分配 Amazon S3 只读访问。该部署服务会承担起将这些角色传递至 EC2 实例的复杂工作，确保大家的应用程序能够按照预先定义的权限安全访问对应的 AWS 资源。

8. 自定义变量

在开发应用程序时，大家可能需要对配置值进行自定义，例如数据库连接串、安全凭证或者其他不希望以硬编码形式存在于应用程序当中的信息。定义变量能够帮助大家实现应用程序配置的松散耦合，同时以理想的灵活性对应用程序中的各层进行独立扩展。在应用程序代码之外进行变量嵌入，有助于提高应用程序的可移植能力。另外，大家也可以根据自定义变量对开发、测试与生产环境进行简单的差异化构建。各部署服务能够帮助大家实现变量自定义，意味着在设定完成之后，这些变量将可用于用户的应用程序环境。

9. 其他 AWS 服务集成

AWS 部署服务提供与其他 AWS 服务轻松集成的能力。无论大家需要利用 Elastic Load Balancing 对跨越多个可用区的应用进行负载均衡还是利用 Amazon RDS 作为后端，AWS Elastic Beanstalk、AWS CloudFormation 及 AWS OpsWorks 等部署服务都能够显著简化这些服务在用户部署流程中的使用方式。

如果大家需要使用 apxAWS 服务，则可利用针对具体工具的集成方法同对应资源进行交互。举例来说，如果大家使用 Elastic Beanstalk 进行部署，并希望利用 DynamoDB 作为后端，则可将配置文件包含在应用程序源捆绑包内以实现环境资源的自定义。利用 AWS OpsWorks，大家可以创建自定义模板以配置应用程序，从而确保其能够访问其他 AWS 服务。同样的，也有部分模板片段可立足于多种示例场景供大家在 AWS CloudFormation 模板中直接引用。

10. 标签

使用部署服务的另一大优势在于，我们可以实现标签的自动化使用。一条标签由一条用户定义的键与值构成。大家可以根据应用程序、项目、成本中心、业务部门或者其他单位进行标签定义，从而轻松完成资源识别。在开发阶段使用这些标签时，各类工具能够自动对应标签之后的底层资源，例如 Amazon EC2 实例、Auto Scaling 分组或者 Amazon RDS 等。理想的标签机制能够帮助大家更好地利用成本分配报告进行成本管理。成本分配报告根据各项标签进行成本汇聚。通过这种方式，大家能够了解到自己在各项应用程序或者特定项目当中支出了多少成本。

9.2 AWS Elastic Beanstalk

借助 Elastic Beanstalk，用户可以在 AWS Cloud 中快速部署和管理应用程序，而无须了解运行这些应用程序的基础架构。Elastic Beanstalk 在不限制选择或控制的情况下降低了管理复杂性。用户只需上传应用程序，Elastic Beanstalk 就会自动处理容量配置、负载平衡、扩展和应用程序运行状况监视的详细信息。

Elastic Beanstalk 支持使用 Go、Java、.NET、Node.js、PHP、Python 和 Ruby 开发的应用程序。部署应用程序时，Elastic Beanstalk 会构建所选的受支持平台版本，并提供一个或多个 AWS 资源（例如 Amazon EC2 实例）来运行用户的应用程序[1]。

9.2.1 AWS EB 简介

用户还可以直接从 Elastic Beanstalk Web 界面（控制台）执行大多数部署任务，例如更改 Amazon EC2 实例的规模或监视应用程序。

要使用 Elastic Beanstalk，用户需要创建一个应用程序，并以应用程序源包的形式（例如 Java .war 文件）上载应用程序版本到 Elastic Beanstalk，然后提供有关该应用程序的一些信息。 Elastic Beanstalk 会自动启动环境，并创建和配置运行代码所需的 AWS 资源。启动环境后，即可管理环境并部署新的应用程序版本，图 9-2 说明了 Elastic Beanstalk 的工作流程。

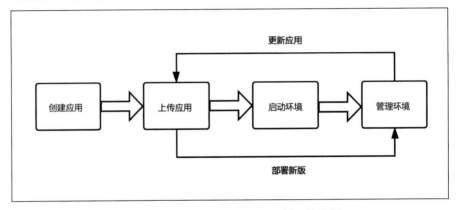

图 9-2　AWS Elastic Beanstalk 的工作流程

9.2.2　AWS EB 部署 Web 应用

以下将演示 AWS EB 如何创建一个示例应用程序。首先登录控制台，在"服务""计算"栏目中单击 Elastic Beanstalk，如图 9-3 所示。

图 9-3　AWS 服务→计算→Elastic Beanstalk

等待 Elastic Beanstalk 组件界面加载完成，单击右上角的"创建新环境"按钮，如图 9-4 所示。

图 9-4　AWS Elastic Beanstalk 组件界面

"选择环境层"默认选中"Web 服务器环境",单击"选择"按钮,进入下一步。如图 9-5 所示。

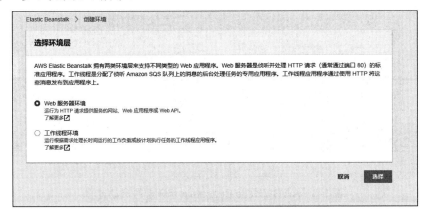

图 9-5　AWS Elastic Beanstalk 创建环境（1）

在"应用程序名称"中填入"getting-started-app"或者用户想要的任何名字,如图 9-6 所示。

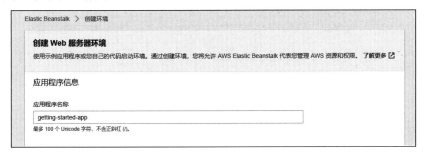

图 9-6　AWS Elastic Beanstalk 创建环境（2）

平台这边选取了 PHP 平台,也可以选取其他常见平台,如图 9-7 所示。

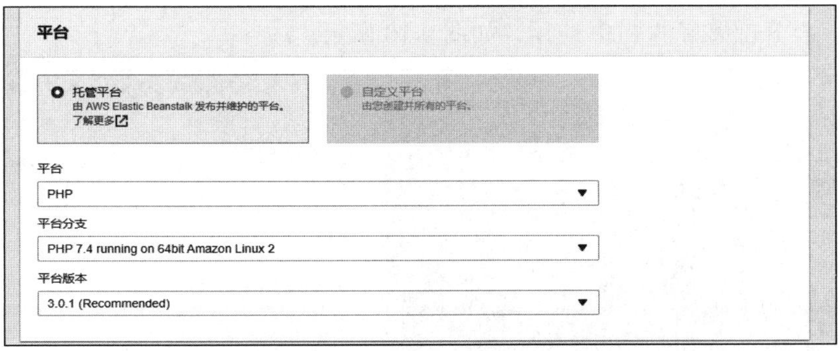

图 9-7　AWS Elastic Beanstalk 平台选择

单击"创建环境",稍等几分钟一个简单的示例应用便部署完成了,如图 9-8 所示。

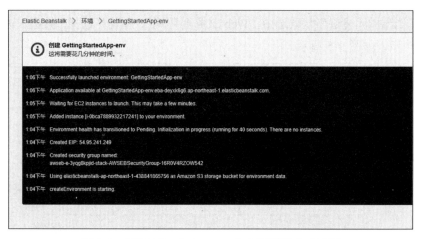

图 9-8　AWS Elastic Beanstalk 示例部署启动过程

部署启动完成后，页面自动跳转到如图 9-9 所示页面，可以单击上面的超链接查看部署好的应用。这里的 URL 是 http://gettingstartedapp-env.eba-deyxk6g6.ap-northeast-1.elasticbeanstalk.com/，如果用户不指定应用的域名，则 AWS 会随机分配一个给应用。

图 9-9　AWS Elastic Beanstalk 环境部署完成界面

打开部署好的 PHP 应用，如图 9-10 所示。

图 9-10　AWS Elastic Beanstalk PHP 应用部署成功界面

这样，一个 PHP 平台的 Web 应用便方便简单的部署成功了。当然也可以在部署的时候上传其他的代码来启动自己的应用。Elastic Beanstalk 最大的优点是程序员不需要学习如何搭建 LAMP 这种底层构架，只需要关心自己的代码。使得开发更加有针对性，降低了学习成本，提高了工作效率。

　　如果用户是在实验环境下，而不是生产环境，请结束实验之后，在右上角的"操作"菜单下选择"终止环境"，以节省费用，如图 9-11 所示。

图 9-11　终止 AWS Elastic Beanstalk 应用（1）

　　终止后，可以在"环境"页面下查看到已终止的应用，如图 9-12 所示。

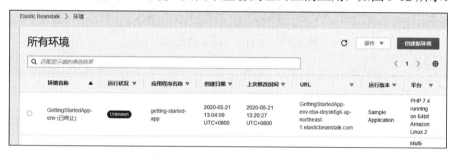

图 9-12　终止 AWS Elastic Beanstalk 应用（2）

9.3　Docker 应用部署

　　本节以 Rocket.Chat[2]为例，演示如何使用 Docker 部署 Rocket.Chat。Rocket.Chat 是一款特性丰富的开源聊天软件，主要功能有群组聊天、直接通信、私聊群、桌面通知、媒体嵌入、链接预览、文件上传、语音/视频聊天和截图等。Rocket.Chat 还有配套的客户端，原生支持 Windows、Mac OS X 、Linux、iOS 和 Android 平台。Rocket.Chat 使用 Node.js 编写，使用 MongoDB 数据库存储聊天数据。

　　Rocket.Chat 官方打包了一个 Docker 镜像方便我们部署，Docker 镜像及 Dockerfile 的链接如下。

> ➢　https://hub.docker.com/_/rocket-chat。
> ➢　https://github.com/RocketChat/Docker.Official.Image。

9.3.1　Docker 部署 Rocket.Chat

由于开发者已经打包好了镜像，我们不必手动打包，只需拉取镜像即可。以下操作在 Ubuntu 20.04 Server 中进行。

我们需要在系统中安装 MongoDB 和 Docker，使用 apt 软件包管理器可以快速安装。

执行命令 sudo apt install -y mongodb docker.io，完成 MongoDB 和 Docker 的安装，然后开启 MongoDB 的 oplog 和 replicaest，并且更改监听地址。

在命令行终端输入 ifconfig 查看 docker0 虚拟网卡的 ip 地址，如图 9-13 所示。本机 docker0 的 ip 为 172.17.0.1。

```
root@ubuntu20:/etc# ifconfig
docker0: flags=4163<UP,BROADCAST,RUNNING,MULTICAST>  mtu 1500
        inet 172.17.0.1  netmask 255.255.0.0  broadcast 172.17.255.255
        inet6 fe80::42:60ff:fea1:2a4c  prefixlen 64  scopeid 0x20<link>
        ether 02:42:60:a1:2a:4c  txqueuelen 0  (Ethernet)
        RX packets 205932  bytes 37370401 (37.3 MB)
        RX errors 0  dropped 0  overruns 0  frame 0
        TX packets 144093  bytes 1422070664 (1.4 GB)
        TX errors 0  dropped 0  overruns 0  carrier 0  collisions 0
```

图 9-13　查看 docker0 虚拟网卡 IP

为 MongoDB 配置 replica，可参考文档 https://docs.rocket.chat/installation/manual-installation/mongo-replicas/。

Ubuntu20.04 系统中的 Mongodb 的配置文件是在/etc/下的 mongodb.conf 文件，使用文本编辑器打开这个文件，加上以下两行。

```
replSet=rs01
oplogSize = 128
```

将 bind_ip 字段改为 docker0 的 ip。如有特殊需要也可以改为 0.0.0.0，但不建议这样做。

```
bind_ip = 172.17.0.1
```

保存配置文件后，可以使用命令 service mongodb restart 重启 MongoDB。

继续参考文档 https://docs.rocket.chat/installation/manual-installation/mongo- replicas/。

登录 mongodb，执行命令初始化 replicaest。

```
mongo
> rs.initiate（）
> rs.initiate（{ _id: 'rs01', members: [ { _id: 0, host: 'localhost:27017' } ]}）
```

当出现 rs01:PRIMARY> 时，代表 replicaest 已经初始化完成。

然后，使用 Docker 拉取已经打包好的镜像。

在命令行终端执行命令 docker pull rocket.chat:latest，如图 9-14 所示。

```
root@ubuntu20: # docker pull rocket.chat:3.2
3.2: Pulling from library/rocket.chat
a4834f3e07e2: Pull complete
8d7f1235f6ef: Pull complete
525b1657f946: Pull complete
c267634010c4: Pull complete
7f34b0e6adf9: Pull complete
Digest: sha256:b0af916c430f50ffe9a80718b0d603983dd316a027c94191411c1b94c0db2a6e
Status: Downloaded newer image for rocket.chat:3.2
docker.io/library/rocket.chat:3.2
```

图 9-14　安装 rocket.chat:latest 镜像

运行镜像。镜像运行时要设置两个环境变量，用来传递数据库的 ip 地址和端口。命令如下：

```
    docker run --name rocketchat -p 80:3000 \
--env MONGO_URL=mongodb://172.17.0.1/rcdb \
--env MONGO_OPLOG_URL=mongodb://172.17.0.1:27017/local   \
-d rocket.chat:latest
```

稍等片刻，用命令 docker logs rocketchat 查看此 docker 的日志，出现 SERVER RUNNING 就代表程序已经部署完成了，如图 9-15 所示。

```
root@ubuntu20: # docker logs rocketchat
Setting default file store to GridFS
LocalStore: store created at
LocalStore: store created at
LocalStore: store created at
Setting default file store to GridFS
{"line":"120","file":"migrations.js","message":"Migrations: Not migrating, already at version 188","time":{"$date":15
ufs: temp directory created at "/tmp/ufs"
Loaded the Apps Framework and loaded a total of 0 Apps!
Using GridFS for custom sounds storage
Using GridFS for custom emoji storage
Updating process.env.MAIL_URL
Browserslist: caniuse-lite is outdated. Please run next command `npm update`
→ System → startup
+ +-----------------------------------------+
| |              SERVER RUNNING             |
| +-----------------------------------------+
| |                                         |
| |  Rocket.Chat Version: 3.2.2             |
| |     NodeJS Version: 12.16.1 - x64       |
| |    MongoDB Version: 3.6.8               |
| |     MongoDB Engine: wiredTiger          |
| |          Platform: linux                |
| |      Process Port: 3000                 |
| |         Site URL: http://192.168.11.89  |
| |  ReplicaSet OpLog: Enabled              |
| |       Commit Hash: a720d25f4e           |
| |     Commit Branch: HEAD                 |
| |                                         |
+ +-----------------------------------------+
```

图 9-15　查看 rocket.chat 运行日志

使用浏览器打开服务器地址，可以看到程序初次设置的界面，如图 9-16 所示。

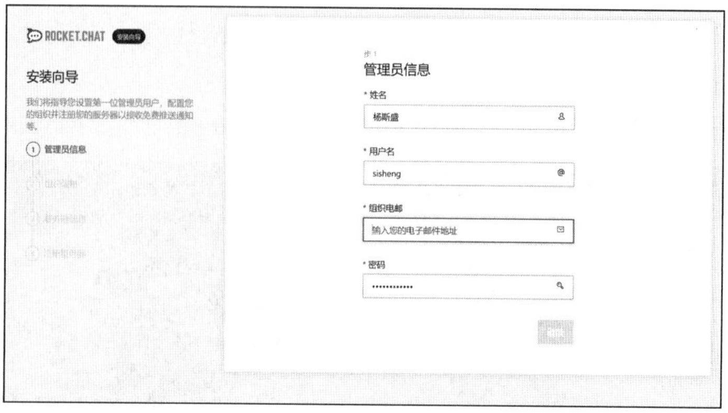

图 9-16　ROCKET.CHAT 初次设置界面

至此，安装结束。

9.3.2　AWS ECS 部署 Rocket.Chat

Amazon Elastic Container Service（Amazon ECS）[3] 是一项高度可扩展的快速容器管理服务，它可轻松运行、停止和管理集群上的 Docker 容器。用户可以通过使用 Fargate 启动类型启动服务或任务，将集群托管在由 Amazon ECS 管理的无服务器基础设施上。若要进行更多控制，用户可以在使用 EC2 启动类型进行管理的 Amazon Elastic Compute Cloud（Amazon EC2）实例集群上托管用户的任务。

1. 创建集群

进入 ECS 服务，创建一个集群，选择仅限联网。

创建集群时也要创建一个 VPC。在此 VPC 中，我们会在里面启动一台实例，运行 MongoDB 数据库，如图 9-17 所示。

图 9-17　配置集群

2. 准备镜像

在 ECR 中创建一个存储库。存放后续用到的镜像，如图 9-18 所示。

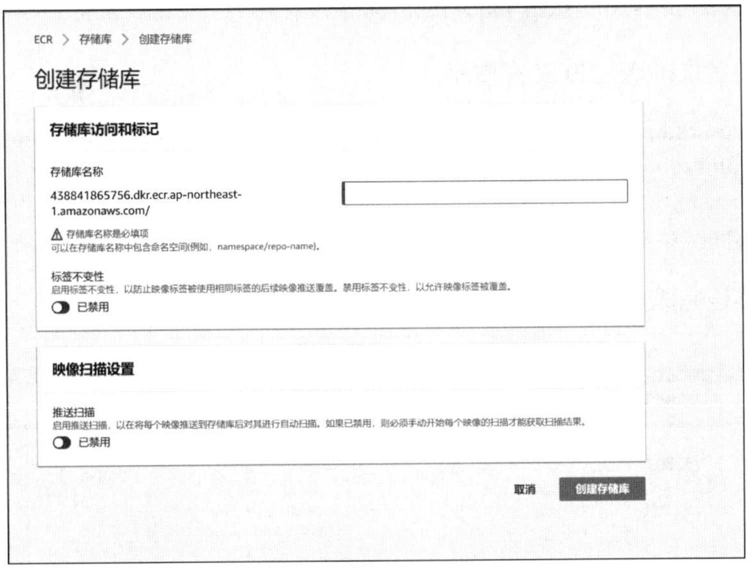

图 9-18 创建存储库

准备一个 Linux 环境，可以使用 AWS EC2 的 Linux 实例。执行以下命令，安装 docker 和 AWS cli v2，拉取 dockerhub 的镜像，再推送至 ECR 存储库。

```
sudo -i
apt install docker.io unzip curl
curl "https://awscli.amazonaws.com/awscli-exe-linux-x86_64.zip" \-o
"awscliv2.zip"
unzip awscliv2.zip
./aws/install
docker pull rocket.chat:3.2
aws configure
```

在 IAM 中创建一个用户，附带 AmazonEC2ContainerServiceFullAccess 权限。到安全证书选项卡，复制 Access key 和 Secret Access Key，粘贴到控制台中。这样就完成了 aws cli 的登录操作，如图 9-19 所示。

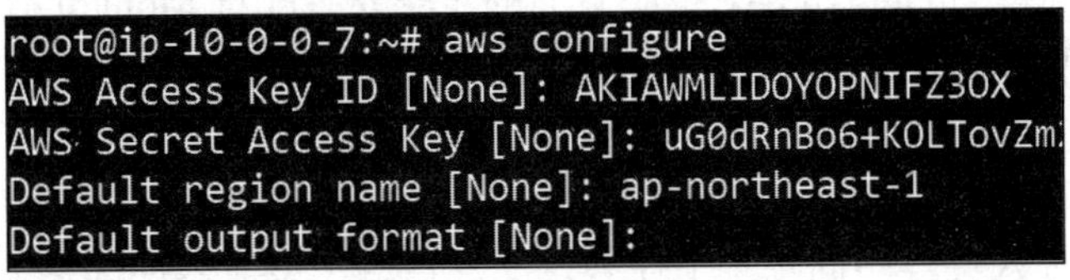

图 9-19 登录 aws cli

在 Docker 中登录到 ECR 私有存储库：

```
aws ecr get-login-password --region ap-northeast-1 | docker login --username
AWS --password-stdin 438841865756.dkr.ecr.ap-northeast-1.amazonaws.com
```

将镜像推送到 ECR 存储库：

```
docker tag rocket.chat:latest 438841865756.dkr.ecr.ap-northeast-
1.amazonaws.com/rocket.chat:latest
docker push 438841865756.dkr.ecr.ap-northeast-
1.amazonaws.com/rocket.chat:latest
```

推送完成后，在存储库中能看到镜像，如图 9-20 所示。

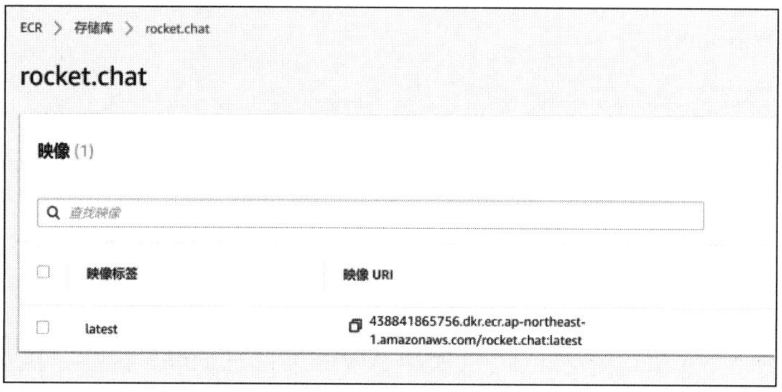

图 9-20　推送镜像至存储库

3．准备一个 MongoDB 服务器

在此 VPC 中运行一个 EC2 实例，在实例中运行一个 MongoDB 数据库，用来存储 Rocket.Chat 的数据。EC2 实例的安全组需要开放 22 端口和 27017 端口。27017 端口可以只对来源地址段为 10.0.0.0/8 开放。程序正常运行后，为了保证安全，可以关闭 22 端口，修改 27017 端口的来源为 Docker 使用的安全组。

在生产环境中，建议使用 AWS 的托管 MongoDB 数据库服务 DocumentDB，性能和可靠性都比 EC2 上运行的 MongoDB 好。但是 DocumentDB 服务的价格比较贵，开发测试或用户规模不大时可以选择合适的 EC2 实例做 MongoDB 服务器。

系统选择 Ubuntu18.04，按照上面的步骤安装配置 MongoDB。注意，配置文件里的 bind_ip 要改成 0.0.0.0 或实例的私有 ip 地址。

4．在 ECS 服务里运行容器

（1）进入集群，创建一个任务定义。启动类型兼容性选择 fargate。

（2）配置任务名称，任务角色可以不选。执行角色选择 AWS 推荐的

ecsTaskExecutionRole，用来存放运行日志到 CloudWatch 中，网络模式选择 awsvpc。

（3）在任务定义中添加容器。容器名称可以随便填，映像填存储库中的映像 URI。端口映射添加 3000 端口，如图 9-21 所示。RocketChat 的默认端口为 3000 端口。对于生产环境，建议配合 ELB 负载均衡器和 CloudFront 使用。

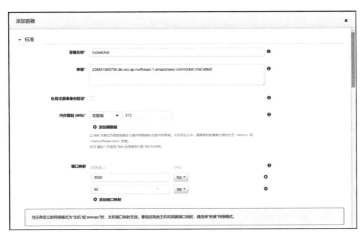

图 9-21　AWS ECS 配置容器（1）

（4）配置容器运行的环境变量。有两个环境变量要设置，MONGO_URL 和 MONGO_OPLOG_URL。MONGO_URL 的值为 mongodb://[MongoDB 实例的 ip 地址]/rcdb，MONGO_OPLOG_URL 的值为 mongodb://[MongoDB 实例的 ip 地址]/local。示例中的 10.0.0.7 是刚才部署了 MongoDB 的 EC2 实例的私有 ip 地址，如图 9-22 所示。

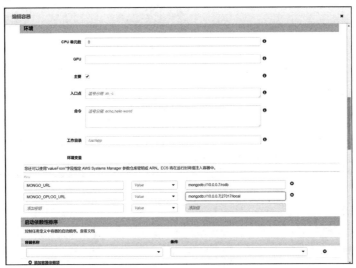

图 9-22　AWS ECS 配置容器（2）

（5）任务定义创建完成后，返回创建好的集群，创建服务，选择刚才创建好的任务定义，这里的任务数为1。如果用户规模比较大，则可以提高任务数，配合 ELB 负载均衡器使用，如图 9-23 所示。

图 9-23　AWS ECS 创建服务

（6）配置 VPC 和安全组。VPC 选择创建集群时自动创建的 VPC，安全组开放 3000 端口，不创建负载均衡器，如图 9-24 所示。

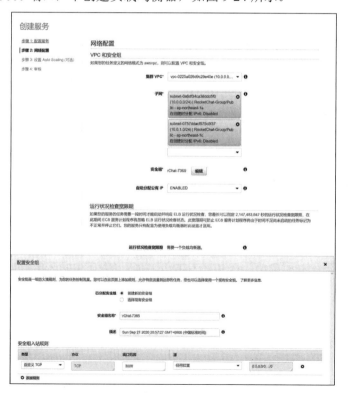

图 9-24　AWS ECS 网络配置

（7）转到集群的任务，打开任务的详情界面，可以看到公有 ip 地址，如图 9-25 所示。

图 9-25　AWS ECS 查看任务详情界面

（8）根据公有 ip 地址和端口 3000，在浏览器中打开网址 54.199.112.20：3000，可以看到首次注册界面，如图 9-26 所示。

图 9-26　Rocket.Chat 首次注册

下面介绍可选项"文件上传"的设置。

由于 Docker 中的程序运行结束后所有产生的文件都会被删除，所以 Rocket.Chat 结束运行后用户上传的文件也会丢失，我们可以通过更改文件存储方式来避免文件丢失和提高性能。

Rocket.Chat 支持将文件存储到 S3 中，如图 9-27 所示。

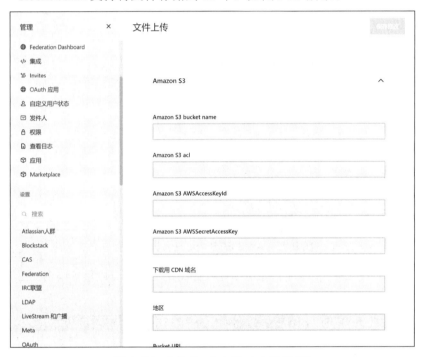

图 9-27　上传 Rocket.Chat 文件至 S3

文件上传的步骤如下。

（1）在 IAM 中创建一个用户，用户需拥有读写 S3 的权限。

（2）复制用户的 Access Key 和 Secret Access Key。

（3）在 S3 中创建一个存储桶，打开 Rocket.Chat 的设置，找到文件上传，填写这些设置即可。

9.4　高可用 Web 应用部署

本节将演示如何使用 AWS 部署一个高可用和弹性的 Web 应用[4]。这里使用 Nextcloud 来举例。

9.4.1　Nextcloud 简介

Nextcloud 是一款开源免费的私有云存储网盘项目，可以让用户快速便捷地搭建一套属于自己或团队的云同步网盘，从而实现跨平台跨设备文件同步、共享、版本控制、团队协作等功能。它的客户端覆盖了 Windows、Mac、Android、iOS、Linux 等各种平台，也提供了网页端及 WebDAV 接口，所以用户几乎可以在各种设备上方便地访问用户的云盘。Nextcloud 也提供了许多应用安装，包括但不限于 Markdown 在线编辑、OnlyOffice（需另外部署服务端）、思维导图、日历等，用户可以自行选择以丰富个人网盘的功能。

9.4.2 简易部署

对于无严格需求的网盘来说，使用单一服务器来进行简单的部署是比较合适的。这种部署方式虽然架构不是最弹性的，但绝对是最经济的一种方式，可以让网盘持久运行。

需要注意的是，使用该方法后，若要提升虚拟机性能，只能通过纵向拓展。

现在开始介绍安装步骤。

1．选择一个 EC2 实例

根据需求选择合适的 EC2 实例，并进行个性化配置。

安全组需要开启如下端口号：22（SSH）、80（HTTP）、3306（Mysql）、6379（Redis）和 11211（Memcached）。

2．安装 LAMP 环境

首先安装 LAMP 环境。

使用以下命令安装 PHP：

```
sudo apt-get install php7.2 php7.2-gd php7.2-json php7.2-mysql php7.2-curl
sudo apt-get install php7.2-mbstring php7.2-intl  php7.2-xml php7.2-zip php-imagick
```

使用以下命令安装 Apache2：

```
apt-get install apache2 libapache2-mod-php7.2 mysql-server
```

环境安装完毕后，测试是否安装成功。

首先，测试 Apache2。

在浏览器中输入实例的公网 IP，打开 Apache2 的默认网页，如图 9-28 所示。

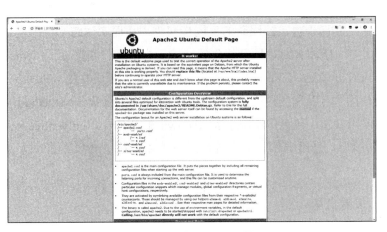

图 9-28　测试 Apache2 界面

然后，测试 PHP。

输入命令 cd /var/www/html，然后用命令 vi phpinfo.php 随意新建一个.php 结尾的文件。

```
<?php phpinfo（）; ?>
```

在 vi 中将以上这条命令输入并保存退出。

打开浏览器，在 IP 地址后输入/phpinfo.php，PHP 界面如图 9-29 所示。

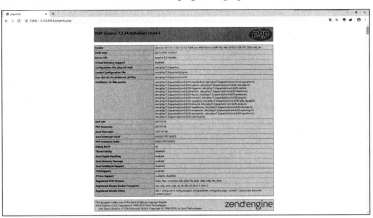

图 9-29　测试 PHP 界面

3. 创建 Amazon RDS 数据库

使用 AWS 的托管关系型数据库服务来代替传统的本地数据库解决方案。

在控制台界面数据库中找到 RDS，创建一个 Mysql 数据库。本例使用示例模板中的免费方案来进行创建，并请选择与 Nextcloud 实例相同的VPC。

4．安装 Nextcloud

从 Nextcloud 官网上下载压缩包到/var/www/html 目录下，解压 Nextcloud。

更改 Nextcloud 所有者和所有组，命令如下：

```
chown www-data -R nextcloud
chgrp www-data -R nextcloud
```

再重启一次 apache 服务：

```
service apache2 restart
```

接下来验证 nextcloud 安装成功。

在浏览器中输入实例 IP 地址后再加上/nextcloud，如图 9-30 所示。

图 9-30　测试 NextCloud 界面（1）

设置管理员用户名与密码，数据目录无须更改。数据库用户、密码，数据库名填写刚刚 RDS 创建的。Localhost 改为数据库的终端节点 3306。

成功安装后如图 9-31 所示。

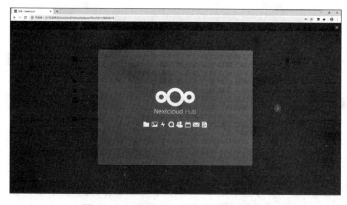

图 9-31　测试 NextCloud 界面（2）

9.4.3　搭建数据库缓存

数据库缓存可以显著减少延迟并减轻应用程序的工作负载。通过将频繁访问的数据片段存储在内存中以进行低延迟访问（例如，I/O 密集型数据库查询的结果）而得到改进。当很大一部分查询是从缓存提供时减少了需要访问数据库的查询，从而降低了成本与运行数据库的关联。本例使用 AWS 提供的 ElasticCache 服务来搭建数据库缓存。

Amazon ElasticCache 是一种 Web 服务，通过该服务可以在云中轻松设置、管理和扩展分布式内存数据存储或内存缓存环境。它提供了一种高性能、可扩展且经济高效的缓存解决方案。同时，它有助于消除与部署和管理分布式缓存环境相关的复杂性。

（1）创建 Redis 集群和 Memcached 集群。在控制台界面找到 Elastic Cache 界面，选择创建 Redis 集群，设置如图 9-32 所示。

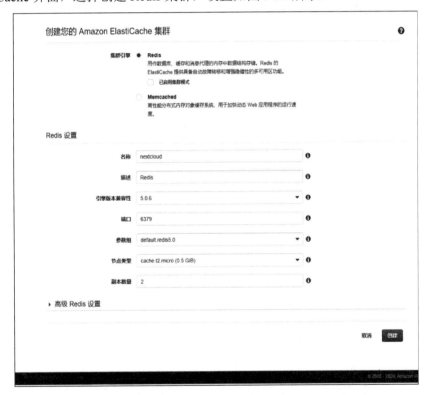

图 9-32　创建 Redis 集群

再创建一个 Memcached 集群，设置如图 9-33 所示。

◀) **注意**：Redis 和 Memcached 的 VPC 要与 Nextcloud 实例的 VPC 相同，且安全组端口开放。

修改 Nextcloud 文件配置。首先需要安装 PHP 的 Redis 和 Memcached 库，命令如下：

```
apt install php-redis
apt install php-memcached
```

图 9-33　创建 Memcached 集群

打开 Nextcloud 文件目录，在 config 文件夹下找到 config.php 用 vi 编辑器打开将下列命令输入：

```
'memcache.locking' => '\OC\Memcache\Redis',
 'redis' =>
 array（
  'host' => '主终端节点',
  'port' => 6379,
 ），
 'loglevel' => 2,
 'memcache.local' => '\OC\Memcache\APCu',
'memcache.distributed' => '\OC\Memcache\Memcached',
'memcached_servers' => [
   [ '配置终端节点', 11211 ],
],
 'maintenance' => false,
```

其中主终端节点和配置终端节点替换为之前创建好的 Redis 和 Memcached 的节点域名。至此，Nextcloud 数据库的缓存已经搭建完毕。

9.4.4 弹性架构

图 9-34 构建了一个在 AWS 上部署 Nextcloud 的最佳实践，以实现高可用性和高性能。限于篇幅仅在此给出架构图和所需要的资源服务[5]。

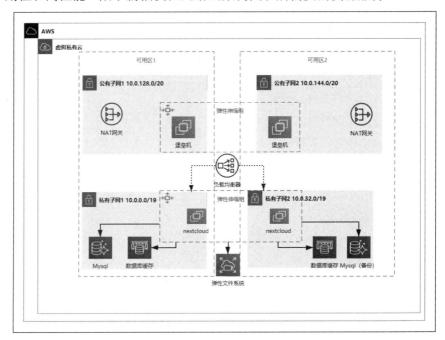

图 9-34 最佳实践的 Nextcloud 架构图

➢ 一个至少跨两个可用区的高度可用架构。

➢ 一个根据 AWS 最佳实践配置有公共子网和专用子网的 Virtual Private Cloud（VPC）。这为用户的部署提供了网络基础设施。

➢ 一个用于提供互联网访问权限的互联网网关，堡垒主机使用此网关发送和接收流量。

➢ 在公共子网中设置托管 NAT 网关，以允许对专用子网中的资源进行出站互联网访问。

➢ 在公共子网内的 Auto Scaling 组中设置 Linux 堡垒主机，以允许对公共子网和专用子网中的 EC2 实例进行入站安全 Shell（SSH）访问。

➢ Elastic Load Balancing（ELB），用于跨多个 Nextcloud 实例分发 HTTP 和 HTTPS 请求。

➢ 在专用子网中，配置在 Apache 上托管 Nextcloud 应用程序的

EC2 实例。这些实例在 Auto Scaling 组中配置，以确保高可用性。

➤ 在专用子网中，配置由 Amazon Relational Database Service（Amazon RDS）管理的 Aurora 数据库实例。

➤ 在专用子网中配置 Amazon Elastic File System（Amazon EFS）以跨 Nextcloud 实例共享资源（例如插件、主题和图像）。

➤ 在专用子网中配置 Amazon ElastiCache for Memcached 节点以缓存数据库查询。

9.5　Elastic Beanstalk 命令行界面（EB CLI）

EB CLI 是 AWS Elastic Beanstalk 的命令行界面，它提供了可简化从本地存储库创建、更新和监控环境的交互式命令。将 EB CLI 用作每日开发和测试周期的一部分，以作为 Elastic Beanstalk 控制台的一种替代方法[6]。

9.5.1　安装 EB CLI

使用安装脚本安装。有关安装说明，请参阅 GitHub 上的 aws/aws-elastic-beanstalk-cli-setup 存储库。

若安装脚本与用户的环境不兼容，可手动安装 EB CLI。使用 Python 的包管理器 pip 来进行手动安装。需注意 Python 版本应为 2.7、3.4 或更高版本。操作步骤如下。

（1）运行以下命令。

```
$ pip install awsebcli --upgrade --user
```

--upgrade 选项通知 pip 升级已安装的任何必要组件。--user 选项通知 pip 将程序安装到用户目录的子目录中，以避免修改用户的操作系统所使用的库。

（2）将可执行文件的路径添加到用户的 PATH 变量中。

在 Linux 和 macOS 上命令如下。

Linux：

```
~/.local/bin
```

macOS：

```
~/Library/Python/3.7/bin
```

要修改用户的 PATH 变量（Linux、Unix 或 macOS），请执行以下操作：

➤ 在用户的用户文件夹中查找 Shell 的配置文件脚本。如果用户不能确定所使用的 Shell,则请运行 echo $SHELL。

```
$ ls -a ~ . ... .bash_logout .bash_profile .bashrc Desktop Documents Downloads
·Bash – .bash_profile、.profile 或 .bash_login。
·Zsh – .zshrc。
·Tcsh – .tcshrc、.cshrc 或 .login。
```

➢ 向配置文件脚本中添加导出命令。以下示例向当前 PATH 变量中添加 LOCAL_PATH 所表示的路径。

```
export PATH=LOCAL_PATH:$PATH
```

➢ 将在第一步中描述的配置脚本文件加载到当前会话中。以下示例加载 PROFILE_SCRIPT 所表示的配置文件脚本。

```
$ source ~/PROFILE_SCRIPT
```

在 Windows 上,请用以下命令在 cmd 中确认 python 和 pip 已正确安装。

```
python --version
pip --version
```

使用 pip 安装 EB CLI:

```
pip install awsebcli --upgrade --user
```

将 eb.exe 所在目录添加到 Path 环境变量中,可用%USERPROFILE%\AppData\roaming\
Python\Python37\scripts 查找目录。

◀ 注意:安装 Python 的安装位置可能有所不同,具体位置因人而异。

执行以下操作修改 Path 环境变量。
➢ 右击"我的电脑",选择"属性"。
➢ 在左栏选择"高级系统设置"。
➢ 在高级标签下单击"环境变量"。
➢ 在系统变量栏中双击 Path,然后进行编辑。
➢ 新建添加路径,输入用户电脑上的 eb.exe 路径,中间用分号隔开。
➢ 单击"确定"按钮保存设置。

通过运行 eb --version 来验证 EB CLI 是否已正确安装,如图 9-35 所示。

```
$ eb --version
```

图 9-35 安装 EB CLI

若需要升级，再次输入命令：

```
pip install awsebcli --upgrade --user
```

9.5.2 配置 EB CLI

在安装完毕后，可进行 EB CLI 的配置。

首先在 IAM 中创建一个角色。访问类型选择编程访问，并为该角色添加 AWSElasticBeanstalkFullAcess 和 AWSCodeCommitFullAcess 权限。

输入 eb init 命令来配置项目目录。

（1）首先会要求选择区域，按回车键进行确认，如图 9-36 所示。

```
管理员: 命令提示符 - eb  init
Microsoft Windows [版本 10.0.18363.778]
(c) 2019 Microsoft Corporation。保留所有权利。

C:\Windows\system32>eb init

Select a default region
1) us-east-1 : US East (N. Virginia)
2) us-west-1 : US West (N. California)
3) us-west-2 : US West (Oregon)
4) eu-west-1 : EU (Ireland)
5) eu-central1-1 : EU (Frankfurt)
6) ap-south-1 : Asia Pacific (Mumbai)
7) ap-southeast-1 : Asia Pacific (Singapore)
8) ap-southeast-2 : Asia Pacific (Sydney)
9) ap-northeast-1 : Asia Pacific (Tokyo)
10) ap-northeast-2 : Asia Pacific (Seoul)
11) sa-east-1 : South America (Sao Paulo)
12) cn-north-1 : China (Beijing)
13) cn-northwest-1 : China (Ningxia)
14) us-east-2 : US East (Ohio)
15) ca-central-1 : Canada (Central)
16) eu-west-2 : EU (London)
17) eu-west-3 : EU (Paris)
18) eu-north-1 : EU (Stockholm)
19) eu-south-1 : EU (Milano)
20) ap-east-1 : Asia Pacific (Hong Kong)
21) me-south-1 : Middle East (Bahrain)
22) af-south-1 : Africa (Cape Town)
(default is 3):
```

图 9-36 选择区域

（2）然后输入我们创建的 IAM 角色的访问密钥与私有密钥，按回车键
进行确认，如图 9-37 所示。

图 9-37 输入密钥

（3）Elastic Beanstalk 中的应用程序是资源，其中包含一组与单个 Web
应用程序关联的应用程序版本（源）、环境和保存的配置。每次用户使用 EB
CLI 将源代码部署到 Elastic Beanstalk 时，都会创建一个新的应用程序版
本并将其添加到列表中，如图 9-38 所示。

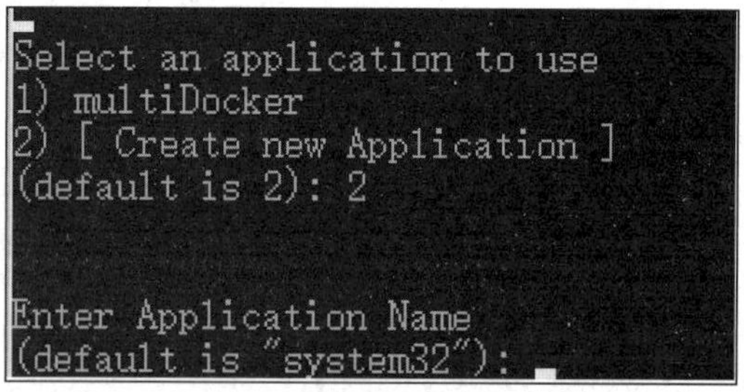

图 9-38 创建新的应用程序版本

（4）默认应用程序名是用户在其中运行 eb init 的文件夹名称，输入可描
述项目的任意名称。

（5）选择与用户的 Web 应用程序的开发语言或框架相符的平台，如
图 9-39 所示。

```
Enter Application Name
(default is "system32"): eb
Application eb has been created.
Select a platform.
1) .NET on Windows Server
2) Docker
3) GlassFish
4) Go
5) Java
6) Node.js
7) PHP
8) Packer
9) Python
10) Ruby
11) Tomcat
(make a selection):
```

图 9-39　选择平台

（6）选择 yes（是）以将 SSH 密钥对分配给 Elastic Beanstalk 环境中的实例。这允许用户直接连接到它们以进行故障排除，如图 9-40 所示。

```
Do you want to set up SSH for your instances?
(Y/n): y

Select a keypair.
1) myKey22
2) tokyo-aws
3) traws
4) [ Create new KeyPair ]
(default is 3):
```

图 9-40　选择 yes

（7）选择现有密钥对或创建新密钥对。要使用 eb init 创建新的密钥对，必须已在本地计算机上安装 ssh-keygen 且能够从命令行访问。EB CLI 向 Amazon EC2 注册新的密钥对，并将私有密钥存储在用户目录中名为 .ssh 的本地文件夹中，如图 9-41 所示。

```
Select a keypair.
1) myKey22
2) tokyo-aws
3) traws
4) [ Create new KeyPair ]
(default is 3): 4


Type a keypair name.
(Default is aws-eb): aws-eb
```

图 9-41　注册新的密钥对

EB CLI 的基本命令简介如下。

➢ EB create：创建环境。如果项目目录中有源代码，EB CLI 会将源代码捆绑并部署到环境中。否则将使用示例应用程序。创建环境完毕后，按 Ctrl+C 快捷键可返回命令行。

➢ EB status：运行 eb status 可查看环境的当前状态。如果状态为 ready，
则示例应用程序在 elasticbeanstalk.com 可用，并且环境可以更新。

➢ EB health：使用 eb health 命令查看有关用户环境中的实例的运行
状况信息及环境的整体状态。使用 --refresh 选项可在一个每 10
秒更新一次的交互式视图中查看运行状况。

➢ EB events：使用 eb events 可查看 Elastic Beanstalk 输出的事件
列表。

➢ EB logs：使用 eb logs 可从环境中的实例推送日志。在默认情况下，
eb logs 从启动的第一个实例推送日志并将其显示在标准输出中。
通过 --instance 选项指定实例 ID 可从特定实例获取日志。--all 选
项从所有实例提取日志并将它们保存到 .elasticbeanstalk/logs 下的
子目录中。

➢ EB open：要在浏览器中打开环境的网站，请使用 eb open。在窗口
式环境中，默认浏览器将在新窗口中打开。在终端环境中，如果可
用，则将使用命令行浏览器（例如 w3m）。

EB CLI 功能十分强大，可以使用 EB CLI 执行多种操作来部署和管理
Elasic Beanstalk 的应用程序和环境。

➢ EB CLI 与 Git：通过与 Git 命令的集成可以部署 Git 源代码控制下
的应用程序源代码。

➢ EB CLI 与 CodeBuild：通过与 CodeBuild 的结合使用可以从应用程
序的源代码自动构建应用程序。环境创建和之后的每个部署都将
以构建步骤开始，然后部署生成的应用程序。

➢ EB CLI 与 CodeCommit：通过与 CodeCommit 的结合使用可以直
接从 AWS CodeCommit 存储库部署应用程序。利用 CodeCommit，
部署时只需上传对存储库的更改，而不是上传整个项目。

EB CLI 还有更多高级的命令，这里不一一列举了，读者可自行查阅官
方文档进行进一步学习。

习题

1．亚马逊的完美构架包括哪些？请分别阐述其基本含义。

2．请使用 AWS Elastic Beanstalk 服务部署一个带负载均衡的 WordPress
构架，并画出其架构图。

3．请使用 Amazon ECS 服务部署一个 aria2 和 file browser 镜像的离线

下载 Web 应用，并画出其架构图。

4．请参照图 9-34 的架构图，部署一个 Nextcloud 的最佳实践，以实现高可用性和高性能。

5．请在服务器上安装、配置 EB CLI，并用它管理 Elastic Beanstalk 环境。

参考文献

[1]　亚马逊.AWS Elastic Beanstalk 开发人员指南[EB/OL]．https://docs.aws.amazon.com/zh_cn/elasticbeanstalk/latest/dg/Welcome.html.

[2]　Rocket.Chat. Quick reference[EB/OL]. https://hub.docker.com/_/rocket-chat.

[3]　亚马逊. 什么是 Amazon Elastic Container Service?[EB/OL]. https://docs.aws.amazon.com/zh_cn/AmazonECS/latest/developerguide/Welcome.html.

[4]　王波，王明宇，刘淑贞.Linux 高可用负载均衡集群技术的研究与应用[J].电子商务，2013（08）:55-56.

[5]　亚马逊.WordPress High Availability by Bitnami on AWS[EB/OL]. https://amazonaws-china.com/cn/quickstart/architecture/wordpress-high-availability-bitnami/.

[6]　亚马逊.使用 Elastic Beanstalk 命令行界面（EB CLI）[EB/OL]. https://docs.aws.amazon.com/zh_cn/elasticbeanstalk/latest/dg/eb-cli3.html.

第 10 章

成本管理

AWS 成本管理可以帮助用户查看、整理、了解、控制和优化成本，比如 AWS 各种资源的成本及使用情况。选择性价比最高、花费最少的资源配置方式，从而达到降成本的目的。

10.1 AWS 计费方式

AWS 为云服务提供按实际使用量付费的计费方式。使用服务时，根据使用时间计费，不需要签订长期合同或复杂的许可协议。AWS 计费方式与水电费的支付方式类似，只需为所使用的服务计费，且停止使用后无须支付额外费用或终止费。

1. 按实际使用量付费

使用 AWS 时，只需按实际使用量付费，这样有助于保持灵活性和响应能力，并始终能够满足扩展需要。按实际使用量付费的定价模式可以轻松适应不断变化的业务需求，无须投入过多预算，同时还可提高对变化的响应能力。采用按实际使用量付费的模式，可以根据实际需求而非预测来调整业务，从而降低过度预配置或容量不足的风险。通过按需为服务付费的方式，可以将重心转移到创新发明上，从而降低采购的复杂性并全面提升业务弹性。

2．通过预留容量节约成本

对于有些服务，可以购买预留容量，如 Amazon EC2 和 Amazon RDS。与使用等量按需容量相比，使用预留实例可节省高达 75% 的费用。购买预留实例时，预付金额越高，享受的折扣就越大。

3．使用越多，付费越少

对于 AWS，可以享受基于使用量的折扣，且使用量越大，节省的资金越多。对于 S3 之类的服务而言，分级定价意味着使用量越大，为每 GB 支付的费用就越少。AWS 还为用户提供了各种服务采购选项，以帮助满足用户的业务需求。

10.2　基本定价性能

本节将介绍四种常用 AWS 产品的定价特点[1]，即 Amazon Elastic Compute Cloud（Amazon EC2）、Amazon Relational Database Service（Amazon RDS）、Amazon Simple Storage Service（S3）、Amazon CloudFront。

10.2.1　Amazon Elastic Compute Cloud（Amazon EC2）

Amazon Elastic Compute Cloud（Amazon EC2）是一种 Web 服务，可在云中提供大小可调的计算容量。Amazon EC2 的 Web 服务接口非常简单，用户可以轻松获取和配置容量。用户还可以在成熟的 Amazon 计算环境中完全掌控计算资源。同时，Amazon EC2 按用户实际使用的容量收取费用，从而改变了计算经济性。

当用户开始估算 Amazon EC2 成本时，需要考虑以下各项。

1．计算

（1）服务器时间的小时数。资源运行时产生的费用。例如，Amazon EC2 从启动到终止的时间，或弹性 IP 从分配到重新分配的时间。

（2）机器配置。考虑用户选择的 Amazon EC2 实例的物理容量。实例的性能会因操作系统、内核的数量、内存及本地存储而有所差异。

（3）机器购买类型。使用按需实例，用户只需要按小时支付计算容量费用，无须承诺最低消费。使用预留实例，用户可以低价一次性支付每个想预留的实例，从而获得该实例每小时使用费率的大幅折扣。使用竞价实例，用户可以按未使用的 Amazon EC2 容量投标。

（4）实例的数量。用户可以调配多个 Amazon EC2 实例和 Amazon EBS

资源来应对高峰负载。

2．存储

（1）其他存储。Amazon Elastic BlockStore（EBS）为 Amazon EC2 实例提供块级存储容量。Amazon EBS 卷是永久不受实例生命周期约束的非实例存储，它们模拟云中的虚拟磁盘。如果用户选择使用更多 Amazon EBS 设备，则新增成本的计算方式为每月每 GB 数据或每月每 100 万个请求需支付多少钱。

（2）备份。Amazon EBS 能将快照的数据备份到 Amazon S3，以便持久恢复数据。如果用户选择使用 EBS 快照，则新增成本计算方式为每月每存储 1 GB 数据需支付多少钱。

（3）数据传输。考虑从用户的应用程序输出的数据量。进站数据传输是免费的，而出站数据传输收费是分级收取。

（4）负载均衡。弹性负载均衡器可用于在 Amazon EC2 实例之间分配数据流量。弹性负载均衡器运行的小时数和处理的数据量共同构成月度费用。

（5）详细监控。用户可以使用 Amazon CloudWatch 来监控用户的 EC2 实例。在默认情况下，基本监控已启用（供免费使用）。但是，要了解固定的月度费率，用户可以选择使用详细监控，其中包含七个预先选择的指标，每分钟记录一次。不满一月将基于比例按小时计费，即每实例小时费率。

（6）AutoScaling。AutoScaling 根据用户定义的条件自动调整用户部署中的 AmazonEC2 实例的数量。除了 Amazon CloudWatch 费用外，此服务不收取额外费用。

（7）弹性 IP 地址。弹性 IP 地址是专用于动态云计算的静态 IP 地址。如果用户使用动态 DNS 将现有 DNS 名称映射到新实例的公有 IP 地址，则可能需要 24 个小时来传播到整个 Internet，这可能会导致新实例无法接收流量，而终止的实例却继续接收请求。因为弹性 IP 地址是随用户的账户一起分配的，而不是随实例分配的，因此向底层设备传递更改不是问题。只要用户一直使用弹性 IP 地址，这就是一项免费服务。只有当用户不使用弹性 IP 地址时才需要支付费用。

10.2.2　Amazon Relational Database Service（Amazon RDS）

Amazon Relational Database Service（Amazon RDS）是一种 Web 服务，让用户能够在云中轻松设置、操作和扩展关系数据库。它在管理耗时的数据库管理任务的同时，又可提供经济高效的可调容量，使用户能够专注于应用程序和业务。

当用户开始估算 Amazon RDS 成本时，需要考虑以下各项。

1. 计算

（1）服务器时间的小时数，资源运行时产生的费用。例如，从用户启动数据库实例到用户终止该实例的时间。

（2）数据库性能。用户选择的数据库的物理容量会影响用户要支付的费用金额。数据库性能会因数据库引擎、大小和内存级别而有所差异。

（3）数据库购买类型。当用户使用按需数据库实例时，用户将为用户的数据库每小时运行的计算容量支付费用，而没有最低消费承诺。使用预留数据库实例时，用户可以支付较低的一次性前期费用，将所需的每个数据库实例预留 1 年或 3 年。

（4）数据库实例的数量。使用 Amazon RDS，用户可以调配多个数据库实例来应对高峰负载。更多实例会增加应用程序使用量，从而使数据以更高的总速率进行传输。用户只需为这些额外实例支付费用（只要它们正在运行）。

2. 存储

（1）预配置存储。对于活动的数据库实例而言，无须额外付费，即可获得最多 100%预配置数据库存储大小的备份存储。在数据库实例终止后，备份存储按照每月每 GB 计费。

（2）其他存储。除了预配置存储外，备份存储也是按每月每 GB 计费。

（3）请求。对该数据库的输入/输出请求数量。

（4）部署类型。用户可以将数据库实例部署到一个可用区域（类似一个数据中心）或多个可用区域。存储和 I/O 收费会各不相同，具体取决于用户部署的可用区域的数量。

（5）数据传输。进站数据传输是免费的，而出站数据费用是分级收取的。

3. 附带许可

AWS 目前支持将 OracleDatabase11gStandardEditionOne 用于"附带许可"服务模式。使用此服务模式，用户不必单独购买 Oracle 许可证。AWS 还支持将 Oracle Database 11g 的 Enterprise Edition、Standard Edition 及 Standard Edition One 用于自带许可证（即 Bring Your Own License，BYOL）服务模式。使用 BYOL 服务模式，用户可以使用用户的现有 Oracle 数据库软件许可证运行 Amazon RDS。也可直接从 Oracle 购买 Oracle Database 11g 许可，然后在 Amazon RDS 中运行它们。根据用户选择的许可证的服务类型，价格也会有所差异。用户可以根据应用程序的需要，通过购买预留

Amazon RDS 数据库实例，优化 Amazon RDS 数据库实例的成本。要购买预留实例，用户将一次性低价购买每个想预留的实例，享受该实例大幅折扣的小时费率。

10.2.3 Amazon Simple Storage Service（Amazon S3）

Amazon Simple Storage Service（Amazon S3）是一种 Internet 存储。它提供一个简明的 Web 服务界面，用户可通过它随时在 Web 上的任何位置存储和检索任意大小的数据。

当用户开始估算 Amazon S3 成本时，需要考虑以下各项。

（1）存储类别。标准存储旨在提供高达 99.999999999% 的耐久性。去冗余存储（RRS）是 Amazon S3 内的存储选项，可用来以低于 Amazon S3 标准存储的冗余级别来存储非关键性的可再生数据，以降低成本。去冗余存储旨在提供 99.99% 的耐久性。各个类别具有不同的费率。

（2）存储。存储在用户的 AmazonS3 存储段的数据元的数量和大小及存储类型。

（3）请求。根据请求的数量和类型，GET 请求产生的费用不同于其他请求，如 PUT 和 COPY 请求。

（4）数据传输。AmazonS3 地区输出的数据量。

10.2.4 Amazon CloudFront

Amazon CloudFront 是一种面向内容传输的云端 Web 服务。把该服务与其他 Amazon Web Services 进行集成，用户可以轻松地向终端用户发布内容，从而实现低延迟、高速数据自由传输。

当用户开始估算 Amazon CloudFront 成本时，需要考虑以下各项。

（1）流量分配。数据传输和请求定价在各个地理区域是不同的，并且，定价是根据内容所服务的节点决定的。

（2）请求。发送的（HTTP 或 HTTPS）请求的数量和类型及发送请求的地理区域。

（3）数据传出。用户的 AmazonCloudFront 节点的数据传出量。

10.3 成本管理器的使用

用户可能通过成本管理器查看、分析成本[2]。用户可以使用主图表、使用率报告、RI 报告来探索用户的使用情况和成本。用户最多可以查看过去

13 个月的数据，并预测用户在接下来 3 个月内可能产生的费用，同时给出购买相关预留实例的建议。

用户可以免费使用成本管理器，通过用户界面可以查看用户的成本和使用量。用户还可以使用成本管理器 API 以编程方式访问用户的数据。每个分页的 API 请求的费用是 $0.01。

此外，成本管理器还提供预配置视图，这些视图显示了有关用户的成本趋势的基本信息，并使用户能够开始自定义满足用户的需求的视图。在用户首次注册成本管理器后，AWS 会为用户准备当月的成本数据和过去 3 个月的成本数据，然后计算接下来三个月的预测成本。当月的数据大约在 24 个小时后可供查看，其余的数据需要多等几天才能查看。每 24 个小时至少更新用户的成本数据一次。在用户注册后，最多可以显示长达 12 个月的历史成本（如果用户有这么多数据的话）、当月成本及未来 3 个月的预测成本。成本管理器能够生成 AWS 成本和使用率报告及详细账单报告的相同数据集。要查看全面的数据，用户可以自行下载 CSV 文件。

10.3.1　启用成本管理器

用户可以通过 Billing and Cost Management 控制台启用成本管理器。用户无法使用 API 启用成本管理器。成本管理器启用后，AWS 会准备有关用户在当月和过去 3 个月的成本的数据，然后计算接下来 3 个月的预测成本。在 24 个小时后可供查看当月的数据，其余的数据需要多等几天才能查看。成本管理器每 24 个小时至少更新用户的成本数据一次。

在默认情况下，如果账户是组织内部的成员账户，则用户有权限启动成本管理器。不过主账户可以阻止用户的访问。

组织的账户状态对可见的成本和使用率数据影响如下。

（1）当某个独立账户加入组织时，则该账户不再拥有访问其属于独立账户时的时间范围内的成本和使用率数据的权限。

（2）如果某个成员账户离开组织并且成为独立账户，则该账户不再有权限访问其属于该组织成员时的时间范围内的成本和使用率数据。该账户只能访问作为独立账户生成的数据。

（3）如果某个成员账户离开组织 A 而加入组织 B，则该账户不再有权限访问其属于组织 A 的成员时的时间范围内的成本和使用率数据。该账户只能访问作为组织 B 的成员生成的数据。

（4）如果某个账户重新加入其以前所属的组织，则该账户将重新获得对其成本和使用率历史数据的访问权限。

10.3.2 成本管理器的访问控制

用户管理对成本管理器中信息的访问方式取决于设置用户的 AWS 账户的方式。用户的账户可设置为使用 AWS Identity and Access Management（IAM）服务向不同的 IAM 用户授予不同级别的访问权限。用户的账户可能是 AWS Organizations 整合账单的一部分，它可能是主账户，也可能是成员账户。

1. Billing and Cost Management 页面的访问权限

AWS 账户所有者可通过使用账户密码登录 AWS 管理控制台来访问账单信息和工具。但是，建议用户不要使用日常用于访问账户的账户密码，尤其是不要与他人共享账户凭证来向其提供对账户的访问权限。

可以为需要访问账户的人创建一个名为 IAM 的特殊用户身份。这种方法为每个用户提供单独的登录信息，并且用户可以向每个用户只授予使用用户的账户所需的权限。例如，用户可授予部分用户对部分账单信息和工具的有限访问权限，并授予其他人对所有信息和工具的完整访问权限。

2. 整合账单

可以使用 AWS Organizations 中的整合账单功能为多个 AWS 账户或多个 Amazon Internet Services Pvt. Ltd（AISPL）账户合并账单和付款。AWS Organizations 中的每个组织都有一个主账户，负责支付所有成员账户的费用。

3. 整合账单的优势

➢ 单一账单： 用户能够获得一张整合了多个账户的账单。

➢ 轻松跟踪：用户能够跨多个账户跟踪费用，并下载组合的成本和使用量数据。

➢ 综合使用量：用户能够合并组织中所有账户的使用量，以共享批量定价折扣和预留实例折扣。与单个独立账户相比，这可以降低项目、部门或公司的费用。

➢ 无额外费用：提供整合账单而不额外收费。

4. 创建组织和查看整合账单的流程

（1）打开 AWS Organizations 控制台或 AWS Billing and Cost Management 控制台。如果用户打开 AWS Billing and Cost Management 控制台，先选择整合账单，然后选择开始使用。随后用户将被重定向至 AWS 组织控制台。

（2）在 AWS 组织控制台上选择创建组织。

（3）从用户要作为新组织付款人的账户创建一个组织，付款人账户负责支付所有关联账户的费用。

10.3.3 成本管理器的使用

1．打开成本管理器

（1）通过网址 https://console.aws.amazon.com/billing/登录 AWS 管理控制台并打开 Billing and Cost Management 控制台。

（2）在导航窗格中，选择成本管理器。

（3）在成本管理器页面上，选择 Launch 成本管理器。

2．使用成本管理器图表

用户可以采用包含非混合成本的基于现金的视图（成本在收到或支付现金时记录）的形式查看成本，也可以采用基于应计项目的视图（成本在获得收入或产生成本时记录）的形式查看成本。用户最多可以查看过去 13 个月的数据，并预测用户在接下来 3 个月内可能产生的费用。

成本管理器自动对 Daily unblended costs（每日非混合成本）图表使用 Group By（分组依据）筛选条件。如果使用 Group By（分组依据）筛选条件，成本管理器图表会在 Group By（分组依据）筛选条件中显示最多 6 个值的数据。如果用户的数据包含其他值，则该图表将显示五个条形图或线形图，然后将所有剩余项目聚合到第 6 个图形中。

3．利用成本管理器进行预测

在报告中选择将来的时间范围可以创建预测。预测是根据用户过去的使用量估算用户在所选时间段内的 AWS 服务使用量。预测提供了对用户的 AWS 账单情况的估计，并使用户能够针对预计要使用的数量使用警报和预算。由于预测是一种估计值，预测的账单金额可能与用户在每个账单周期内的实际费用有差异。

与天气预测相似，账单预测在准确度上可能有差异。不同的准确度范围具有不同的置信区间。置信区间越高，预测的范围就越大。假设用户将给定月份的预算设置为 100 USD。80%的置信区间可能会预测用户的支出在90～100，平均值为95。置信区间的范围取决于用户的历史支出波动情况。历史支出的一致性和可预测性越高，预测支出的置信区间就越窄。

4．预留实例报告

预留报告显示用户的 Amazon EC2 覆盖率和利用率（采用小时或标准

化单位）。通过标准化单位，用户可以通过一致的方式查看跨多种大小的实例的 Amazon EC2 使用情况。例如，假设用户运行一个 xlarge 实例和一个 2xlarge 实例。如果用户运行两个实例达到相同的时间量，则 2xlarge 实例将使用 xlarge 实例两倍的预留，即使两个实例仅显示一个实例小时。通过使用标准化单位而非实例小时，xlarge 实例使用 8 个标准化单位，而 2xlarge 实例使用 16 个标准化单位。

（1）RI 利用率报告。RI 使用率报告显示在选定时间范围内使用了多少个 Amazon EC2、Amazon Redshift、Amazon RDS、Amazon Elasticsearch Service 和 Amazon ElastiCache 预留实例（RI）、通过使用 RI 节省了多少、在 RI 上超支了多少及通过购买 RI 实现的节省净额[4]。

RI 使用率图表显示用户账户使用的 RI 小时数，从而帮助用户了解并监控 RI 和服务中的使用率。它还显示通过购买预留节省了多少按需实例成本、未使用的预留的摊销成本及通过购买预留实现的总节省净额。AWS 通过从预留节省中减去未使用的预留成本来计算总节省净额。

（2）RI 覆盖率报告。RI 覆盖率报告显示 RI 覆盖的 Amazon EC2、Amazon Redshift、Amazon RDS、Amazon Elasticsearch Service 和 Amazon ElastiCache 实例小时数、在按需实例上花费的金额，以及如果用户购买了更多预留，则可能会节省的金额。这可让用户了解购买的 RI 是否足够。

RI 覆盖率图表显示用户预留覆盖的实例小时数百分比，从而帮助用户了解并监控在所有 RI 的综合覆盖率。它还显示用户在按需实例上花费的金额，以及如果用户购买了更多预留，则可能会节省的金额。

5. 保存和管理报告

用户可以通过多种方式保存成本管理器的数据。用户可以将确切配置另存为书签，支持下载 CSV 数据文件，也可以将成本管理器配置另存为已保存的报告。成本管理器保留用户的已保存报告，并将其与默认的成本管理器报告一起列在报告页面上。

（1）创建成本管理器报告。用户可以使用控制台来将成本管理器查询的结果保存为报告，步骤如下。

① 通过网址 https://console.aws.amazon.com/billing/home#/ 登录 AWS 管理控制台。然后打开 Billing and Cost Management 控制台。

② 在导航窗格中选择成本管理器选项。

③ 在成本管理器页面上选择 Launch 成本管理器。

④ 选择 New report，这会将用户的所有成本管理器设置重置为默认设置。

⑤ 在报告名称文本字段中输入报告的名称。

⑥ 自定义成本管理器设置。

⑦ 选择 Save report。

⑧ 在 Save report 对话框中选择 Continue。

（2）查看已保存的报告，步骤如下。

① 通过网址 https://console.aws.amazon.com/billing/home#/ 登录 AWS 管理控制台，然后打开 Billing and Cost Management 控制台。

② 在导航窗格中选择成本管理器。

③ 在报告下拉菜单中选择 View/Manage all reports（查看/管理所有报告）。

④ 选择返回，返回到成本管理器界面。

（3）编辑成本管理器报告，步骤如下。

① 通过网址 https://console.aws.amazon.com/billing/home#/ 登录 AWS 管理控制台，然后打开 Billing and Cost Management 控制台。

② 在导航窗格中选择成本管理器。

③ 在成本管理器界面上，选择 Launch 成本管理器。

④ 在报告下拉菜单中选择要编辑的报告。

⑤ 自定义成本管理器设置。

⑥ 选择 Save report。

⑦ 在 Save report 对话框中选择 Continue。

（4）删除已保存的报告，步骤如下。

① 通过网址 https://console.aws.amazon.com/billing/home#/ 登录 AWS 管理控制台，然后打开 Billing and Cost Management 控制台。

② 在导航窗格中选择成本管理器。

③ 在成本管理器界面上选择 Launch 成本管理器。

④ 在报告下拉菜单中，选择 View/Manage all reports（查看/管理所有报告）。

⑤ 选中要删除的报告旁边的复选框。

⑥ 在导航栏上选择 Delete。

⑦ 在 Delete Report 对话框中，单击 Delete。

10.4　利用预算管理成本

用户通过创建预算跟踪服务成本、使用情况、RI 利用率和覆盖率。在默认情况下，单个账户和 AWS Organizations 组织中的主账户和成员账户可以创建预算，包括创建成本预算、创建使用量预算、创建预留预算[3]。

1. 创建成本预算

创建成本预算，操作步骤如下。

（1）登录 AWS 管理控制台并找到 Billing and Cost Management 选项。

（2）在导航窗格中选择 Budgets（预算）。

（3）在页面顶部选择 Create budget（创建预算）。

（4）在 Select budget type（选择预算类型）处选择 Cost budget（成本预算）。

（5）选择 Set up your budget（设置用户的预算）。

（6）对于 Name（名称），输入预算的名称（确保名称唯一性）。

（7）在 Period（周期）处选择用户希望预算重置实际支出和预测支出的频率。选择 Monthly（每月）表示每个月一次，Quarterly（每季度）表示每3个月一次，Annually（每年）表示每年一次。用户还可以使用"预算计划"功能来设置自定义将来时段的 Monthly（每月）和 Quarterly（每季度）预算金额。

（8）在固定 Budgeted Amount（预算金额）处输入要在此预算期间花费的总金额。对于 Monthly（每月）和 Quarterly（每季度）计划预算，输入要在每个计划期间花费的金额。对于 Budget effective dates（预算生效日期），可以为在预算期之后重置的预算选择 Recurring Budget（定期预算），而为在预算期之后不重置的一次性预算选择 Expiring Budget（过期预算）。

（9）（可选）在 Budget parameters（optional）即预算参数（可选）下，为正在过滤选择一个或多个可用筛选条件。用户所选的预算类型决定了控制台上显示的筛选条件组。为 Advanced options（高级选项）选择一个或多个筛选条件。

（10）选择 Configure alerts（配置警报），在 Configure alerts（配置警报）下，为 Alert 1（警报 1）选择实际来为实际支出创建通知，或选择预测来为预测支出创建通知。

（11）在 Alert threshold（警报阈值）处输入所需的触发通知的金额，它可以是绝对值或百分比。

（12）（可选）在电子邮件联系人处输入用户的电子邮件地址并选择 Add email contact（添加电子邮件联系人）。使用逗号分隔多个电子邮件地址，一个通知最多可以有 10 个电子邮件地址。要接收通知，用户必须指定电子邮件地址，还可以指定 Amazon SNS 主题。在 SNS 主题 ARN 处输入用户的 Amazon SNS 主题的 ARN，然后选择验证。

（13）选择 Confirm budget（确认预算），然后选择创建。

2．创建使用量预算

创建使用量预算，操作步骤如下。

（1）登录 AWS 管理控制台并找到 Billing and Cost Management 选项。

（2）在导航窗格中选择 Budgets（预算）。

（3）在界面顶部选择 Create budget（创建预算）。

（4）在 Select budget type（选择预算类型）处，选择 Usage budget（使用量预算）。

（5）选择 Set up your budget（设置预算）。

（6）在 Name（名称）处输入预算的名称。

（7）在 Period（周期）处选择用户希望预算重置实际用量和预测用量的频率。

（8）在 Usage unit（s）（使用单位）下，选择 Usage Type Group（使用类型组）或 Usage Type（使用类型）。使用类型组是具有相同的度量单位的使用类型集合，例如，按小时测量使用量的资源。

（9）在使用类型组处选择用户希望预算使用的度量单位。

（10）在 Usage Type（使用类型）处选择用户希望包括在预算中的服务，然后选择用户希望预算使用的度量单位。

（11）在固定 Budgeted Amount（预算金额）处输入要在此预算期间使用的单位的总金额。对于 Monthly（每月）和 Quarterly（每季度）计划预算，输入要在每个计划期间花费的金额。

（12）选择 Configure alerts（配置警报）。

（13）在 Configure alerts（配置警报）下，为 Alert 1（警报 1）选择实际来为实际支出创建通知，或选择预测来为预测支出创建通知。

（14）在 Alert threshold（警报阈值）处输入所需的触发通知的金额。

（15）对于电子邮件联系人，输入用户电子邮件的地址并选择 Add email contact（添加电子邮件联系人）。使用逗号分隔多个电子邮件地址，一个通知最多可以有 10 个电子邮件地址。

（16）在 SNS 主题 ARN 处输入用户的 Amazon SNS 主题的 ARN，然后选择验证。AWS 将验证用户的预算是否有权通过将测试电子邮件发送到用户的 Amazon SNS 主题来向 Amazon SNS 主题发送通知。如果 Amazon SNS 主题 ARN 有效但验证步骤失败，则请检查 Amazon SNS 主题策略以确保它允许用户的预算发布到该主题。

（17）选择 Confirm budget（确认预算），然后选择创建。

3. 创建预留预算

创建预留预算，操作步骤如下。

（1）登录 AWS 管理控制台并找到 Billing and Cost Management 选项。

（2）在导航窗格中选择 Budgets（预算）。

（3）在界面顶部选择 Create budget（创建预算）。

（4）在 Select budget type（选择预算类型）处选择 Reservation budget（预留预算）。

（5）选择 Set up your budget（设置预算）。

（6）在 Name（名称）处输入预算的名称。

（7）在 Period 处选择用户希望预算重置实际支出和预测支出的频率。

（8）在 Reservation budget type（预留预算类型）处选择用户希望预算跟踪 RI 使用率还是 RI 覆盖率。

（9）对于服务，选择用户希望预算跟踪其实例的服务。

（10）在 Utilization threshold（使用率阈值）处，输入用户希望 AWS 通知用户的使用率或覆盖率百分比。

（11）在 Budget parameters（optional）即预算参数（可选）下，为正在过滤选择一个或多个可用的筛选条件。所选的预算类型决定了控制台上显示的筛选条件组。

（12）选择 Configure alert（配置警报）。用户只能为预留预算配置一个警报。

（13）在 Configure alerts（配置警报）下，对于 Email contacts（电子邮件联系人），输入用户要将通知发送到的电子邮件地址，然后选择 Add email contact（添加电子邮件联系人）。使用逗号分隔多个电子邮件地址，一个通知最多可以有 10 个电子邮件地址。

（14）在 Configure alerts（配置警报）下，对于 SNS topic ARN（SNS 主题 ARN），选择 Notify via Amazon Simple Notification Service（SNS）topic，即通过 Amazon Simple Notification Service（SNS）主题通知，并输入或粘贴用户的 Amazon SNS 主题的 ARN，然后选择 Verify（验证）。

（15）选择 Confirm budget（确认预算），然后选择创建。

4. 查看用户的预算

查看用户的预算，操作步骤如下。

（1）登录 AWS 管理控制台找到 Billing and Cost Management console 选项。

（2）在导航窗格上选择 Budgets。

（3）要查看预算的筛选条件和成本差异，选择预算列表中的预算名称。

5．编辑预算

编辑预算，操作步骤如下。

（1）登录 AWS 管理控制台找到 Billing and Cost Management console 选项。

（2）在导航窗格上选择 Budgets 选项。

（3）在 Budgets（预算）界面上，从预算列表中选择要编辑的预算。

（4）选中 Edit budget（编辑预算），编辑参数。

（5）选择 Configure alerts（配置警报）。

（6）选择 Confirm budget（确认预算），选择完成。

6．下载预算

下载预算，操作步骤如下。

（1）登录 AWS 管理控制台找到 Billing and Cost Management console 选项。

（2）在导航窗格上选择 Budgets。

（3）选择 Download CSV。

（4）打开或保存用户的文件。

7．复制预算

复制预算，操作步骤如下。

（1）登录 AWS 管理控制台找到 Billing and Cost Management console 选项。

（2）在导航窗格上选择 Budgets。

（3）从预算列表中选择要复制的预算的名称。

（4）在页面的顶部选择 ... 并选择 Copy（复制）。

（5）更改要更新的参数。

（6）选择 Configure alerts（配置警报）。

（7）选择 Confirm budget（确认预算）。

（8）选择 Create。

8．删除预算

删除预算，操作步骤如下。

（1）登录 AWS 管理控制台找到 Billing and Cost Management console 选项。

（2）在导航窗格上选择 Budgets。

（3）在 Budgets（预算）页面上选择预算列表中的预算名称。

（4）在 budget page（预算页面）框上的…下，选择 Delete（删除）。

习题

1．在 EC2 上运行的数据库实例，数据库软件备份功能需要快存储支持，备份数据的最低成本存储选项是什么？

A．Amazon Glacier

B．EBS Cold HDD 卷

C．Amazon S3

D．EBS 吞吐量优化型 HDD 卷

2．以下 AWS 产品可以促进松散耦合架构实施的选项是？（选择两项）

A．AWS CloudFormation

B．Amazon Simple Queue Service

C．AWS CloudTrail

D．Elastic Load Balancing

E．Amazon Elastic MapReduce

3．某 Web 服务有一个性能 SLA，要求在 1 秒内相应 99%的请求，在正常和频繁的操作下，在满足性能要求的前提下，将请求分布到 4 个实例。那么关于高可用的说法正确的是？

A．在单一可用区中的 4 个服务器上部署服务

B．在单一可用区中的 6 个服务器上部署服务

C．在两个可用区中的 4 个服务器上部署服务

D．在两个可用区中的 8 个服务器上部署服务

4．用户计划使用 CloudFormation 在两个使用统一基础 Amazon Machine Image（AMI）的不同区域内部署 Linux EC2 实例，如何使用执行此操作？

A．由于每个区域的 AMI ID 都不同，使用映射指定基础 AMI

B．由于 CloudFormation 模板是特定于区域的，使用两个不同的 CloudFormation 模板

C．由于每个区域的 AMI ID 都不同，使用参数指定基础 AMI

D．每个区域的 AMI ID 相同

5．如何访问 Lambda 的打印语句输出？

A．通过 SSH 连接 Lambda，查看系统日志

B．Lambda 将所有输出写入 Amazon S3

C．打印语句在 Lambda 中被忽略

D．CloudWatch 日志

6．Amazon S3 对象存储在哪方面与块和文件存储相似？

A．跨所有区域复制对象

B．Amazon S3 允许存储无限量的对象

C．对象不可变，即使只想更改一个字节，也需要替换对象

D．跨可用区复制对象

7．以下哪些功能属于 Amazon EBS？（选择两项）

A．存储在 Amazon EBS 上的数据是在可用区中自动复制的

B．Amazon EBS 数据会自动备份至磁带

C．Amazon EBS 卷可以加密

D．当挂载的实例停止时，Amazon EBS 卷中的数据便会丢失

8．Amazon ElasiCache 支持以下哪种缓存引擎？（选择两项）

A．MySQL

B．Memcached

C．Couchbase

D．Redis

9．哪些服务可以共同实现 EC2 实例的自动扩展？

A．Auto Scaling 和 Elastic Load Balancer

B．Auto Scaling 和 CloudWatch

C．Auto Scaling、Elastic Load Balancer 和 CloudWatch

D．Elastic Load Balancer 和 CloudWatch

E．Auto Scaling

10．一个应用程序的 Web 层运行在 6 个 EC2 实例上，这些实例分布在一个 ELB Classic Load Balancing 后的两个可用区内。数据层是一个 MySQL 数据库，运行在一个 EC2 实例上，哪些更改可以提高应用程序的可用性？（选择两项）

A．在 Classic Load Balancing 上打开跨可用区负载均衡功能

B．在 Auto Scaling 组中启动 Web 层 EC2 实例

C．增加 Web 层 EC2 实例的实例大小

D．将 MySQL 数据库迁移到一个多可用区 RDS MySQL 数据库实例中

E．在应用程序的 AWS 账户中打开 CloudTrail

参考文献

[1] 林康平，王磊. 云计算技术[M]. 北京：人民邮电出版社，2021：57.

[2] Amazon Web Services, Inc. 亚马逊 AWS 官方文档[EB/OL]. [2021-3]. https://aws.amazon.com/cn/blogs/aws-cost-management/back-to-basics-getting-started-with-the-billing-console/.

[3] Amazon Web Services, Inc. 亚马逊 AWS 官方文档[EB/OL]. [2021-3]. https://aws.amazon.com/cn/aws-cost-management/aws-cost-and-usage-reporting/?hp=tile&so-exp=below/.

[4] Amazon Web Services ,Inc. 亚马逊 AWS 官方文档[EB/OL]. [2021-2]. https://docs.amazonaws.cn/.

第 11 章

开发运维

开发运维（DevOps）是近年来一个非常热门的 IT 技术领域，简单地说就是开发（Development）和运维（Operations）这两个领域的融合，在软件构建、集成、测试、发布和基础设施管理中大力提倡自动化和监控，目标是缩短开发周期，加快部署频率，提高软件部署的可靠性。

AWS 提供了一系列的开发运维（DevOps）服务来更加快速、可靠的构建和交付产品，这些服务可以简化基础设施的预置和管理、应用程序代码的部署、软件发布流程的自动化及应用程序和基础设施性能的监控。

11.1 AWS Command Line Interface（CLI）

AWS CLI 是一种开源工具，让用户能够在 Shell 中使用命令与 AWS 服务进行交互，与使用基于浏览器的 AWS 管理控制台提供相同的功能，可以在 Linux/Unix、Mac OS、Windows 多种操作系统下运行，是开发运维的一大利器[1]。

11.1.1 AWS CLI 的安装配置

现以 Linux 系统为例，介绍 AWS CLI 的安装和配置。

1. Linux 下安装 AWS CLI

安装 AWSCLI，命令如下：

```
sudo yum install python                          #安装 python
sudo yum install python-setuptools               #安装 setuptools
sudo yum install python-pip python-wheel         #安装 pip
sudo pip install --upgrade pip                    #升级 pip
sudo pip install awscli                           #安装 AWS CLI
sudo pip install boto3                            #安装 boto3
```

2. 配置 AWS CLI

设置 Access Key 和 Secret Access Key，默认的区域 region 及默认输出格式：

```
$ aws configure
AWS Access Key ID [None]:
AWS Secret Access Key [None]:
Default region name [None]:
Default output format [None]:
```

11.1.2　AWS CLI 常用命令

1. 常用的 EC2 实例操作命令

```
aws ec2 stop-instance –instance-id i-xxxxxxxx –output json    #停止 EC2 实例
aws ec2 run-instance --cli-input-json file://myserver.json    #运行 EC2 实例
aws ec2 start-instances --instance-ids "instanceid1" "instanceid2"
                                                              #启动 EC2 实例
aws ec2 describe-instances --instance-ids "instanceid1" "instanceid2"
                                                              #描述 EC2 实例
aws ec2 create-volume                                         #新建 EBS 卷
aws ec2 create-vpc                                            #新建 VPC
```

2. 使用指定的 ami、security-group、key-name、instance-type 等参数运行 EC2 实例

命令如下：

```
aws ec2 run-instances --image-id ami-xxxxxxxx --security-group-ids sg-xxxxxxxx
--key-name mytestkey --block-device-mappings
"[{\"DeviceName\": \"/dev/sdh\",\"Ebs\":{\"VolumeSize\":100}}]"
--instance-type t2.medium --count 1 --subnet-id subnet-xxxxxxxx
--associate-public-ip-address
```

3．使用 query 选项

使用 Limiting results:--query option。

```
aws ec2 describe-instances --query 'Reservations[0].Instances[0]'     #显示第一
个 EC2
--query 'Reservations[0].Instances[0].State.Name'     #显示第一个 EC2 Name
属性值
--query 'Reservations[*].Instances[*].State.Name'     #显示所有 EC2 Name 属
性值
```

4．使用 filter 选项

使用 Limiting results: --filter option。

```
aws ec2 describe-instances --filter "Name=platform,Values=Linux"
                                             #显示 Linux 实例
aws ec2 describe-instances --filter "Name=instance-type,Values=t2.micro,t2.
small"
--query "Reservations[*].Instances[*].InstanceId"
                                             #显示 t2.micro 和 t2.small 实例
```

5．使用其他选项

使用--dry-run   检测是否有需要的权限。

```
aws ec2 run-instances --image-id ami-xxxxxxxx --count 1 –instance-type t2.micro
--key-name MyKeyPair –security-groups MySecurityGroup --dry-run
```

如果有相应的权限，错误返回是 Dry Run Operation。

6．常用的 S3 实例操作命令

```
aws s3 ls                                    #显示 S3 对象
aws s3 cp                                    #拷贝 S3 对象
aws s3 mv                                    #移动 S3 对象
aws s3 rm                                    #删除 S3 对象
```

AWS CLI 支持的命令范围很广，绝大多数在 AWS 管理控制台里的图形化操作都可以使用命令来实现，且在很多场景下运行效率更高，比如执行批量操作等，因此熟练使用 AWS CLI 工具可以使日常的运维工作事半功倍。

11.2 AWS 系统管理器 Systems Manager（ssm）

AWS 系统管理器 Systems Manager（后文简称 ssm）是一项功能强大的

管理服务，可用于大规模配置和管理 EC2 实例、本地服务器和虚拟机及其他 AWS 资源。ssm 包括一个统一接口，通过该接口可方便地将操作数据集中到一起，并跨 AWS 资源自动完成任务。ssm 缩短了检测和解决基础设施中存在问题所需的时间，通过 ssm 可全面了解基础设施的性能和配置，简化资源和应用程序的管理，并简化基础设施的大规模操作和管理[2]。

11.2.1 Systems Manager（ssm）主要功能

1．Automation

使用 Systems Manager Automation 服务可自动执行常见的维护和部署任务，可以自动化创建和更新 Amazon 系统映像、应用驱动程序，在 Windows 实例上重置密码、在 Linux 实例上重置 SSH 密钥，并应用操作系统补丁或应用程序更新等。

2．Run Command

使用 Systems Manager Run Command 可以远程大规模的管理托管实例，在几十个或数百个实例集中执行按需更改，例如更新应用程序或运行 Linux Shell 脚本和 Windows PowerShell 命令等。

3．Session Manager

使用 Session Manager 可通过基于浏览器的一键式交互 Shell 或 AWS CLI 来管理 EC2 实例，并不需要打开入站端口。Session Manager 还可以轻松遵守需要受控访问实例的策略，为最终用户提供对 EC2 实例的简单一键式跨平台访问。

4．Patch Manager

使用 Patch Manager 可自动执行更新托管实例，可以扫描实例中是否有缺失的补丁，然后单独应用缺失的补丁或使用 EC2 实例标签将这些补丁应用于实例组。对于安全性补丁，Patch Manager 使用补丁基准，该基准包含用于在补丁发布几天内自动批准补丁的规则及一系列已批准和已拒绝的补丁。对于 Linux 操作系统，可以定义的存储库应该作为补丁基准的一部分用于修补操作，可以确保更新仅从信任的存储库安装，而与在实例上配置的存储库无关，还能够更新实例上的任何软件包，而不仅仅是被归类为操作系统安全更新的包。

5．Maintenance Windows

使用 Maintenance Windows 可以设置托管实例的周期性计划，以便执行诸如安装补丁和更新等管理任务，而不会中断业务关键性操作。

6．State Manager

使用 Systems Manager State Manager 可自动使托管实例保持为预先设定的状态，可确保实例在启动时使用特定软件进行引导，例如加入某个 Windows 域或使用特定的更新版本修补软件。

7．Parameter Store

Parameter Store 提供安全的分层存储，用于配置数据管理和密钥管理，也可以将密码、数据库字符串和许可证代码等数据存储为参数值，可以将值存储为纯文本或加密数据，可以使用创建参数时指定的唯一名称来引用对应值。

8．Inventory

Inventory Manager 可自动执行从托管实例中收集软件清单的流程，在托管实例上收集有关应用程序、文件、组件、修补程序等对象的元数据。

11.2.2 Systems Manager（ssm）应用实例

Systems Manager 的操作界面简单易用，可以使用户方便的实现集中管理运维数据和自动化管理 AWS 资源。在下面的实例中，将会用到 Systems Manager 中的 Inventory、Run Command 和 Session Manager 3 个功能模块，托管实例都需要事先开启 amazon-ssm-agent 服务。其中，Inventory 用来收集托管实例中的软件清单并验证配置和许可；Run Command 用来在多服务器上执行脚本；Session Manager 使用浏览器交互 Shell 来访问 EC2。通过本实例，可以深刻的体会使用 Systems Manager 进行运维操作的便捷。

1．Inventory 功能实例

（1）在 AWS 管理控制台中，选择 Service→Systems Manager，打开如图 11-1 所示的 AWS Systems Manager 服务管理界面，在这里可以使用 Inventory、Run Command、Parameter Store 和 Session Manager 等管理功能。

（2）在 Systems Manager 服务管理界面左侧菜单中，单击 Inventory，打开如图 11-2 所示页面，然后单击"Setup Inventory"按钮，即打开如图 11-3 所示页面。

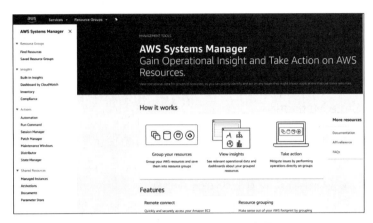

图 11-1　Systems Manager 服务界面

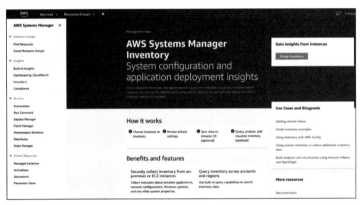

图 11-2　Inventory Manager

图 11-3　Setup Inventory

（3）Name 文本框可填入 Inventory-WSC，在 Targets 中，选中 Manually selecting instances 单选按钮，然后页面出现托管实例，如图 11-3 所示，托管实例名为 Webserver（需要开启 amazon-ssm-agent 服务），选中实例左侧的

复选框，并单击此页面底部的 Setup Inventory 按钮。

（4）选择 Systems Manager 服务管理界面左侧菜单中的 Managed Instance，打开如图 11-4 所示界面。

图 11-4　Managed Instance

（5）单击 Instance ID 链接，然后单击 Inventory 选项卡，即出现如图 11-5 所示页面，在这里我们可以清晰地看到托管实例 Webserver 中已经安装的软件清单，也可以选择 Inventory Type 中的其他选项，例如 AWS：Service 可以查看托管实例 Webserver 中开启的服务，这样不用通过 SSH 远程登录，就可以方便的查询托管实例中的软件和服务配置。

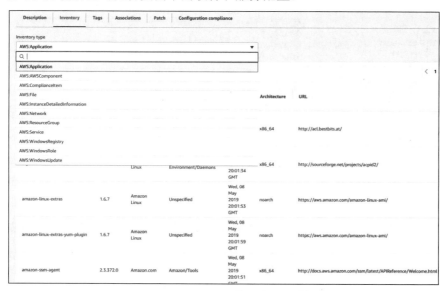

图 11-5　Managed Instance 软件服务清单

2. Run Command 功能实例

本实例是使用 Run Command 功能，为托管 EC2 实例运行以下脚本，实现安装 Apache Web 服务器和 PHP 运行环境及下载部署 Web 应用程序。

```
# Install Apache Web Server and PHP
yum install -y httpd
```

```
amazon-linux-extras install -y php7.2
# Turn on web server
systemctl enable httpd.service
systemctl start httpd.service
# Download and install the AWS SDK for PHP
wget https://github.com/aws/aws-sdk-php/releases/download/3.62.3/aws.zip
unzip aws -d /var/www/html
# Download Application files
wget https://us-west-2-tcprod.s3.amazonaws.com/courses/ILT-TF-100-
SYSOPS/v3.3.0/lab-1-ssm/scripts/widget-app.zip
unzip widget-app.zip -d /var/www/html/
```

（1）在 AWS 管理控制台中，选择 Service→Systems Manager，在左侧菜单中选择 Run Command，即打开如图 11-6 所示界面。

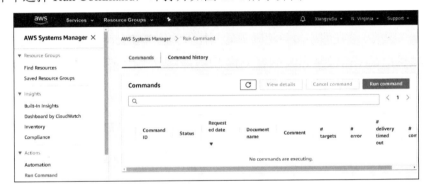

图 11-6　Run Command 启动界面

（2）单击 Run Command 按钮，打开如图 11-7 所示界面，在 Command document 下的文本框依次选择 Document name prefix→Equals，输入 AWS-RunShellScript 搜索，下方显示 AWS-RunShellScript 条目并选中。在本页面向下滚动，在如图 11-8 所示的 Command parameters 部分，粘贴要运行的脚本。

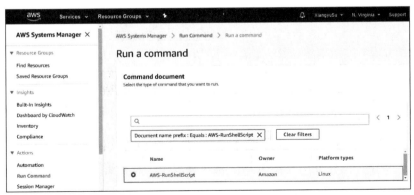

图 11-7　Run Command 类型选择

图 11-8　Command parameters

（3）滚动到本页面底部，在 Targets 中，选中 Manually selecting instances，下方出现托管实例 Webserver 并选中，最后在本页面底部单击"Run"按钮，脚本就可以在 Webserver 中运行了，如图 11-9 所示。

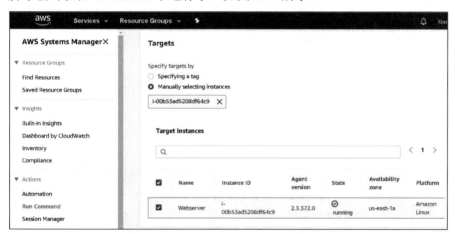

图 11-9　选择执行脚本的托管实例

本实例使用 Run Command 功能在没有 ssh 远程登录的情况下，为 1 个托管的 EC2 实例运行脚本完成相应功能，当有需求要给多个 EC2 实例运行相同的脚本时，Run Command 功能会变得更有价值。

3. Session Manager 实例

本实例使用 Session Manager 功能，在安全组没有开放远程访问端口的情况下，使用浏览器交互 Shell 来为托管 EC2 执行命令，这样就省去了 SSH 远程登录的烦琐。

（1）在 AWS 管理控制台中，选择 Service→Systems Manager，左侧菜单中选择 Session Manager，即打开如图 11-10 所示界面。

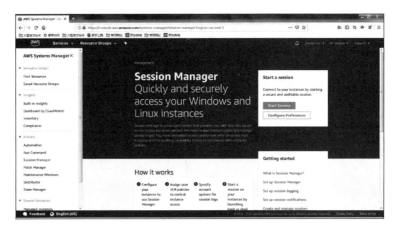

图 11-10　Session Manager 启动界面

（2）单击"Start Session"按钮，即打开如图 11-11 所示界面，选中 1 个托管实例，单击"Start Session"按钮，即打开如图 11-12 所示的浏览器交互 Shell，可以直接运行命令。

图 11-11　选择要开启对话的托管实例

图 11-12　浏览器交互 Shell

11.3　AWS CloudFormation

AWS CloudFormation 服务可以对 AWS 资源进行建模和设置，提前把需要用到的基础网络架构和服务等写在模板文件中，然后创建堆栈运行模板文件中的代码，就可以轻松完成 AWS 基础设施的创建，这样用户就可以花较少的时间管理这些基础设施，而将更多的时间花在运行于 AWS 中的应用程序上。

一次编写，多次使用，快速复制基础设施。通常我们编写的应用程序为了保证其高可用性，需要在多个区域进行复制，而复制应用程序的同时还需要复制用到的 AWS 资源，所以用户不仅需要记录应用程序所需的资源，还要在新的区域中配置这些资源。在使用了 AWS CloudFormation 编写模板代码后，上述问题迎刃而解，可以在不同的区域重复使用一套模板代码来创建相同的基础设施，一次编写多次使用，可以节省大量的时间和人工成本，还可以有效避免手工配置产生的误操作[3]。

轻松控制和跟踪基础设施的更改。升级基础设施是用户经常会面临的问题，例如要更改 Auto Scaling 启动配置中的实例类型等，如果完成更新后出现问题，那么就需要将基础设施回滚到原始设置，如果是手动执行此操作，则不仅要记住已发生更改的资源，还要记录资源的原始设置。使用 CloudFormation 可以很好地解决此类问题，CloudFormation 模板准确描述了所配置的资源及其设置，在创建堆栈运行一套模板文件中的代码之后，如果需要修改前面模板的配置，则可以在原模版的基础上直接修改代码形成新的模板，然后用新的模板在堆栈里执行更新操作就可以了，如果更新出了问题，CloudFormation 还可以方便地执行回滚操作。

11.3.1　AWS CloudFormation 基础操作

1. 新建堆栈

新建堆栈操作步骤如下。

（1）在 AWS 管理控制台中，选择 Service→CloudFormation，打开如图 11-13 所示的 CloudFormation 服务管理界面，在这里单击"创建堆栈"按钮，即进入如图 11-14 所示的创建堆栈界面。

（2）在创建堆栈界面中，可以选择在设计器中创建模板或使用示例模板修改，我们这里使用已经编写好的模板代码，所以选中"模板已就绪"。接下来选择模板源，如果已经把模板文件上传到 S3 上，就选中"Amazon S3 URL"，并在下面的文本框里输入上传到 S3 上的模板文件的 URL，本例是从本地上传模板文件，所以选中"上传模板文件"单选按钮，然后把准备好的 CloudFormation 模板文件上传，单击"下一步"，打开"指定堆栈详细信息"页面，如图 11-15 所示。

图 11-13　CloudFormation 服务管理界面

图 11-14　创建堆栈

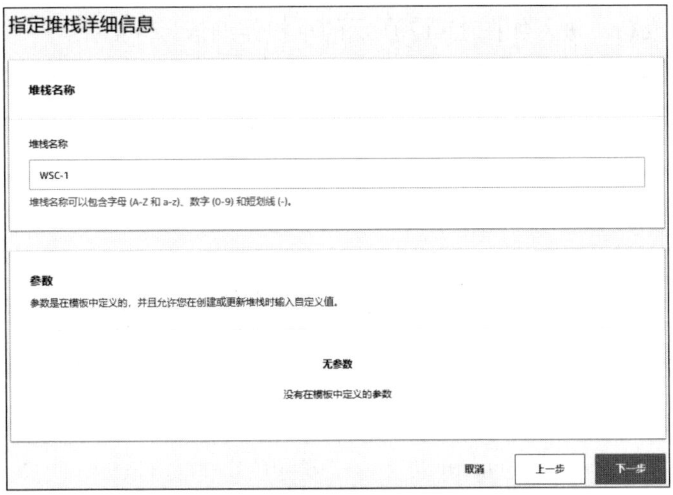

图 11-15 指定堆栈详细信息

（3）填写堆栈名称，本例设置为 WSC-1，单击"下一步"按钮，其他参数保持默认，进入如图 11-16 所示的审核堆栈界面。

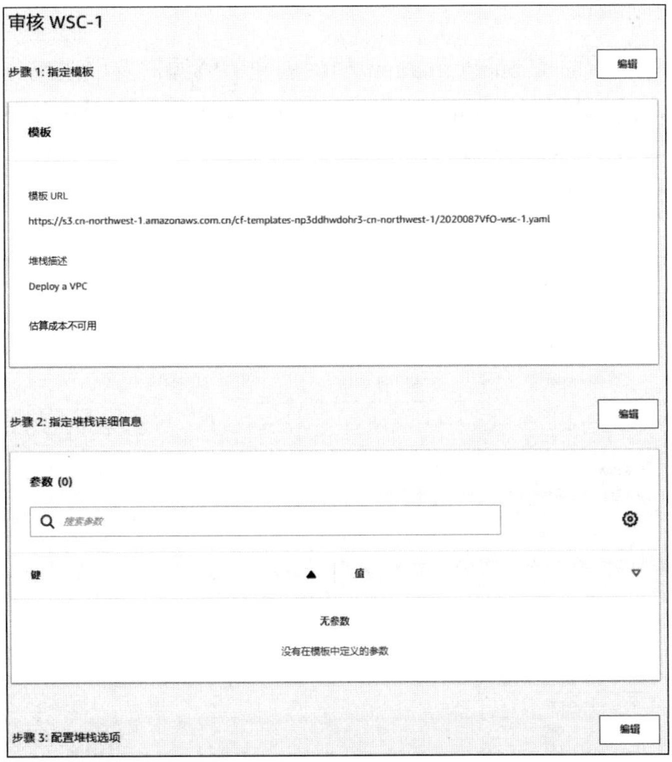

图 11-16 审核堆栈

在这个步骤中，如果对于模板、堆栈详细信息等需要修改，则可以单击"上一步"，返回前面的页面修改，如果确认无误，则单击"创建堆栈"按钮。

创建堆栈成功，进入如图 11-17 所示的堆栈详细信息界面。

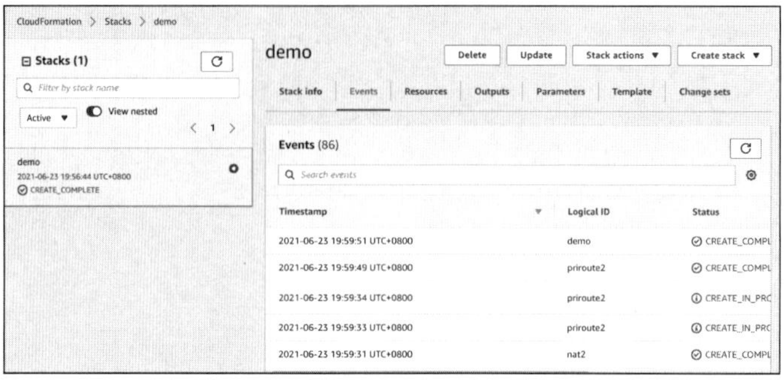

图 11-17　堆栈详细信息

在堆栈详细信息页面，可以看到左侧绿色字体的 CREATE_COMPLETE 字样，表示堆栈创建成功。在页面上方的选项卡里，"事件"选项卡按照时间先后顺序记录了创建资源的情况，"资源"选项卡可以看到所有创建的 AWS 资源的 ID、类型和状态。

2．更新堆栈

如果对于前面 CloudFormation 模板创建的资源需要更改或升级，可以先把要更新的模板代码编辑好，然后更新堆栈就可以了。单击如图 11-17 所示页面右上方的 update 按钮进入如图 11-18 所示的更新堆栈界面。

图 11-18　更新堆栈

在更新堆栈界面,选中"替换当前模板"单选按钮,在模板源选项中选中"上传模板文件"单选按钮,然后将准备好的更新的模板文件上传到堆栈里执行就可以了,如图 11-19 所示,要添加的新资源有 4 项,单击"更新堆栈"按钮,新的模板代码会被执行,在原有资源不变的情况下,增加了 4 项 AWS 资源。

图 11-19 堆栈更新的资源

3. CloudFormation Designer

CloudFormation Designer 是一个图形化的设计 CloudFormation 模板脚本的工具,如图 11-20 所示,可以查看模板中资源的图形化表示、简化模板撰写工作、简化模板编辑工作,支持 YAML 和 JSON 两种格式。

在文本编辑器中撰写模板资源时,必须手动编辑 JSON 或 YAML,这一过程烦琐又容易出错。通过使用 CloudFormation Designer,可以将更多的时间花在设计 AWS 基础设施而不是手动编写模板代码上。在 CloudFormation Designer 中,可以拖放新资源以将其添加到模板中,然后在资源之间拖动连接线以建立关系,非常方便快捷,提高了设计模板的效率。

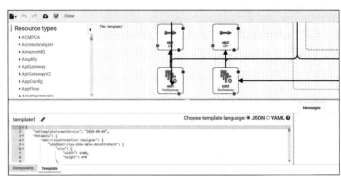

图 11-20 CloudFormation Designer

4．删除堆栈

如果需要删除堆栈，则单击如图 11-21 所示页面右上方的 Delete 按钮进入删除堆栈界面，堆栈删除之后，所有模板创建的 AWS 资源也会随之删除。

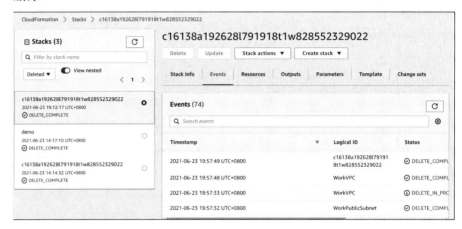

图 11-21　删除堆栈

11.3.2　AWS CloudFormation 应用实例

在前面学习了 CloudFormation 的基础操作之后，我们来编写一个简单的模板脚本，如图 11-22 所示，在这个实例中涉及的 AWS 资源主要包括 VPC、Internet Gateway、Public Subnet、Private Subnet、Route Tables。本例是使用 YAML 格式编写，熟悉 JSON 格式的读者也可以使用 JSON。

1．VPC

定义了 1 个 VPC，名为 WSC VPC，网络地址范围设为 10.0.0.0/16。

2．Internet Gateway

定义了 1 个 Internet 网关，名为 WSC Internet Gateway，并把该 Internet 网关关联到前面定义的 WSC VPC。

3．子网 subnet

定义了 1 个公有子网 PublicSubnet1，网络地址范围设为 10.0.0.0/16，1 个私有子网 Private Subnet 1，网络地址范围设为 10.0.1.0/16。

4．路由表 Route Tables

定义了 1 个公有路由表 Public Route Table，在该路由表中添加一条路

由 PublicRoute，经由 Internet 网关可以访问互联网，然后设置公有子网
PublicSubnet1 与该公有路由表关联。定义了一个私有路由表 Private Route
Table，并设置私有子网 Private Subnet 1 与该私有路由表关联。

5．Outputs

输出 VPC 和可用区 AZ 的信息。

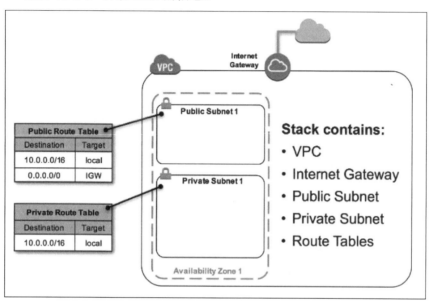

图 11-22　CloudFormation 应用实例示意图

6．本例 YAML 脚本

```
AWSTemplateFormatVersion: 2010-09-09
Description: WSC-1 VPC

Resources:
  VPC:
    Type: AWS::EC2::VPC
    Properties:
      CidrBlock: 10.0.0.0/16
      EnableDnsHostnames: true
      Tags:
      - Key: Name
        Value: WSC VPC

  InternetGateway:
    Type: AWS::EC2::InternetGateway
    Properties:
      Tags:
```

```
        - Key: Name
          Value: WSC Internet Gateway

AttachGateway:
    Type: AWS::EC2::VPCGatewayAttachment
    Properties:
      VpcId: !Ref VPC
      InternetGatewayId: !Ref InternetGateway

PublicSubnet1:
    Type: AWS::EC2::Subnet
    Properties:
      VpcId: !Ref VPC
      CidrBlock: 10.0.0.0/24
      AvailabilityZone: !Select
        - '0'
        - !GetAZs "
      Tags:
        - Key: Name
          Value: Public Subnet 1

PrivateSubnet1:
    Type: AWS::EC2::Subnet
    Properties:
      VpcId: !Ref VPC
      CidrBlock: 10.0.1.0/24
      AvailabilityZone: !Select
        - '0'
        - !GetAZs "
      Tags:
        - Key: Name
          Value: Private Subnet 1

PublicRouteTable:
    Type: AWS::EC2::RouteTable
    Properties:
      VpcId: !Ref VPC
      Tags:
        - Key: Name
          Value: Public Route Table

PublicRoute:
    Type: AWS::EC2::Route
    Properties:
      RouteTableId: !Ref PublicRouteTable
```

```
          DestinationCidrBlock: 0.0.0.0/0
          GatewayId: !Ref InternetGateway

  PublicSubnetRouteTableAssociation1:
    Type: AWS::EC2::SubnetRouteTableAssociation
    Properties:
      SubnetId: !Ref PublicSubnet1
      RouteTableId: !Ref PublicRouteTable

  PrivateRouteTable:
    Type: AWS::EC2::RouteTable
    Properties:
      VpcId: !Ref VPC
      Tags:
      - Key: Name
        Value: Private Route Table

  PrivateSubnetRouteTableAssociation1:
    Type: AWS::EC2::SubnetRouteTableAssociation
    Properties:
      SubnetId: !Ref PrivateSubnet1
      RouteTableId: !Ref PrivateRouteTable

Outputs:
  VPC:
    Description: VPC
    Value: !Ref VPC
  AZ1:
    Description: Availability Zone 1
    Value: !GetAtt
      - PublicSubnet1
      - AvailabilityZone
```

11.4 Amazon CloudWatch

Amazon CloudWatch 可以实时监控 AWS 资源及运行的应用程序，可以使用 CloudWatch 收集和跟踪资源的指标，是一个功能强大的运维利器。CloudWatch 主页自动显示使用的每项 AWS 服务的指标，以图形化的方式显示数据。此外，用户还可以创建自定义控制面板，以显示有关自定义应用程序的指标，并显示指标的自定义集合。如图 11-23 所示，CloudWatch 服务中提供了许多实用的监控数据，例如 EC2 实例的 CPU 利用率、磁盘读写操作、网络输入输出等，利用这些数据，可以方便地调整资源的配置和部署。

除此之外，用户还可以创建警报，使用警报监视指标，当某项指标超出阈值时，就会自动触发相应操作，最常见的是发送通知或者对所监控的资源自动进行更改。例如，如果使用 CloudWatch 监控 AutoScaling 组中的 EC2 实例的 CPU 使用率，可以制定阈值，当 CPU 使用率高于某个阈值时，就在 AutoScaling 组中增加指定数量的 EC2 实例，反之，当 CPU 使用率高于某个阈值时，就在 AutoScaling 组中终止指定数量的 EC2 实例，这样就可以根据 CPU 使用率这一指标，动态的调整 EC2 的资源。

图 11-23　CloudWatch 监控

11.5　AWS CloudTrail

AWS CloudTrail 可以对 AWS 账户进行监管、合规性检查、操作审核和风险审核，可以使用 CloudTrail 来查看、搜索、下载、归档、分析和响应 AWS 基础设施中的账户活动。用户、角色或 AWS 服务执行的操作将记录为 CloudTrail 中的事件，事件包括在 AWS 管理控制台、AWS Command Line Interface、AWS 开发工具包和 API 中执行的操作。如图 11-24 所示，CloudTrail 记录了 90 天内 AWS 账户执行的所有操作事件，可以确定哪个账户或哪个组件对哪些资源执行了哪些操作、事件发生的时间及其他细节，来分析和响应 AWS 账户中的活动，这在运维实战中尤为重要。

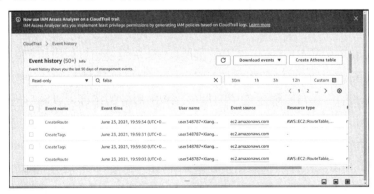

图 11-24　CloudTrail 跟踪

11.6　AWS Config

AWS Config 服务提供了 AWS 账户中资源配置的详细信息。这些信息包括资源之间的关联方式、资源的配置方式,以及资源的配置和关系如何随着时间的推移而更改。利用 AWS Config,可以评估 AWS 资源配置是否具备所需设置,可以获得 AWS 账户关联的受支持资源的当前配置快照,可以检索账户中的一个或多个资源配置及在资源被创建、修改或删除时接收通知。

在如图 11-25 所示的 AWS Config Dashboard 页面中,可以查看 AWS Config 正在记录的资源的总数,以降序显示正在记录的资源类型,可以查看不合规规则的数量、查看不合规资源的数量,还可以查看不合规规则。

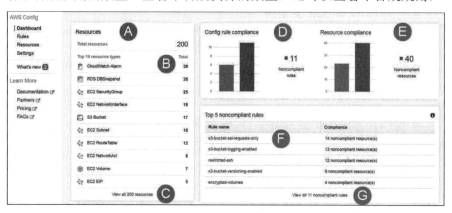

图 11-25　AWS Config Dashboard

11.7　运维综合案例

本例是在本章 11.3.2 的基础网络架构之上,在 CloudFormation 模板脚本中综合运用了 EC2 云主机、S3 存储桶、IAM Role 角色、Security Group 安全组这些 AWS 服务,更具有实战意义。关于 11.3.2 中介绍过的基础网络架构部分,这里不再赘述,下面仅介绍增加的 AWS 服务脚本部分。

1. EC2 云主机

在 Parameters 部分除了定义了前面已经讲过的 VPC 和公有子网以外,增加了定义 EC2 实例 AMI 模板的脚本,这里很巧妙地使用 AWS Systems Manager Parameter Store 来返回脚本 stack 所运行 Region 区域内 Amazon Linux 2 EC2 AMI 模板 ID,而没有直接指定某一个 Region 区域的特定 AMI 模板 ID,这样该脚本就在不同的 Region 区域内都可以运行。

在 Resources 部分 Instance,定义了 EC2 实例的类型为 t2.micro,标签

为 App Server，AMI 使用已定义的 AmazonLinuxAMIID，在公有子网 PublicSubnet 部署，安全组使用 AppSecurityGroup。

2．S3 存储桶

在 Resources 部分定义了 1 个 Amazon S3 bucket 存储桶，仅两行代码，脚本运行完成就可以直接使用该存储桶存取数据了，在实战中 EC2 实例访问 S3 存取数据的应用非常普遍。

3．IAM Role 角色

在 Resources 部分 IAM Role for Instance 定义了 1 个名为 App-Role 的 IAM Role 角色，定义了该角色对 EC2 实例的操作权限。

4．Security Group 安全组

在 Resources 部分 App Security Group 定义了 1 个名为 App 的 Security Group 安全组，该安全组定义了 1 条规则，就是允许外部访问 80 端口。

5．运维综合案例拓扑图

运维综合案例拓扑图，如图 11-26 所示。

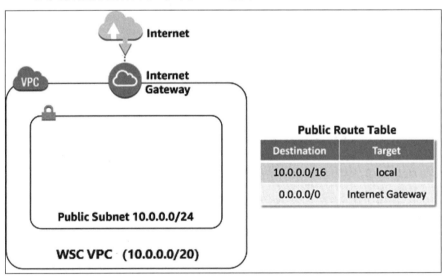

图 11-26   运维综合案例拓扑图

6．AWS 服务脚本

```
AWSTemplateFormatVersion: 2010-09-09
Description: WSC template2
# WSC VPC with public subnet and Internet Gateway

Parameters:
```

```yaml
  WSCVpcCidr:
    Type: String
    Default: 10.0.0.0/20

  PublicSubnetCidr:
    Type: String
    Default: 10.0.0.0/24

  AmazonLinuxAMIID:
    Type: AWS::SSM::Parameter::Value<AWS::EC2::Image::Id>
    Default: /aws/service/ami-amazon-linux-latest/amzn2-ami-hvm-x86_64-gp2

Resources:

  Bucket:
    Type: AWS::S3::Bucket

  Instance:
    Type: AWS::EC2::Instance
    Properties:
      InstanceType: t2.micro
      ImageId: !Ref AmazonLinuxAMIID
      SubnetId: !Ref PublicSubnet
      SecurityGroupIds:
        - !Ref AppSecurityGroup
      IamInstanceProfile: !Ref InstanceProfile
      Tags:
        - Key: Name
          Value: App Server

###########
# VPC with Internet Gateway
###########

  WSCVPC:
    Type: AWS::EC2::VPC
    Properties:
      CidrBlock: !Ref WSCVpcCidr
      EnableDnsSupport: true
      EnableDnsHostnames: true
      Tags:
        - Key: Name
          Value: WSC VPC
```

```
  IGW:
    Type: AWS::EC2::InternetGateway
    Properties:
      Tags:
        - Key: Name
          Value: WSC IGW

  VPCtoIGWConnection:
    Type: AWS::EC2::VPCGatewayAttachment
    DependsOn:
      - IGW
      - WSCVPC
    Properties:
      InternetGatewayId: !Ref IGW
      VpcId: !Ref WSCVPC


##########
# Public Route Table
##########

  PublicRouteTable:
    Type: AWS::EC2::RouteTable
    DependsOn: WSCVPC
    Properties:
      VpcId: !Ref WSCVPC
      Tags:
        - Key: Name
          Value: Public Route Table

  PublicRoute:
    Type: AWS::EC2::Route
    DependsOn:
      - PublicRouteTable
      - IGW
    Properties:
      DestinationCidrBlock: 0.0.0.0/0
      GatewayId: !Ref IGW
      RouteTableId: !Ref PublicRouteTable


##########
# Public Subnet
##########

  PublicSubnet:
    Type: AWS::EC2::Subnet
```

```
      DependsOn: WSCVPC
      Properties:
        VpcId: !Ref WSCVPC
        MapPublicIpOnLaunch: true
        CidrBlock: !Ref PublicSubnetCidr
        AvaiWSCilityZone: !Select
          - 0
          - !GetAZs
            Ref: AWS::Region
        Tags:
          - Key: Name
            Value: Public Subnet


  PublicRouteTableAssociation:
    Type: AWS::EC2::SubnetRouteTableAssociation
    DependsOn:
      - PublicRouteTable
      - PublicSubnet
    Properties:
      RouteTableId: !Ref PublicRouteTable
      SubnetId: !Ref PublicSubnet


###########
# IAM Role for Instance
###########

  InstanceProfile:
    Type: AWS::IAM::InstanceProfile
    Properties:
      Path: /
      Roles: [!Ref AppRole]
      InstanceProfileName: App-Role


  AppRole:
    Type: AWS::IAM::Role
    Properties:
      RoleName: App-Role
      AssumeRolePolicyDocument:
        Version: 2012-10-17
        Statement:
          - Effect: Allow
            Principal:
              Service:
                - ec2.amazonaws.com
            Action:
```

```
            - sts:AssumeRole
      Path: /
      Policies:
        - PolicyName: root
          PolicyDocument:
            Version: 2012-10-17
            Statement:
              - Effect: Allow
                Action: ssm:*
                Resource: '*'


##########
# App Security Group
##########

  AppSecurityGroup:
    Type: AWS::EC2::SecurityGroup
    DependsOn: WSCVPC
    Properties:
      GroupName: App
      GroupDescription: Enable access to App
      VpcId: !Ref WSCVPC
      SecurityGroupIngress:
        - IpProtocol: tcp
          FromPort: 80
          ToPort: 80
          CidrIp: 0.0.0.0/0
      Tags:
        - Key: Name
          Value: App
##########
# Outputs
##########

Outputs:

  WSCVPCDefaultSecurityGroup:
    Value: !Sub ${WSCVPC.DefaultSecurityGroup}
```

习题

1. Systems Manager 的主要功能有哪些？

2. 什么是托管实例？

3. Session Manager 的主要功能有哪些？

4．CloudFormation 更新堆栈是否会删除更新之前的 AWS 资源？

5．CloudWatch 中创建警报的主要作用是什么？

参考文献

[1] Amazon Web Services, Inc. AWS 白皮书[EB/OL]. [2020-3]. https://aws. amazon.com/whitepapers.

[2] Amazon Web Services, Inc. AWS 官方文档[EB/OL]. [2020-3]. https://docs.aws. amazon.com/index.html.

[3] SLUGA M. AWS Certified SysOps Administrator-Associate Guide: Your one-stop solution for passing the AWS SysOps Administrator certification[M]. Packt Publishing :217-224.

第 12 章

AWS GameDay

AWS 是亚马逊公司旗下云计算服务平台，为全世界范围内的客户提供云计算解决方案。AWS 面向用户提供包括弹性计算、存储、数据库、应用程序在内的一整套云计算服务，帮助企业降低 IT 投入成本和维护成本。AWS 提供了一整套基础设施和应用程序服务，从企业级应用、移动应用到大数据项目等，AWS 云服务在全球的市场占有率近年来一直稳居第一[1]。

GameDay 是 AWS 开发的一款面向云计算技术爱好者的 Web 竞技平台，竞技者或竞技团队利用这个平台可以更好地交流和学习 AWS 相关技术。AWS 每年都会在全球很多中心城市举办大型的 AWS Summit 技术峰会，在其中的一些峰会中，AWS 为了推广公司的技术和服务，会使用 GameDay 平台为 AWS 云计算技术爱好者举行比赛，比赛参与者都会获得 GameDay 象征的"独角兽"纪念贴纸，比赛得分最高的参赛队会获得有"独角兽"标志的纪念品。

12.1 GameDay 与世界技能大赛

世界技能大赛由世界技能组织举办，被誉为"技能奥林匹克"，是世界技能组织成员展示和交流职业技能的重要平台。世界技能大赛的举办机制类似于奥运会，由世界技能组织成员申请并获批准之后，世界技能大赛在世界技能组织的指导下与主办方合作举办。第 43 届世界技能大赛于 2015 年

8 月在巴西的圣保罗举办，第 44 届世界技能大赛于 2017 年 10 月在阿联酋阿布扎比举办，第 45 届世界技能大赛于 2019 年 8 月在俄罗斯喀山举办，2017 年 10 月 13 日，中国上海获得了 2021 年第 46 届世界技能大赛的举办权[2]。

2019 年 8 月在俄罗斯喀山举办的第 45 届世界技能大赛中，共有 54 个比赛项目，其中 50 个正式比赛项目和 4 个首次入选的展示项目，云计算项目就是这 4 个展示项目之一。因为 AWS 公司在全球云计算服务领域的领先地位，成为云计算项目的技术支持方，同时 AWS 公司的 GameDay 平台也成为第 45 届世界技能大赛云计算项目决赛的竞赛平台。为了提高各个参赛国家选手的竞技水平，AWS 公司也在一些参赛国家的国家级选拔赛中提供 GameDay 平台的竞赛支持。

2019 年 3 月，第 45 界世界技能大赛云计算项目中国区选拔赛在上海举行，共有来自全国的 23 名选手参加，比赛选用 AWS GameDay 平台作为竞赛平台，由 AWS 公司提供全程的技术支持。

12.2　GameDay 功能解析

GameDay 是 AWS 开发的一款以竞技比赛为核心内容的 Web 平台，参赛选手按照指引访问指定的 url，就可以登录 GameDay 首页，如图 12-1 所示，在文本框内输入拿到的 1 个 12 位的哈希码（每个哈希码实际上是对应 1 个 AWS 账号），单击"Accpet Terms & Login"按钮，即可登录 GameDay 的 Dashboard，如图 12-2 所示。

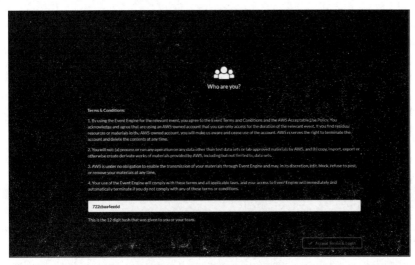

图 12-1　GameDay 登录界面

12.2.1 仪表盘 Dashboard

Dashboard 是 GameDay 最重要的功能模块，是参赛选手与 GameDay 平台交互的主界面，选手的所有操作都是以这个界面为起点完成的。在 Dashboard 中，可以清晰地显示 "SCORE 得分/TREND 趋势/RANK 排名" 这些信息，选手可以通过单击按钮 Set Teamname、scoreboard、scoreboard event 来完成与 GameDay 平台的交互，通过单击按钮 AWS Console 可以登录 AWS 管理控制台操作 AWS 云资源进行比赛。

关于 GameDay Dashboard 的各项功能的具体使用方法，在下文中有详细阐述，选手必须熟练使用这些功能，才能在比赛中顺利完成相关操作。

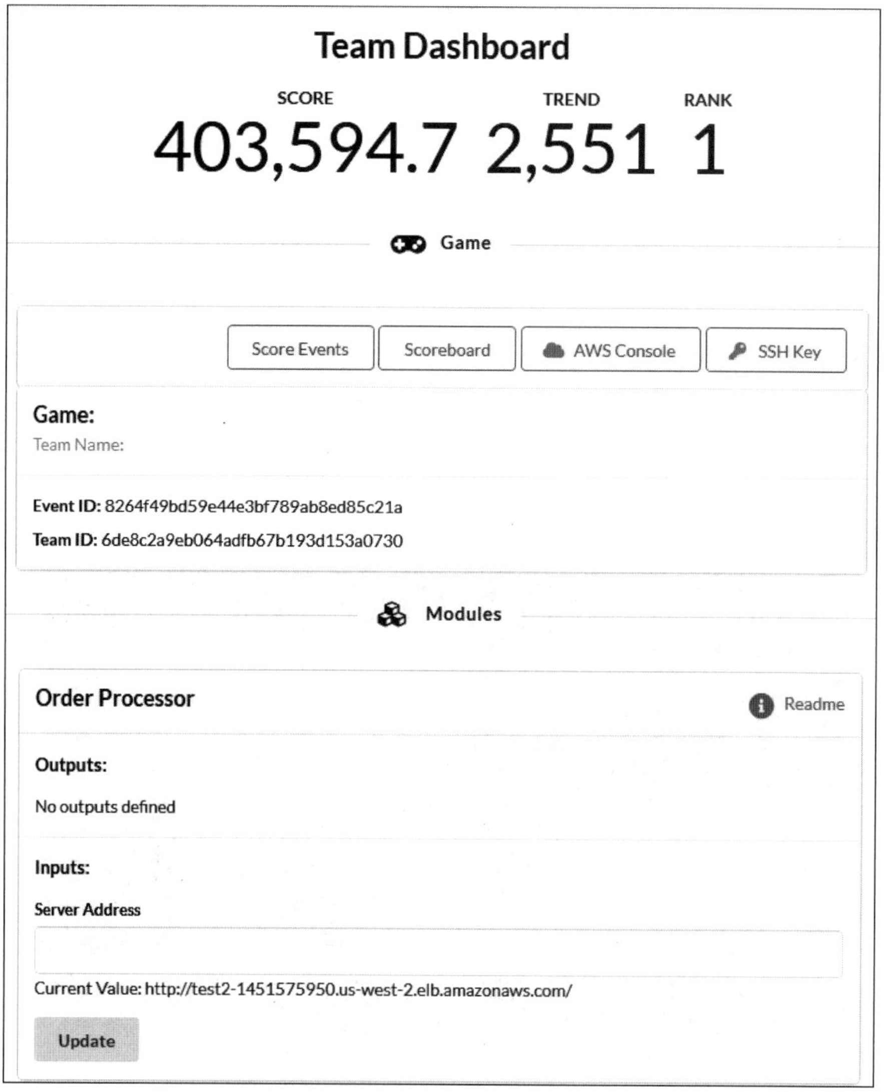

图 12-2　GameDay Dashboard

1. score/trend/rank

SCORE 是当前的累计得分；TREND 是当前的得分趋势，正数得分表示当前接受网络访问请求的得分减去基础设施花费扣分的结果为正数，反之为负，正数得分值越高表明当前的得分趋势越好；RANK 是当前个人得分的排名。

2. Set Teamname

在 Dashboard 界面中的 Game 输入框中设置参赛队的队名，个人参赛者也可以设置个人的参赛昵称。

3. Scoreboard

在 Dashboard 界面中单击"Scoreboard"按钮，就可以看到记分板，可以看到所有参赛选手的当前得分，得分趋势和排名。

4. Score Events

在 Dashboard 界面中单击 Score Events 按钮，就可以看到参赛选手自己的得分和扣分事件，例如外网访问请求的响应时间在一定范围之内就得分，超过一定范围就扣分，而且根据响应时间的快慢，得分又可分为 3 个档次，分别是 10 分、13 分和 15 分。

除了使用 AWS 提供的 CloudWatch、CloudTrail 等监控工具之外，Score Events 是选手判断当前比赛形势的最直观的工具，因为得分和扣分事件及得分、扣分的分值，都是选手判断是否需要更改自身 AWS 资源配置的重要依据，例如在 HTTP 压力的测试场景中，选手往往要根据 Score Events 来更改 AWS 资源 AutoScaling 自动扩展服务的配置。

5. AWS Console

在 Dashboard 界面中单击"AWS Console"按钮，就打开了 AWS 的管理控制台，在这里选手可以在权限范围之内访问 AWS 服务，并使用这些 AWS 服务资源搭建自己的架构，运行比赛要求的应用，例如搭建运行某个 Web 应用或数据库应用等。

6. Inputs

Inputs 是指选手把自己搭建好的 Web 应用的访问 URL（IP 地址或 DNS 地址）在 Dashboard 中提交给 GameDay 的服务端，URL 要包含协议 http/https，如果使用了除 80 和 443 之外的端口，也要在 URL 中添加。

GameDay 会向选手提交的 URL 所指向的 Web 应用发起压力测试和各种 Web 攻击测试等，验证选手搭建的 AWS 架构和服务的安全性、高可用性、可扩展性、响应性能等，并根据测试的结果计算选手的实时得分，显示到电子积分板上。

选手如果在比赛过程中更新了 Web 应用的 URL，把新的 URL 填写到文本框中并单击 Update 按钮提交就可以了，GameDay 会向选手新提交的 URL 所指向的 Web 应用发起压力测试和各种 Web 攻击测试。

7．Readme

在 Dashboard 界面中单击"Readme"按钮，就打开了 Dashboard 各项功能的使用说明书，当选手对 Dashboard 的操作有疑问的时候，可以使用 Readme 来查询。初次使用 GameDay 的选手最好先阅读一下 Readme 中的文档内容。

12.2.2　计分板 Scoreboard

Scoreboard 是 GameDay 另一个重要的功能模块，其界面如图 12-3 所示，与其他很多竞赛平台计分板不同的是，这里的 Scoreboard 的得分信息是实时更新的。Scoreboard 的信息更新周期只有几秒钟，所以在比赛时，每隔几秒钟选手就会看到自己最近的得分变化，同时也会看到对手得分的变化，因此在真实的赛场上，Scoreboard 对选手的心理素质是个极大的考验。

Scoreboard 计分板中 TeamName 是参赛队设置的队名（个人参赛者显示的是自己设置的昵称），Score 是参赛选手的当前得分，Score Trend 是当前的得分趋势，正数得分表示当前接受网络访问请求的得分减去基础设施花费扣分的结果为正数（显示为绿色），反之为负（显示为红色），正数得分值越高表明当前的得分趋势越好。

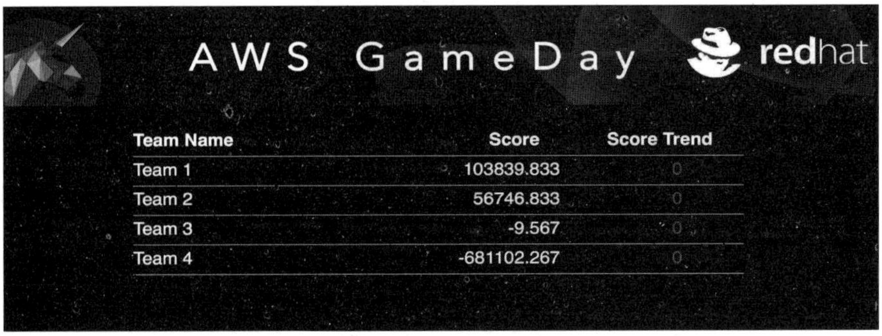

图 12-3　GameDay Scoreboard 示意图

12.3　GameDay 比赛案例解析

AWS GameDay 预设比赛情景如下。

  Unicorn.Rentals 公司经营不善，参赛者或参赛团队被视为 Unicorn.Rentals 公司的员工。Unicorn.Rentals 公司要想继续运营下去，需要员工使用 AWS 资源架构运行 Web 应用来接收外网网络访问请求（视为赚钱行为），员工使用的 AWS 基础设施资源（视为花费行为），二者之差视为盈利，盈利越多对 Unicorn.Rentals 公司经营越有利。所以，在比赛过程中，选手需要调整 AWS 资源的部署架构，尽可能用少的基础设施资源去承接更多的访问流量，从而获得更多的分数。该竞赛平台主要涉及的 AWS 服务包括 EC2、VPC、AutoScaling、ELB/ALB、CloudFront、Elasticache、S3、CloudWatch 等。

  在选手参加比赛时，会预先给每个选手 1 个最简单的 AWS 应用架构，如图 12-4 所示，在指定 Region 区域中的 1 个可用区的公有子网中运行了 1 台 EC2 实例，在 EC2 实例中已经搭建了 1 个简单的 Web 网站应用。选手可以修改默认的基础设施架构，在兼顾安全性、高可用性、可扩展性的前提下，保障 Web 网站应用运行运行正常。

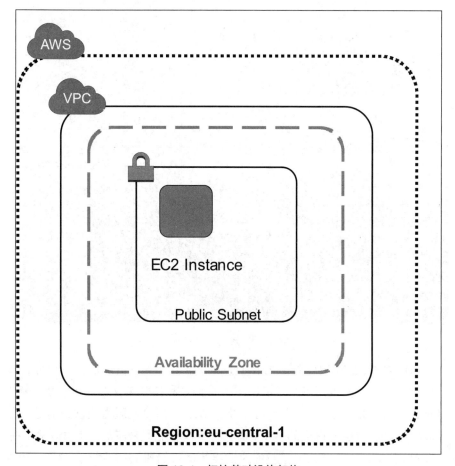

图 12-4　初始基础设施架构

在指定的时间内，选手用自己的架构搭建运行给定的 Web 网站应用，然后把自己 Web 网站在外网访问时用的 URL，填写在 Dashboard 中的 INPUT URL 文本框并单击 "update" 按钮提交。

GameDay 平台操作者在接收到选手提交的 URL 之后，就向每个选手提交的 URL 指向的 Web 网站应用发起大量的 Web 访问请求，即我们通常所说的压力测试，其原理如图 12-5 所示，例如向选手提交的 ELB 的 URL 发送 100 个 Web 连接请求。

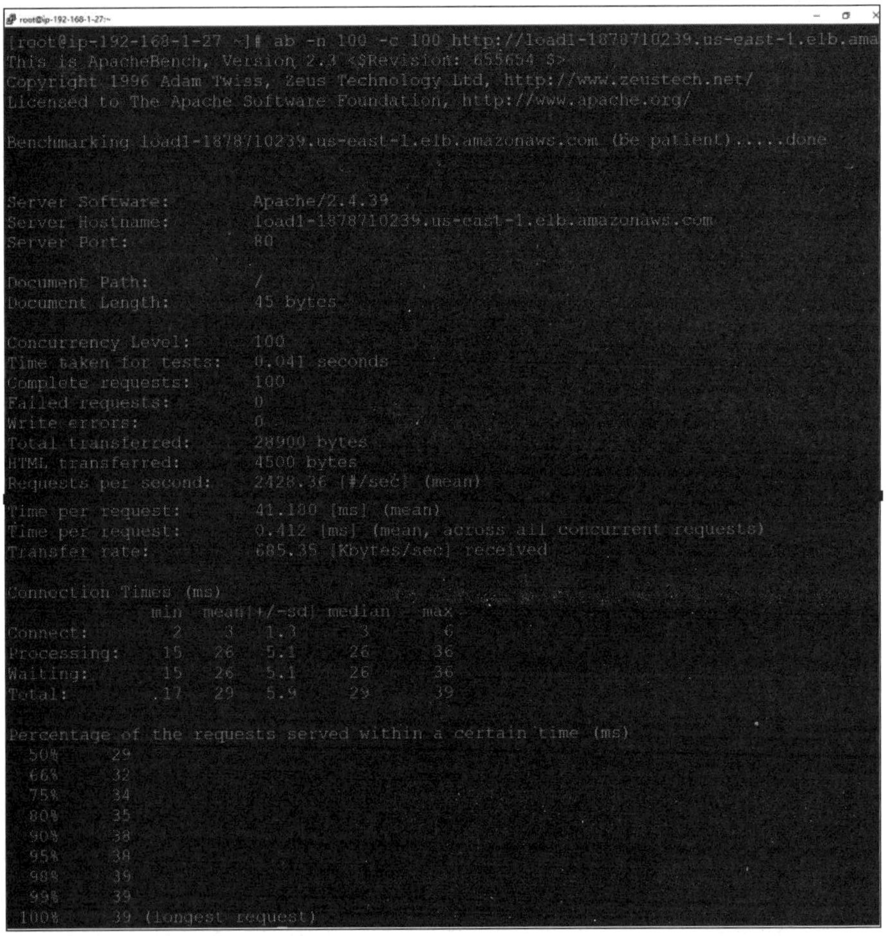

图 12-5　压力测试界面

在压力测试过程中，选手可在 Dashboard 界面查看自己的实时得分、得分趋势、排名，并根据 Score events 查看得分和扣分事件，还可利用 AWS CloudWatch、CloudTrail 等监控工具查看 Web 网站接收压力测试的情况，然后选手可以通过更改自己的 AWS 资源的架构和配置来应对，其中最常见的是设置 AutoScaling 自动扩展服务的扩展策略，如图 12-6 所示。

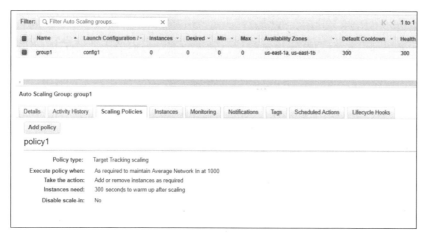

图 12-6　AutoScaling 扩展策略

12.4　GameDay 实战心得

第 45 界世界技能大赛云计算项目中国区选拔赛于 2019 年 3 月在上海举行，来自全国的 23 名选手参加了这次比赛。所有参赛选手都是首次接触 AWS GameDay 竞赛平台，在为期 3 天每天 6 小时的激烈角逐后，决出了云计算项目代表中国参加第 45 界世界技能大赛的正选和备选选手，如图 12-7 所示。

图 12-7　45 届世赛云计算项目中国区选拔赛现场

所有参与这次比赛的选手、教练、裁判对 AWS GameDay 竞赛平台都给予了非常高的评价，认为该平台集中体现了亚马逊 AWS 公有云倡导的五大支柱，即安全性、可靠性、性能效率、成本优化和卓越操作。

以下摘录了部分参加这次选拔赛的选手和教练的心得。

参赛选手：本次赛事我们第一次使用了 AWS GameDay 平台，每个人的感觉是——新鲜、开放、残酷。每天 6 个小时的比赛不到比赛结束的一刻，所有选手都有反超翻盘或是从高位跌落的可能。根据三天比赛的体验，我们认为其大致原理是 AWS 模拟一个真实的应用场景，让选手进行实战，并且在实战的过程中设置突发事件用于考察选手的技术实力和应变能力。AWS GameDay 会根据选手账户所使用的资源和成本多少进行扣分，从而训练选手的成本管控能力。因此，AWS GameDay 是一款实时性强、测试精准度高的 AWS 比赛平台。

教练：AWS 是一款便于学习，精于生产的公有云平台，用它能够快捷地部署符合"安全性、可靠性、成本优化、性能效率、卓越运维"五大特性的公有云架构。本次比赛使用了 AWS GameDay 平台，该平台采用模拟访问请求的机制来测试选手部署的高可用性并能根据现场答题情况进行测试方式的调整，这种方式对所有参赛选手是全新的、公平的、开放的；而对于场外观众而言，GameDay 平台提供了实时、直观的积分显示屏，观众们甚至可以随着比赛的节奏而为选手呐喊助威，这大大增加了比赛的刺激性和趣味性，尤其在若干选手比分胶着时，现场的氛围堪比世界杯决赛，真正让在场所有人都身临其中。

习题

1. AWS GameDay 竞赛平台的仪表盘 Dashboard 中包含哪些功能模块？
2. AWS GameDay 竞赛平台的计分板 Scoreboard 中的 Score Trend 表示什么？
3. AWS GameDay 竞赛平台的 Score Events 模块有什么作用？
4. 仪表盘 Dashboard 中的 Inputs 有什么作用？
5. AWS GameDay 竞赛平台主要涉及的服务有哪些？

参考文献

[1] Amazon Web Services, Inc. AWS 白皮书[EB/OL]. [2020-3]. https://aws.amazon.com/whitepapers.

[2] Amazon Web Services, Inc. AWS 官方文档[EB/OL]. [2020-3]. https://docs.aws.amazon.com/index.html.

第 13 章

Jam 平台

AWS 亚马逊公司旗下云计算服务平台,是全球数百万用户的选择,是全面而广泛的云平台,提供功能齐全的服务。AWS 客户包括大型企业、初创公司、政府机构等,他们信任 AWS 并选择 AWS,以实现降低成本,提高敏捷性,为基础设施赋能[1]。Jam 平台正是使用 AWS 平台,为参与者带来不同方向和难度的云上挑战。

Jam 平台也是第 45 届世界技能大赛云计算项目所使用的竞赛平台之一,通过 Jam 平台进行额外的测试模块。Jam 旨在挑战所有不同水平的参与者,所有不同的主题和不同的技术都会面临一些简单、中等和艰难的挑战。对于涉及新主题或对用户来说太困难的挑战,Jam 平台还提供挑战的线索,帮助参与者学习最佳实践。

到目前为止,它主要在每年拉斯维加斯举行的 re: Invent 大会上开放。也偶尔会在其他国家或地区举行的有关 AWS 活动中开放。

13.1 关于 Jam 平台

13.1.1 Jam 的不同种类划分

Jam 有许多不同的种类,帮助参与者提升、测试自己的技能。

(1) Security Jam。这是一个有时间限制的类型,参与者在挑战中解决许多安全性问题、风险和合规性场景。它使用户可以学习新技能并针对一组模拟的安全事件练习最新技能。用户能确定是什么原因导致的问题吗？用户将做点什么不同的呢？用户如何构建 AWS 服务以防止问题再次发生呢？这些挑战的难度可容纳所有级别的 AWS 用户[2]。

下面是一些与安全性有关的实验举例[3]。

➢ 使用.NET 编程 AWS Security Token Service（STS）。
➢ 使用 AWS Config 监视安全组。
➢ 使用 AWS Trusted Advisor 审核安全性。
➢ 使用 AWS Lambda 自动更新安全组。
➢ 使用 Amazon CloudWatch Events 监视安全组。
➢ 对用户的 AWS 环境执行基本审核。
➢ 使用 AWS KMS 托管密钥的 EMR 文件系统客户端加密。
➢ 适用于 Windows PowerShell 的 AWS 工具。
➢ Amazon Virtual Private Cloud（VPC）。
➢ AWS Identity and Access Management（IAM）。
➢ AWS Key Management Service。
➢ Amazon EC2 中的 SQL Server。

（2）Jam Lounge。这个类型提供了自定义进度的挑战，Jam Lounge 可以在多日内完成。这些挑战将帮助用户学习新技能并在模拟环境中练习最新技能。新的挑战将在整个活动中出现，以推动多日活动中的参与并保持参与者的学习。所使用的挑战类型将取决于活动本身，不过会提供所有基础设施，参与者只需要携带一台笔记本电脑即可[2]。

（3）Capture The Flag (CTF)。此事件有两个部分同时运行，一个传统并且充满危险的部分和一个防御部分。危险部分允许参与者以自己的节奏来应对许多安全挑战，以识别出特定的答案（flag）。在防御部分中，参与者将需要加固生产环境中的基础设施，然后防御整个 CTF 过程中发生的许多安全事件。参加者可以在活动期间按照自己的节奏来进行这两个部分的工作[2]。

13.1.2　Jam 平台在第 45 届世界技能大赛中

世界技能大赛是最高层级的世界性职业技能赛事，每两年举办一次，被誉为"世界技能奥林匹克"。第 45 届世界技能大赛于 2019 年 8 月 22 日～27 日在俄罗斯喀山举行，来自世界技能组织的 69 个成员国家和地区的 1355 名选手将在 6 大类 56 个项目开展竞技。此次世赛中国代表团由选手、专家、翻译、工作人员等 210 人组成，其中参赛选手 63 名[4]。

Jam 平台在第 45 届世界技能大赛云计算项目上作为额外的技能测试部分向选手提出挑战。作为选手需要解决各种各样的难题,从易到难,贯穿整个四天的比赛。第一天的挑战相对于整场比赛中是最容易的。并且由于整场比赛总计 21 小时的限制,所以在第一天和第二天选手会各遇到 1 个挑战,第三天则会有 6 个挑战,最后一天会遇到 3 个挑战,共计 11 个挑战。

对于分值占比在整场比赛中占 30%左右。选手需要灵活掌握自己的时间,尽可能完成所有挑战。如果在 Jam 挑战中使用掉一个线索,那么就不能得到相应的分数,使用掉挑战所有的线索,则该挑战不得分。

13.1.3 Jam 和 AWS

Jam 的挑战依赖于 AWS 提供的基础设施及环境,不过 Jam 平台不需要使用参与者的 AWS 账户。Jam 平台提供了完成挑战可能需要的所有必需的 AWS 基础设施和第三方软件,并且会自动根据挑战内容生成账户中的环境。参与者需要在笔记本电脑/工作站上安装的唯一东西是 SSH 软件和 AWS CLI[2]。

13.1.4 Jam 平台和 GameDay 平台

Jam 和 GameDay 是两种完全不同风格的平台。但都是通过 AWS 进行基础设施构建与访问。参与者需要不断寻找最佳的解决方案或回答一系列特定问题。

这两种平台都提供了游戏化的动手体验,旨在帮助参与者学习如何在 AWS Cloud 中进行构建。

GameDay 是一种事件模拟类型的平台,它会不断挑战参与者以保持部署在 AWS 云上服务的正常运行。看上去很简单,直到参与者意识到游戏会突然发生大量事件导致服务中断而乱成一团。参与者在此类型的平台中需要保持所构建的服务一直可用。

Jam 是一个有趣的、针对安全性、高可用性甚至更多类型的挑战,它要求参与者使用 AWS 和 APN 服务来应对一系列挑战。挑战彼此独立,有助于最大化学习机会,这是真正了解如何部署维护好 AWS 云上服务的最佳方法[2]。

13.1.5 Jam 的核心

Jam 与 Gameday 同样都是由 AWS Event Engine 提供访问 AWS 账户的功能,AWS Event Engine 由 AWS 开发,主要用于运行 Workshops、Gameday 等一些内容,如图 13-1 所示。并且由 AWS Cognito 提供注册和登录选项的

用户目录，由 AWS API Gateway 提供 Web 服务上的后端系统[5]。

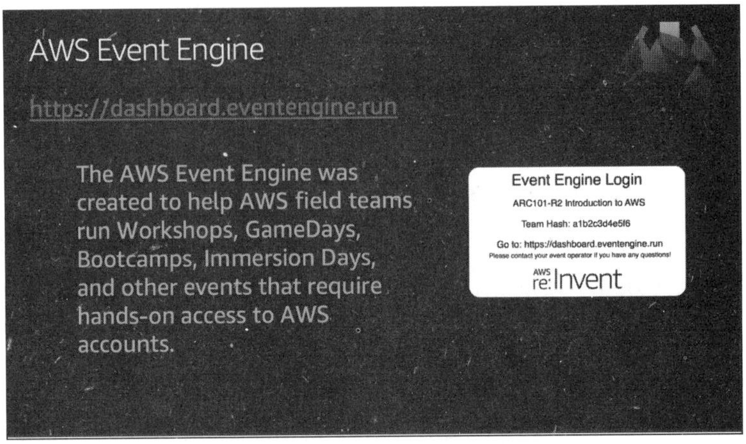

图 13-1　AWS Event Engine

13.2　使用 Jam 平台

Jam 平台通常会在 AWS re:Invent 大会上开放给参与者使用。Jam 是高度游戏化的平台，参与者可以完成挑战和学习各种 AWS 服务使用的任务。

13.2.1　注册 Jam 账号

（1）打开 Jam 首页 https://Jam.awsevents.com/，会看到 Jam 首页是紫色背景，并且以一只戴着墨镜的猴子作为平台 LOGO。单击右侧红框部分 Register 按钮来注册 Jam 账户，并且整个页面主题可在登录后自由选择暗黑或禁用暗黑模式[2]，Jam 首页如图 13-2 所示。

图 13-2　Jam 首页

（2）选择用户的首选语言，输入用户的电子邮箱、显示名称、密码，并进行人机身份验证。最后单击 submit 按钮完成注册，如图 13-3 所示。

📢 **注意：** 账户名称将会显示在排名之中；进行人机身份验证可能需要透过代理才能进行。

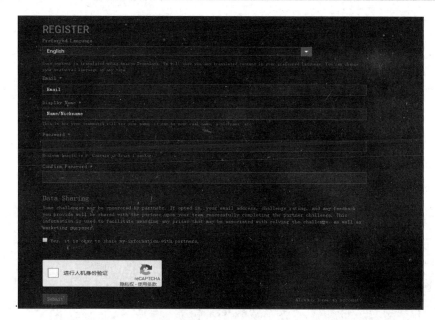

图 13-3　Jam 注册页

（3）重新打开 Jam 首页即可进行登录。登录后，如图 13-4 所示。

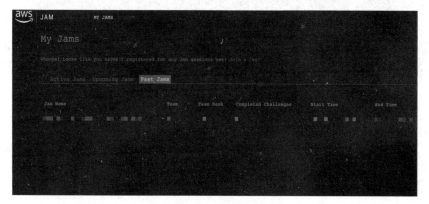

图 13-4　Jam 登录完成后

13.2.2　开始 Jam 挑战

（1）在登录后，输入活动所提供的 Secret Key 即可进入 Jam 挑战地图，如图 13-5 所示。

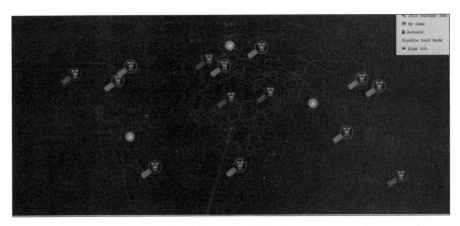

图 13-5　Jam 挑战地图

（2）单击当中的挑战后，进入挑战说明页，详细介绍了挑战的细节，如图 13-6 所示。单击"Open AWS Console"按钮进入 AWS 控制台，即可开始挑战。

图 13-6　Jam 挑战说明页

◀》 注意：挑战只可以重新启动一次；如需启动多次需联系活动人员；重新启动后的挑战需要等待 10min 或更久的时间生成或配置账户环境。

13.2.3　使用线索

使用线索可以帮助参与者完成挑战。在大部分情况下会有 3 或 4 个线索，供参与者使用。线索是为帮助参与者朝着最终的解决方案前进而设计的，但是，如果参与者使用线索，那么将不会得到该挑战的满分[2]。

选择左侧菜单栏中的 Clues 选项，即可看到所提供的线索，如图 13-7 所示。

图 13-7　Jam Clues 页面

> 注意：线索不能跨越使用，比如在没有使用第一个线索前，不能直接使
> 用第二或第三个线索；线索具有连续性，通常第二个线索会包含
> 第一个线索的内容，第三个线索会包含前两个线索的内容。所以，
> 通常最后一个线索就是挑战的详细步骤。

13.2.4　加入新的 Jam 会话

加入新的 Jam 会话即同时参与多个 Jam 活动。在登录账户后，单击 join
a Jam 按钮即可跳转到 Jam 会话页面，如图 13-8 所示。

图 13-8　join a jam 页面

只需要输入活动主持人提供的 Secret Key 就可加入新的会话，如图 13-9
所示。一个账户可以加入多个 Jam 会话。

13.2.5　完成相应挑战

通常对于 CTF 类型的挑战需要解决挑战中 AWS 账户环境遇到的安全
风险，以及修复被"黑客"入侵后的环境，在这种类型的挑战中"黑客"会

留下篡改的痕迹,在大部分情况下,篡改的位置会被故意留下相应的 UUID,
只需要将 UUID 提交到 Submit Answer 框中即可完成挑战。对于部署类型的
挑战,需要完成相应的部署任务,使用户的服务可以正常工作。在服务正常
工作后,相应的检测程序检测到账户中相应的内容,只需要单击挑战说明页
中的 Output Properties 选项卡即可获得检测程序的网站地址,在完成部署后
检测页面会给出相应的 UUID,同样提交到 Submit Answer 框中即可完成
挑战。

图 13-9　Jam 会话页面

13.3　Jam 挑战解析

Jam 的挑战通常不会在题目上说明具体的题目要求,挑战内容通常都是
开放性的,需要参与者拥有较高的职业水平,以及一点点的运气来解答。并
且这些挑战涉及的云计算知识范围宽广,需要具备丰富的云上实际运行经
验。这些挑战也极大地帮助了参与者提升及学习云计算技能。下面跟大家分
享类似的挑战解析过程。此节只是为了帮助读者整理思路,对 Jam 的题型
有所了解,并非真实的原题及环境。

13.3.1　案例“寻找遗留的秘密”

1. 案例内容

➢ 描述:有传言说一个开发人员很草率,可能在他们正在开发的项目
的源代码中存储了一些“秘密”。但是他们也退出了,并带走了 SSH
密钥。开发人员没有透露任何关于他所做事情的细节或文档就辞
职了。尽管我们有正在开发的实例,但没人知道钥匙出了什么事,
我们怀疑源代码中可能有凭据。

➢ 　要求：找出留下的秘密。答案是 20 个大写字母数字字符。

➢ 　材料清单：EC2 实例。

2．案例分析

（1）打开 AWS 控制台。在本案例的材料清单中已经说明提供了一个 EC2 实例，那么根据案例描述的内容分析 SSH 密钥丢失，无法使用 SSH 连接进去实例。先登录账户查看该实例的信息，如图 13-10 所示，发现附加上了一个 role 角色。于是联想到可以通过使用 AWS System Manager 中的会话管理（Session Manager）来连接到该实例。

图 13-10　实例信息

（2）打开 AWS System Manager 中的 Session Manager 页面，可以发现正是刚刚看到的那一台实例，如图 13-11 所示。

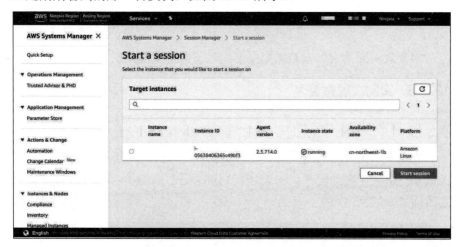

图 13-11　session Manager 实例

（3）随后单击"Start session"按钮，以此，连接到该实例中。进入该实例后先使用 ls 命令查看一下目录当中有什么内容，发现为一片空白。于是就进入该用户的 Home 目录查看，果不其然发现了一点点蛛丝马迹。这是一份 WordPress 源码，不出意外的话这就是案例中所说的源码了。如何在源码中寻找到 20 个大写字母数字字符呢？根据往常经验，AWS 的 access key 其实就是 20 个大写字母字符。从这里大概就可以得知，丢失的凭据就是 AWS 账户的 access key。这个时候在这些代码当中找到 access key 就成为本挑战的难点。根据经验得知有款工具可以帮助我们找出凭据或者密码，来防止将这些秘密提交到公共存储库中，以避免重要的凭据泄露。Git secrets 就是一款这样的工具，于是就可以在实例当中安装 Git secrets 并且使用 Git secrets 工具在源代码中搜索出凭据。

首先安装 git 版本控制工具：

```
#yum install git -y
```

随后在源码目录中 Clone git-secrets：

```
#git clone https://github.com/awslabs/git-secrets.git
#cd git-secrets
#make install
```

随后进入源代码目录安装该工具：

```
#git-secrets --install
#git-secrets --register-aws
```

然后使用该工具搜索出凭据：

```
#git-secrets --scan-history
```

（4）最后把搜索出来的凭据提交到回答框里即可完成该挑战。

13.3.2 案例"黑客篡改"

1．案例内容

我们有一个静态网站（没有使用实例）。不过，它已经被黑客入侵并且改成了一个关于猫的网站。一定是喜欢猫的人做了这种可怕的事，用户能把它改回原来的网站吗？

2．案例分析

首先打开 AWS 控制台。根据案例分析可得静态网站不在 EC2 上，那么就很可能会是使用 S3 存储桶发布的静态网站。于是进入 S3 控制台，发现

账户内拥有一个存储桶。浏览桶中的文件发现了网页文件 index.html。根据
题意得知网页被黑客篡改，那么很有可能就是存储桶内源网页文件被删除
或者覆盖。存储桶对于被删除的文件显然无法还原，但是开启了版本控制就
可找回原先的版本。点开桶的属性，发现该存储桶已经开启了版本控制，只
需要使用版本控制将原先被覆盖的网页文件下载回来，如图 13-12 所示。

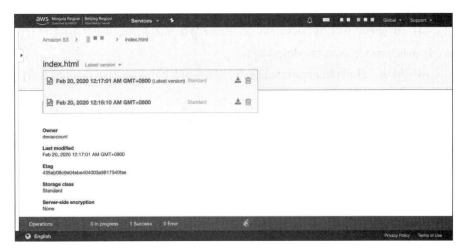

图 13-12　网页文件 index.html

随后将下载的文件重新上传覆盖掉被黑客篡改的页面即可，如图 13-13
所示。

图 13-13　重新上传覆盖黑客篡改页面

最后打开网站会找到 UUID，只需要将页面提供的 UUID 提交到回答框
里即可完成该挑战。

参考文献

[1]　Amazon Web Services, Inc.亚马逊 AWS 官方文档[EB/OL]. [2021-3]. https://docs.amazonaws.cn/.

[2]　Amazon Web Services, Inc. Jam 平台官网[EB/OL]. [2021-3]. https://jam.awsevents.com/.

[3]　Amazon Web Services, Inc.亚马逊 AWS 官方博客[EB/OL]. [2021-3]. https://aws.amazon.com/cn/blogs/china/.

[4]　WorldSkills International.世界技能大赛组织官网[EB/OL]. [2021-2]. https://www.wordskills.org/.

[5]　Amazon Web Services, Inc. AWS 事件引擎官网[EB/OL]. [2021-3]. https://dashboard.eventengine.run/.

第 14 章

云计算实训平台

云计算实训平台由实验系统和竞赛系统组成。云计算实训平台提供了丰富的教学资源、实验资源及模拟世赛竞赛场景,为各个院校提供完整的专业人才培养体系。

云计算实训平台实验系统提供基于 AWS 公有云的云计算实验的集成环境,同时支持多人在线实验,并配套丰富的实验内容与实验视频,同步解决云计算实验配置难度大、实验入门难、缺乏实验内容等难题,更好地满足课程设计、课程上机实验、实习实训等多方面要求。

针对世界技能大赛云计算赛项,云计算实训平台竞赛系统与云计算实训平台挑战系统提供了模拟该项赛事的比赛场景,实际对接 AWS 公有云平台(世界技能赛事的云平台),有针对性地对云计算世界技能大赛进行实训。云计算实训平台竞赛系统可以有效地帮助选手快速掌握并提高以下知识和操作技能:在公有云平台上按照设计的架构部署云资源,完成基础设施的搭建、管理运维及维护公有云设施的安全,保障云资源的高可用、可扩展和良好的弹性等。同时,通过选手的操作情况可以更好地评估选手,从而帮助选手有针对性地学习和提高。而云计算实训平台挑战系统是针对安全性、高可用性和可扩展性等更多类型的挑战,需要选手使用 AWS 服务来应对这一系列挑战,这有助于更全面的学习 AWS 知识。

△ 14.1 背景介绍

14.1.1 背景

据 IDC（Internet Data Center，互联网数据中心）预测，未来三年内，占总量 2/3 以上的 IT 基础设施和软件将会以云计算服务的形式使用，而全球范围掌握公有云运营技术的人才缺口达数百万之多，着重培养云计算人才已经逐渐成为共识[4]。

云计算是通过网络按需提供可动态伸缩的计算服务，是将计算任务分布在大量计算机构成的资源池上，使各种应用系统能够根据需要获取计算能力、存储空间和信息服务，这些资源能够被快速提供，只需投入很少的管理工作，或与服务供应商进行很少的交互。云计算甚至可以具备每秒 10 万亿次的运算能力，强大的计算能力可以模拟核爆炸、预测气候变化和市场发展趋势。

我国政府高度重视云计算产业发展，其产业规模增长迅速，应用领域也在不断地扩展，从政府应用到民生应用，从金融、交通、医疗、教育领域到人员和创新制造等全行业延伸拓展。近几年来，以云计算为首的互联网趋势凶猛发展，科技发展不仅推动了产业转型升级，还推动了院校专业随之转型升级，培养云架构师、云计算软件工程师、云系统管理员等。

2019 年第 45 届世界技能大赛新增了云计算项目。世界技能大赛是最高层级的世界性职业技能赛事，被誉为"世界技能奥林匹克"，代表了职业技能发展的世界先进水平，是当今世界地位最高、规模最大、影响力最大的职业技能赛事。值得一提的是，2021 年第 46 届世界技能大赛将在中国上海举办。对于各大院校而言，第 46 届世界技能大赛中的云计算项目将成为其异军突起的重大机遇[6]。

依据我国云计算产业发展战略规划和云计算技术发展方向，为贯彻国务院《关于促进云计算创新发展培育信息产业新业态的意见》和《关于促进大数据发展的行动纲要》中的人才措施要求，选拔出最优秀的选手，为世界技能大赛选拔人才成为必须解决的课题。云计算实训平台竞赛系统应运而生，它既可以让选手通过登录平台就能模拟赛场实时战况，包括 AWS 控制台、模拟事件、评分体系、记分牌等，模拟比赛环境，从而更好地备战，又能够全面考察技能人才在云计算相关前沿的知识、技术技能及职业素养和实操能力，让更优秀的选手脱颖而出。

14.1.2 云计算实训平台背景

云计算实训平台由南京云创大数据科技股份有限公司开发，云计算实训平台是与世界技能大赛接轨的，以世界技能大赛的比赛环境 AWS 的操作使用为训练目标，培养的是公有云运维人才，有别于以 OpenStack 为代表的私有云人才培养体系。由于公有云的相通性，学生熟练掌握 AWS 后，通过简单自学，即可迅速掌握阿里云、华为云、腾讯云、百度云、天翼云等平台的使用。

14.2 实验系统

云计算实训平台实验系统提供了丰富的云计算项目的教学和实验资料，对接 AWS 公有云平台（世界技能大赛云计算项目唯一指定云平台），让用户可以通过 AWS 控制台、AWS CLI 或 SDK 轻松快捷的访问到数以百计的服务，直接操纵 AWS 全球的各种云计算资源，学习并掌握公有云的知识和操作技能。

14.2.1 实验系统概述

1. 登录界面

云计算实训平台实验系统登录页面[1]，如图 14-1 所示。

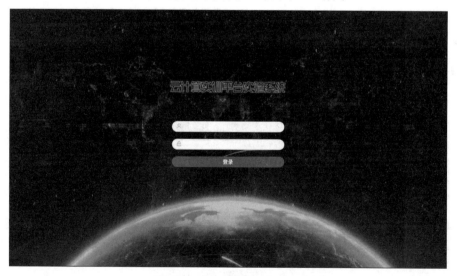

图 14-1 实验系统登录界面

2. 首页

提供学生实验完成情况、积分消耗情况及待审阅的实验报告情况总览[1]，如图 14-2 所示。

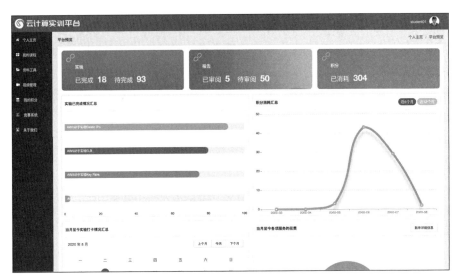

图 14-2　实验系统首页

3. 在线实验列表

学生可查看当前的实验内容，可一键启动实验，获取 AWS 资源环境，按照实验手册在 AWS 环境中完成对应的实验内容，并且配套实验视频[1]，如图 14-3 所示。

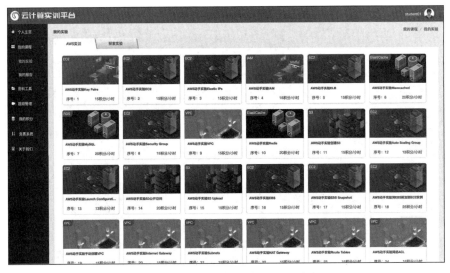

图 14-3　实验系统实验资源列表

4. 实验内容

实验内容中可以查看实验详细步骤、观看实验指导视频，启动实验后跳转到 AWS 控制台进行实验操作[1]，如图 14-4 所示。

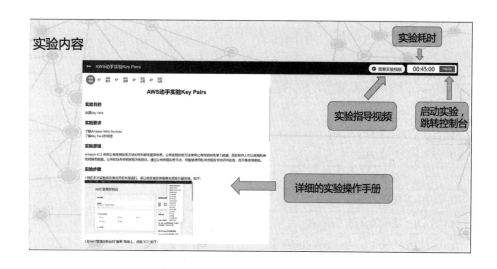

图 14-4 实验系统实验内容

5. 实验报告

实验完成后自动生成实验报告，教师可对实验报告进行审阅和批改，同时学生也可在"我的报告"中查看批改状况[1]，如图 14-5 所示。

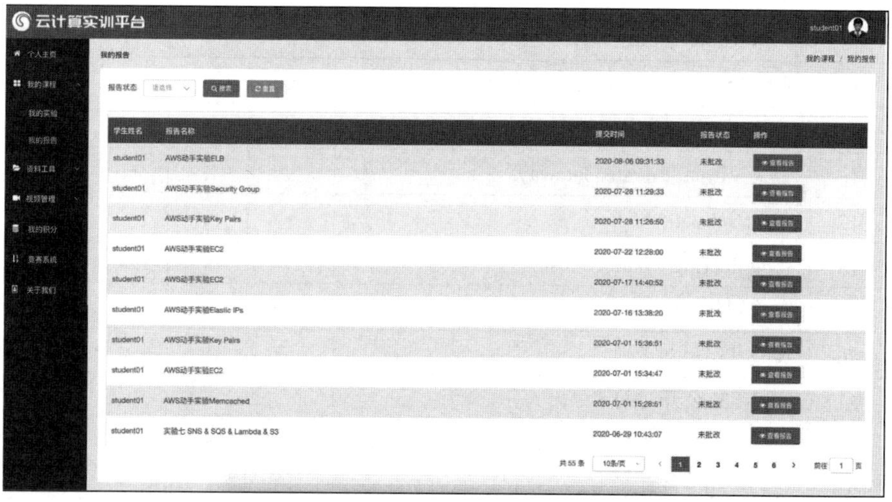

图 14-5 实验系统实验报告

14.2.2 实验列表清单

针对各项实验所需，云计算实训平台实验系统配套了一系列包括实验目的、实验内容等实验手册及实验视频，内容涵盖了云计算基础技术及相关技术前沿，详尽细致的实验操作流程可帮助用户解决云计算实验门槛所限[7]。

实验列表清单，如表 14-1 所示。

表 14-1　实验系统实验列表

序号	实 验 名 称	手册	代码	数据	视频
（一）入门基础实验					
1	动手实验 Key Pairs	√	√	√	√
2	动手实验 EC2	√	√	√	√
3	动手实验 Security Group	√	√	√	√
4	动手实验 Elastic IPs	√	√	√	√
5	动手实验 Target Groups	√	√	√	√
6	动手实验 Launch Configuration	√	√	√	√
7	动手实验 Auto Scaling Groups	√	√	√	√
8	动手实验 Volumes	√	√	√	√
9	动手实验 Snapshots	√	√	√	√
10	动手实验 AMIs	√	√	√	√
11	实验 VPCs	√	√	√	√
12	实验 Subnets	√	√	√	√
13	实验 Route Tables	√	√	√	√
14	实验 Internet Gateways	√	√	√	√
15	实验 NAT Gateways	√	√	√	√
16	实验 Virtual Private Gateways	√	√	√	√
17	实验 Network ACLs	√	√	√	√
18	实验 Peering Connections	√	√	√	√
19	实验创建 S3	√	√	√	√
20	实验 S3 Upload	√	√	√	√
21	实验 S3 公开访问	√	√	√	√
22	实验 Memcached	√	√	√	√
23	实验 Redis	√	√	√	√
24	实验 RDS Subnet group	√	√	√	√
25	实验 RDS MySQL	√	√	√	√
26	实验 RDS Oracle	√	√	√	√
27	实验 RDS MariaDB	√	√	√	√
28	实验 RDS PostgreSQL	√	√	√	√
29	实验 RDS Microsoft SQL Server	√	√	√	√

续表

序号	实 验 名 称	手册	代码	数据	视频
30	实验 RDS Read Replicas	√	√	√	√
31	实验 ECR	√	√	√	√
32	实验 EKS	√	√	√	√
33	实验 ECS	√	√	√	√
34	实验 S3 Versioning	√	√	√	√
35	实验 S3 access logging	√	√	√	√
36	实验 S3 Static website hosting	√	√	√	√
37	实验 S3 Glacier	√	√	√	
38	实验 EFS	√	√	√	
39	实验 DynamoDB	√	√	√	
40	实验 IAM Groups	√	√	√	
41	实验 IAM Users	√	√	√	
42	实验 IAM Roles	√	√	√	
43	实验 CloudTrail	√	√	√	
44	实验 Trusted Advisor	√	√	√	
45	实验 FSx	√	√	√	
46	实验 Elastic Beanstalk	√	√	√	
（二）中级进阶实验					
47	实验 CloudWatch Alarms EC2	√	√	√	
48	实验 CloudWatch Alarms ECS	√	√	√	
49	实验 Backup	√	√	√	
50	实验 Key Management Service	√	√	√	
51	实验 Rekognition Face Comparison	√	√	√	
52	实验 Rekognition Celebrity recognition	√	√	√	
53	实验 CloudWatch Alarms Auto Scaling Groups	√	√	√	
54	实验 CloudWatch Alarms DynamoDB	√	√	√	
55	实验 CloudWatch Alarms EFS	√	√	√	
56	实验 CloudWatch Alarms ElastiCache	√	√	√	
57	实验 Neptune	√	√	√	
58	实验 CloudFront S3	√	√	√	
59	实验 CloudFront ELB	√	√	√	
60	实验 Server Catalog	√	√	√	
61	实验 Lightsail Instances	√	√	√	
62	实验 Lightsail databases	√	√	√	
63	实验 Cloud Map	√	√	√	

序号	实 验 名 称	手册	代码	数据	视频
64	实验 Route 53	√	√	√	
65	实验 Cloud 9	√	√	√	
66	实验 Direct Connect	√	√	√	
67	实验 CloudFormation EC2	√	√	√	
68	实验 CloudFormation Security Groups	√	√	√	
69	实验 CloudFormation RDS MySQL	√	√	√	
70	实验 CloudFormation RDS Oracle	√	√	√	
71	实验 CloudFormation RDS MariaDB	√	√	√	
72	实验 CloudFormation RDS PostgreSQL	√	√	√	
73	实验 CloudFormation RDS Microsoft SQL Server	√	√	√	
74	实验 CloudFormation EFS	√	√	√	
75	实验 CloudFormation Memcached	√	√	√	
（三）高级进阶实验					
76	实验 CloudFormation Redis	√	√	√	
77	实验 AWS WAF	√	√	√	
78	实验 AWS Shield	√	√	√	
79	实验 AWS Firewall Manager	√	√	√	
80	实验 Lambda	√	√	√	

14.3 竞赛系统

云计算实训平台竞赛系统作为支撑世界技能大赛云计算项目的实践实训平台，可以让用户通过 AWS 管理控制台、AWS CLI 或 SDK 轻松快捷的访问到数以百计的服务，直接操纵 AWS 全球的各种云计算资源，学习并掌握公有云的知识和操作技能。

云计算实训平台竞赛系统是一种交互式学习练习平台，旨在使选手有机会在真实的、游戏化的、无风险的环境中测试其 AWS 技能。同时，这也是一个学习训练 AWS 的最佳实践、AWS 服务、AWS 架构模式的有效手段。

14.3.1 竞赛系统概述

1. 登录界面

云计算实训平台竞赛系统选手端登录首页，选手通过 K 码登录平台（K

码由管理员统一管理与发放）[2]，如图 14-6 所示。

图 14-6 竞赛系统登录界面

2．仪表盘

选手成功登录后，进入仪表盘页面。通过仪表盘，选手可以总览实时得分、趋势及排名等。同时仪表盘提供得分事件、记分牌和控制台的跳转链接[2]，如图 14-7 所示。

图 14-7 竞赛系统选手仪表盘

3．控制台

选手通过在仪表盘单击控制台，即可跳转到 AWS 管理控制台开始比赛操作[5]，如图 14-8 所示。

4．得分事件

选手通过在仪表盘单击得分事件，即可跳转到得分事件页面，该页面详细记录了选手提交的比赛结果的得分和失分情况。根据失分情况，选手可以有针对性地去修正自己的部署和操作[2]，如图 14-9 所示。

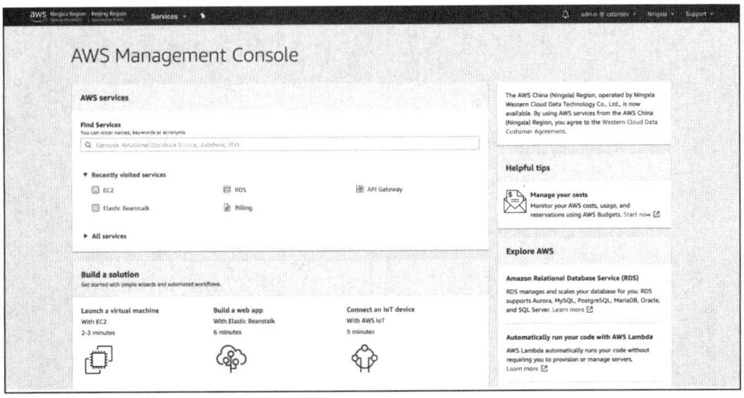

图 14-8 AWS 控制台

图 14-9 竞赛系统得分事件

5. 记分牌

选手通过在仪表盘单击记分牌，即可跳转到选手排名页面，该页面展示了各个选手的实时总分情况及排名情况[2]，如图 14-10 所示。

图 14-10 竞赛系统记分牌

14.3.2　系统功能介绍

云计算实训平台竞赛系统基于本身的良好设计及以下主要功能的实现，保证了比赛的趣味性和真实性。

1．得分事件系统

选手在提交比赛结果后，得分事件系统将实时计算选手的得分/扣分事件，并展示到平台上，让选手可以实时获取自己的得分/扣分情况，从而有针对性地修正自己的操作。值得一提的是，AWS 资源都是根据使用时长进行收费，所以根据选手在部署过程中使用资源种类和数量，每隔一段时间将会扣除一定的资源分。

2．得分面板

记录选手的总得分，并且关联得分事件系统，实时更新选手的总得分。

3．得分趋势曲线图

计算出 15 秒内选手的得分趋势，方便学生判断最近得分/扣分趋势。

4．排名系统

实时显示比赛过程中选手排名，关联得分面板根据总得分实时更新排名。

5．免密登录

实现免密跳转至云计算操作平台，让选手能够更快捷地使用虚拟机/VPC/数据库等云平台资源。

6．系统彩蛋

为了更加有效检测选手部署的架构的安全性、健壮性及可靠性，同时增加比赛的趣味性，系统提供了彩蛋。在比赛当天，实时根据比赛情况，可能会提供包含但不仅限于以下彩蛋。

- ➢ 加大请求流量。
- ➢ 新增网络攻击。
- ➢ 需要重新部署应用程序。
- ➢ 不定期发送隐藏信息。

7．自动评分报告

比赛结束后根据评分表可以自动生成评分报告，评分报告内容包含"最佳实践"相关评分项目。评分表是云计算实训平台竞赛系统的关键工具，旨在根据标准规范中的权重为每个评估的性能方面分配分数。通过展现标准规范中的权重，评分表为比赛试题的设计确定了参数，因此，评分表是和试题一同进行开发，从而最大限度满足对技能评估的需求[2]。

> ◀ **注意：** "最佳实践"即符合工业级别安全标准的通用标准操作。

权重表如表 14-2 所示。

表 14-2　权重表

权 重 分 值	要 求 描 述
0 分	各方面均不符合行业标准，包括"未做尝试"
1 分	符合行业标准
2 分或 3 分	完全超过行业标准，最佳实践

14.3.3　比赛样题剖析

1．样题原文

（1）项目任务描述。ONLYELLOW 是一家小型创业公司。为了减少硬件成本，该公司计划部署产品 server_demo 至 AWS。用户作为 AWS 架构师，请根据 ONLYELLOW 公司提供的技术说明，协助他们部署至 AWS。

（2）部署初始架构图，如图 14-11 所示。

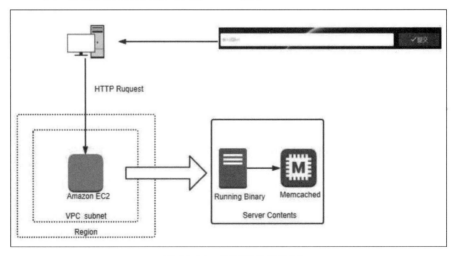

图 14-11　部署初始架构图

（3）技术说明如下。

➢　server_demo 部署说明，如表 14-3 所示。

表 14-3　部署程序下载链接

程序部署文件及方法	下载地址及监听端口
server_demo 下载地址	http://onlyellow.cstor.cn/demo/server_demo
server_demo 配置文件	http://onlyellow.cstor.cn/demo/conf.toml
server_demo 监听端口	7777
server_demo 部署方法	http://onlyellow.cstor.cn/demo/server_demo.txt

> 客户请求通常情况下是稳定的，但是偶尔会突发高峰流量。流量一旦超过 server_demo 处理速度，会返回"503 too busy"的提示信息。

（4）比赛说明如下。

> 比赛基于云计算实训平台竞赛系统进行，输入 K 码登录比赛平台。

> 所有基于 AWS 的操作请在宁夏区完成！（不在宁夏区操作 AWS 可能会导致比赛无法正常得分！）

> 为了完成任务，用户将会创建/使用 AWS 提供的各种类型资源。AWS 在线资源都是根据使用时长进行收费，所以根据用户在部署过程中使用资源种类和数量，每隔一段时间将会扣除一定的资源分，可以在"得分事件"中查看扣分情况。

> 在比赛页面提交 Web URL 后，才会开始扣资源分。

2．解题思路

根据题目要求，我们需要把本地的应用程序迁移至 AWS 公有云平台[5]。

（1）创建 EC2 实例，按照 server_demo 部署方法来部署 server_demo 应用程序[5]，如图 14-12 所示。

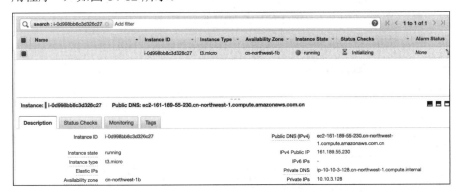

图 14-12　部署应用程序的 EC2 实例

测试是否能通过 Web 正常访问应用程序（在浏览器中输入 EC2 实例的公有 IP 地址或者 DNS），响应结果如图 14-13 所示。

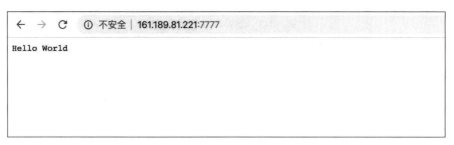

图 14-13　成功访问应用程序

（2）根据部署架构图，可以得知，通过使用 Memcached 来处理请求，可以缩短响应时间。因此，我们可以部署一个集中式的缓存（ElastiCache），并将部署的缓存配置到 server_demo 配置文件 conf.toml 中[5]，部署的缓存如图 14-14 所示。

图 14-14　部署的缓存

（3）为了将请求均衡地分发到多个 EC2 实例中进行处理，我们需要创建负载均衡器（ELB），将 EC2 实例注册到 ELB 后端的目标群组[5]，如图 14-15 所示。

图 14-15　负载均衡器

（4）为了应对题目中提到的"偶尔会突发高峰流量"，可以使用自动伸缩扩展组（Auto Scaling）。自动伸缩扩展组会根据我们设定的负载压力，自动地对部署了应用程序的 EC2 实例进行扩展和缩容，实现以最小花费来保证应用程序的不间断运行[5]，如图 14-16 所示。

图 14-16　自动伸缩扩展组（Auto Scaling group）

（5）测试 Auto Scaling 组中的 EC2 实例是否可以正常运行 server_demo 应用程序（在浏览器中输入 EC2 的公有 IP 地址或者 DNS），如图 14-17 所示。

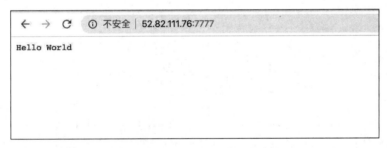

图 14-17　成功访问应用程序

（6）根据实际需求，配置自动伸缩扩展策略[5]，如图 14-18 所示。

图 14-18　Auto Scaling 扩展策略配置

14.4 挑战系统

云计算实训平台挑战系统是一个让参与者以游戏比赛得分的方式进行挑战的平台。每一个挑战都是一个案例题目，并且制定了难易等级，让参与者可以在不断挑战中感受到更多的乐趣，深入体会如何通过最小权限及最安全的方式完成挑战案例。

同时，云计算实训平台挑战系统提供了丰富的案例类型，这些案例完全效仿实际企业中的应用，让参与者通过解决这些案例难题，来学习和掌握企业应用的实践经验和 AWS 的最佳实践。

1．登录界面

云计算实训平台挑战系统登录页面[3]，可通过 K 码登录平台（K 码由管理员统一管理与发放），如图 14-19 所示。

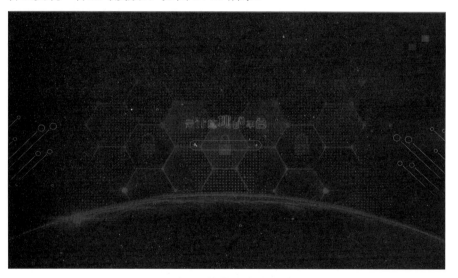

图 14-19　挑战系统登录界面

2．首页

云计算实训平台挑战系统首页是一张中国地图，红色地标就是选手本次需要完成的挑战题目。选手可以按照任意顺序来开启任何挑战[3]，如图 14-20 所示。

3．题目详情模块

选手成功登录后，单击地图中任意挑战将进入选中的挑战内容，包含题目详情、题目线索。

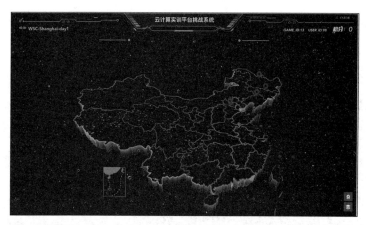

图 14-20　挑战系统首页

（1）题目详情。题目详情中可以看到当前挑战的具体内容[3]，如图 14-21 所示。

图 14-21　挑战系统题目详情

（2）控制台。在题目详情页中，单击"控制台"可以跳转到 AWS 管理控制台进行挑战[3]，如图 14-22 所示。

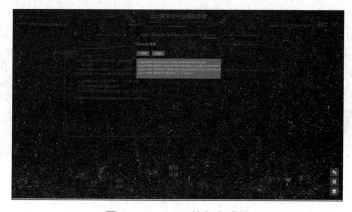

图 14-22　AWS 控制台跳转

（3）提交答案。完成题目后单击"提交答案"按钮，填写题目要求的答案并提交，答案正确将获得挑战相应的积分[3]，如图 14-23 所示。

图 14-23　答案提交栏

4．题目线索模块

使用线索可以帮助选手完成挑战，每个挑战通常会提供 3 或 4 条线索，供选手使用。线索是为了给选手提供一定的帮助而设计的，如果选手使用了线索，将会扣除相应的积分。

选手在菜单栏中选中题目线索选项，即可查看线索[3]，如图 14-24 所示。

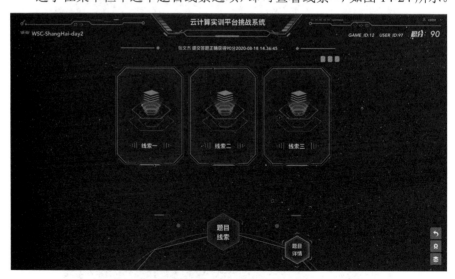

图 14-24　题目线索

线索只可以按顺序使用，即不可直接使用线索二或线索三，只能先使用线索一后才可使用线索二[3]，如图 14-25 所示。

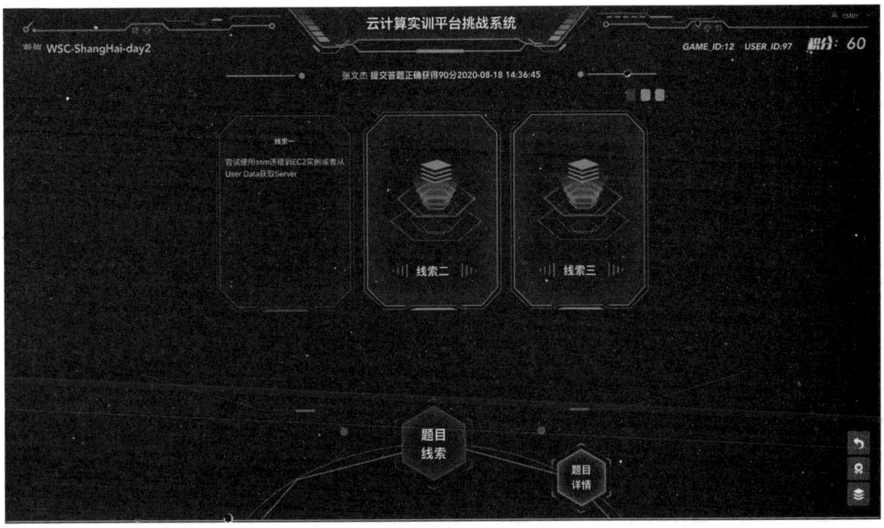

图 14-25　线索使用顺序

5．数据统计模块

数据统计页面，包含积分排行榜、我的得分事件、得分事件预览、全局比赛详情。

（1）积分排行榜。实时显示比赛过程中选手排名，统计选手的总积分，包含线索花费积分及提交正确答案所获得的积分[3]，如图 14-26 所示。

图 14-26　积分排行榜

（2）我的得分事件。选手在比赛过程中提交答案后，得分事件系统将实时响应，并展示到平台上，让选手可以实时获取自己的答案提交情况及线索使用的得失分情况[3]，如图 14-27 所示。

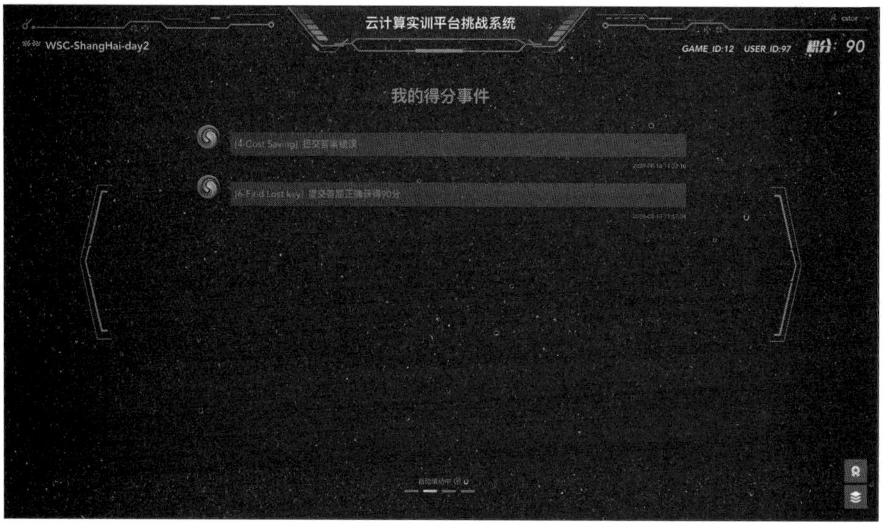

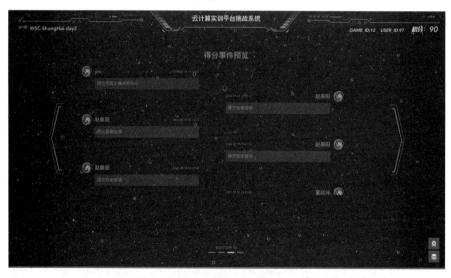

图 14-27　我的得分事件

（3）得分事件预览。得分事件预览将实时显示本场挑战赛中所有参与者的得分事件，包含提交答案和线索使用情况，让所有选手可以实时获取所有人的得失分详情[3]，如图 14-28 所示。

图 14-28　得分事件预览

（4）全局比赛详情。全局比赛详情展示本场挑战赛中，各个试题的成功次数、失败次数、线索使用总数和挑战成功率信息[3]，如图 14-29 所示。

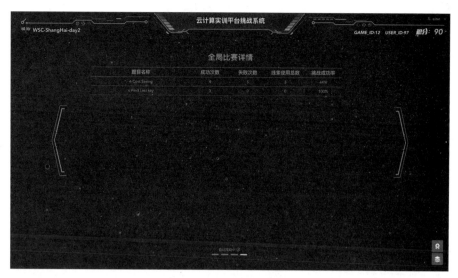

图 14-29 全局比赛详情

参考文献

[1] Nanjing Innovative Data Technologies，Inc.云计算实训平台实验系统[EB/OL]. [2019-5]. http://cloud.cstor.cn/#/main.

[2] Nanjing Innovative Data Technologies，Inc.云计算实训平台竞赛系统[EB/OL]. [2019-5]. http://game.cstor.cn/user/#/.

[3] Amazon Web Services，Inc. AWS Documentation[EB/OL]. [2021-3]. https://docs. aws.amazon.com/index.html.

[4] Copyright 2019 IDC. Cloud|IDC Blog[EB/OL]. [2021-3]. https://blogs. idc.com/tag/cloud/.

[5] Amazon Web Services，Inc. AWS Management Console[EB/OL]. [2021-3]. https://console.aws.amazon.com/console/home?region=us-east-1.

[6] WorldSkills International. Cloud Computing | WorldSkills[EB/OL]. [2020-2]. https://worldskills.org/skills/id/545/.

[7] Nanjing Innovative Data Technologies，Inc.云创大数据[EB/OL]. [2021-3]. http://cstor.cn/.

[8] Amazon Web Services，Inc.亚马逊 AWS 官方文档[EB/OL]. [2021-3]. https://docs.amazonaws.cn/.